51CTO学院丛书

异步图书
www.epubit.com

玩转 EVE-NG
——带您潜入 IT 虚拟世界

孙茂森 乔海滨 著

人民邮电出版社
北京

图书在版编目（CIP）数据

玩转EVE-NG：带您潜入IT虚拟世界 / 孙茂森, 乔海滨著. -- 北京：人民邮电出版社, 2018.11
（51CTO学院丛书）
ISBN 978-7-115-49146-6

Ⅰ. ①玩… Ⅱ. ①孙… ②乔… Ⅲ. ①虚拟处理机 Ⅳ. ①TP317

中国版本图书馆CIP数据核字(2018)第190239号

内 容 提 要

EVE-NG是当前流行的仿真虚拟环境，是Ubuntu系统下的一种应用，也可以看作是一种系统。

本书共20章，介绍了EVE-NG的安装步骤及使用方法，涵盖了常用的操作步骤；介绍了虚拟化的简单原理以及制作EVE-NG环境下的Windows、Linux和定制非官方支持的常用镜像；介绍了EVE-NG底层原理及关键代码剖析。

本书适合备考网络工程师、系统工程师等行业认证考试并需要提升动手能力的读者阅读，也适合正在进行IT架构的功能模拟的IT技术人员阅读。IT培训机构、各大高职院校计算机相关专业的教师也可以参考本书来制作教学演示实验。

♦ 著　　　　孙茂森　乔海滨
　　责任编辑　傅道坤
　　责任印制　焦志炜
♦ 人民邮电出版社出版发行　北京市丰台区成寿寺路11号
　　邮编　100164　电子邮件　315@ptpress.com.cn
　　网址　http://www.ptpress.com.cn
　　固安县铭成印刷有限公司印刷
♦ 开本：800×1000　1/16
　　印张：25
　　字数：447千字　　　　　2018年11月第1版
　　印数：1-2 000册　　　　2018年11月河北第1次印刷

定价：99.00元

读者服务热线：(010)81055410　印装质量热线：(010)81055316
反盗版热线：(010)81055315
广告经营许可证：京东工商广登字 20170147 号

作者简介

孙茂森，毕业于上海第二工业大学网络工程专业和信息安全技术专业，持有 CCIE、PMP、ITIL Foundation（IT 服务管理认证）等证书。孙先生曾就职于 Dimension Data 公司，从事网络技术相关工作，在此期间参与过大量知名外企的项目规划与实施，积累了大量的实战经验；随后从事与 OpenStack 相关的工作，现任国内某云计算公司的系统架构师，提供技术咨询与架构设计服务以及根据客户的需求制订并实施解决方案。

孙先生擅长 Cisco 路由与交换、安全、无线和数据中心领域的相关技术，对 Cisco、华为、H3C、VMware、Juniper、Checkpoint 等公司的产品也颇有研究，还擅长 Linux、WinServer、Openstack、Ceph、Docker 等系统运维技术，熟悉 Python、Shell 脚本和 Ansible 自动化运维等。除此之外，他特别爱研究各种软硬件，经常钻研并使用各种网络模拟器、虚拟化等技术，对小凡（DynamipsGUI）、Packet Tracer、GNS3，再到 EVE-NG 仿真虚拟平台都有独特的见解，也曾向 EVE-NG 的 GitLab 提交过合并请求。孙先生创建了国内最大的 EVE-NG 权威站点 EmulatedLab，并在上面分享技术文档；创建了名为 EmulatedLab 的 QQ 群，为用户提供了交流平台；还录制了 EVE-NG 教学视频，该视频已经在 51CTO 上线。

大家可以通过微信公众号 EmulatedLab 与作者取得联系。

乔海滨，毕业于大连理工大学城市学院网络工程专业，持有 HCIE 证书。乔先生在国内某运营商从事网络运维管理工作，参与实施了某省 2012 年以来的 IP 专用承载网扩容工程/省内延伸扩容工程、核心网分组域/电路域扩容工程、CM-IMS 扩容工程等大规模工程项目，有着丰富的大型运营商网络运维管理经验，对 OSPF、ISIS、BGP、MPLS VPN 等网络协议有着较为深入的研究。

乔先生热衷于模拟器的研究与二次开发以及基于模拟器创建不同类型的网络环境。他创建了 EVE-NG 国内更新源，为国内 EVE-NG 用户提供了方便、快捷的更新方式，编写了 EVE-NG Toolkit（旨在以简单的 UI 方式来管理 EVE-NG），还为 EVE-NG 添加了许多额外的增强型功能，进一步方便了用户的使用。

贡献者简介

景广华，EVE-NG 资深爱好者，因学习网络技术的需要而接触并爱上 EVE-NG，从而成为 EVE-NG 的用户。景先生有诸多 EVE-NG 的使用经验，还为本书提供了很多素材，确保本书可以用简单的方式搭配使用步骤截图，用容易理解的示范来讲解相关概念，为 EVE-NG 新人轻松上手保驾护航。

张杰，EVE-NG 资深爱好者，通过版本测试、答疑，协助众多新手学习并掌握 EVE-NG 的用法，解决了很多新手容易遇到的问题，并提供了很多实质性的建议。

於瑾，EVE-NG 资深爱好者，积极参与技术讨论并分享了众多技术资料，还提出了很多合理性建议，这也坚定了作者撰写本书的想法。

推荐序

得益于网络的发达和信息搜索的便利，当今的技术类工具和图书越来越多。成语"学富五车"用来形容一个人的知识渊博。这个成语出自《庄子·天下》，当时多以竹简成书，满满的一车装上几百斤竹简，其实字数未必比本书字数要多。这样说来，但凡经历过九年制义务教育的人，其读过的书应该都超过了"五车"的范畴。但是越来越多的图书也给读者造成了选择障碍，秦人自称的熟读诗书其实也就是熟读两本书——《诗经》和《尚书》，而到了近代，"熟读诗书"也就成了泛指。别说是"书"，就是"诗"，不提每个朝代各位诗人，仅计算诗人陆游流传下来的 9000 多首，就读不过来了。

若说数量，如今的 IT 类技术图书绝对有过之而无不及，读完市面上所有的相关技术图书已然成为不可能完成的任务。掌握 IT 技术的一个相对高效的方法就是阅读一些高品质而且高效的图书，如被广大读者赞誉的《编译原理》(Compilers: Principles, Techniques, and Tools)。我不否认它是本好书，但我敢说大部分人并没有真正看过或者读懂它。作为一本涵盖了开发一个编译器所需要的全部知识的图书，它的内容包括词汇分析、语法分析、类型检查、代码优化，以及其他很多高深的主题。一个初级的程序员，在阅读本书的过程中如果不是不停地暂时搁置，去补习其他相关内容，那么他们唯一能做的就是记下目录，然后谎称读过此书。

我对图书"高质而且高效"的定义就是除了书中的内容有效、准确，读者在读书的过程中能保持连续性，在学习中除了作为知识储备而必需的基础，其他所需参考的内容可以直接在书中找到，而不是不停地查找其他图书或者借助搜索引擎才能继续读下去。基于这个定义，本书可以满足以上条件。本书用词简单、明了且图文并茂，读者可用来快速了解 EVE-NG 以及可按之自行部署使用 EVE-NG。

我有一位好友，早先从事网络技术相关工作，参与了不少项目，后来成了一名专职讲师，出版过好几本书，而且每次都会送我一本。但我细读之后总觉得除了第一本书，他之后的几本书往往都是在"炒冷饭"，其中的技术更新缓慢，而且案例分析也是新瓶装旧酒，无甚新意。究其原因，可能是当了讲师之后，远离了实践战场，新书的含金量也就逐渐下降了。我也因好奇而打听了每本书的销量，的确是意料之中的每况愈下。不过随着出版图书的增多，他的讲师费倒是水涨船高，当然这已经不在我的关注之中了。所幸据我所知，本书的作者孙茂森、乔海滨先生依然坚持在技术的第一线，尤其是孙茂森先生创办的 EmulatedLab 交流群和站点，仍在持续为各位 EVE-NG 爱好者提供支持，这也是我认可本书的一大理由。希望各位读者能通过本书扎实掌握 EVE-NG 技术。

陆 璜

具有 20 年行业经验的高级总监

前言

如今，硬件产品迭代速度过快，这一现象铺天盖地地席卷了 IT 行业，尤其是网络技术几年一更新，学者、工程师、客户也慢慢跟不上技术变革的脚步。随着 KVM 与 QEMU 虚拟化技术的成熟稳定、Linux Bridge 与 Open vSwitch 的盛行，将会有越来越多的新事物、新作品衍生出来，或许 EVE-NG 就是其中一员。EVE-NG 将目前流行的技术发挥得淋漓尽致，让用户赞叹不已。

EVE-NG 定位为虚拟的仿真环境。在网络技术领域，EVE-NG 有着举足轻重的地位。它没有 GNS3 烦琐的设置步骤，但包含了时下流行的 QEMU 虚拟化模拟器，融合了以往的 Dynamips、IOU 等模拟器，使用起来更加简便。但是我一直强调，它不是传统的模拟器，而是全能的虚拟仿真环境。相信你在阅读完本书并掌握 EVE-NG 的精髓后，会真正意识到它的强大以及无限的愿景。

为什么写作本书

开始接触网络技术时，我经常会用到小凡和 iou-web，外加 GNS3；参加工作一段时间以后，安全、无线、语音等多个 CCIE 方向，甚至是 VMware、CheckPoint、Juniper 的产品接踵而至，让我在技术实力上应接不暇，这迫使我必须做个自己的实验环境，以便快速地学习技术并提升自己，也方便随时测试功能并为用户制订方案。随后我便潜心研究 GNS3。慢慢地，GNS3 成了我日常工作和学习中必不可少的工具。曾经因为 PC 的硬件资源不够，我购买过一台服务器，并借助它在自己家中搭建了 Home Lab，这让我的技术实力随之迅速增强。在这段时光中的学习与研究，让我受益匪浅，也让我一直引以为傲。

但是时间久了，接触到的环境越来越复杂，GNS3 的缺陷让我在搭建环境时消耗时间较多，于是我试图再去寻找更好的方案来解决这样的问题。这时，UNetLab 登场了——它就是 EVE-NG 的前身。

当时，UNetLab 是个非常小众的产品，相关资料寥寥无几。基于工作需要和兴趣爱好，我总算将 UNetLab 适配到 Home Lab 上，并频繁地推荐给朋友、同事，也给他们做过展示、宣传，但没有几个人真正注意到它，甚至连我自己都开始怀疑 UNetLab 的价值了，但我最终决定还是潜下心来多使用一段时间再说。时间久了，我发现了 UNetLab 的 bug 和一些缺点，而且在好几个小版本的更新中，这些 bug 均没有修复，慢慢也就放弃了推荐给别人的想法，但是，UNetLab 基于 QEMU/KVM 和 Linux Bridge 底层的这种设计思路非常好，也非常超前。

时光飞逝，2017 年 1 月 5 日，改版后的 UNetLab 以 EVE-NG 这个全新的身份横空出世。当我看到官网更新的消息后，欣喜若狂，迫不及待地尝试了改名后的 EVE-NG，发现很多 bug 和缺点已经修复。这让我重新燃起推而广之的想法。我清楚地意识到，如果这一次不做，今后肯定会懊悔不已。我随后便采用微信公众号的方式，创建了 EmulatedLab。不言而喻，即"仿真实验室"，就是想借助仿真试验室做些技术内容的分享。随后两天我在各大技术论坛上写了介绍 EVE-NG 的文章，使得关注公众号的粉丝越来越多。紧接着，便有了交流平台的急切需求，随之 QQ 群也创建完成。

应众多用户的要求，我又有了制作视频的想法，再加上我一直以来都有个做讲师的梦想。在筹备与努力 1～2 周后，EVE-NG 的视频在 51CTO 上线了。上线初期，好评与称赞让我逐渐成为国内使用 EVE-NG 的先锋者，也随之赋予我一点小小的责任，遂将朋友们和自己研究的一点心得发表在 EVE-NG 官网论坛上，也在 GitLab 上提交了代码合并的请求。慢慢地便有国外的朋友开始注意到我们这个 EmulatedLab 大家庭并且加入其中。

这也让我逐渐意识到，将一些原始积累的资料写成书是非常有必要的。这或许是在中国范围内推广 EVE-NG 的一种较好的方式，将实践经验和心得记录下来，分享给大家。与此同时，我也犹豫过，因为 EVE-NG 包含了太多的技术，对于很多部分，我也并非完全理解，或者完全掌握，再加上技术更新迭代速度太快，很担心在图书出版后就已经落后或者淘汰了。我经过认真思考后认为，即便在这种环境下，长时间的实践经验对于想要了解和学习 EVE-NG 的朋友们也非常有意义。同时，我也希望这本书能给更多的朋友一个良好的开端，能让更多的人参与其中，完善并优化 EVE-NG，随之能有更多的新奇想法，让 EVE-NG 变得更加丰富多彩。

对于 IT 技术的快速迭代，我们要有持之以恒的学习心态，要有探究未知的钻研精神，要有学以致用的创新想法。跟着我，真正地玩转 EVE-NG，潜入 IT 的虚拟世界吧！

本书特色

本书是对 EVE-NG 玩法的实践经验总结，在模拟器和仿真虚拟环境方面有丰富的积累，涵盖了 Dynamips、IOL 等传统模拟器、Linux 基本操作、虚拟化及 QEMU 镜像制作等多方面的技术知识，要求读者对网络、Linux、虚拟化等技术都有一定的了解，不需要特别精通，能做到了解并能独自深入学习即可。本书会对 EVE-NG 的安装、使用、原理等方面逐一介绍，对用户可能需要的需求点进行详细介绍，希望读者能够对 EVE-NG 有一个全方位的了解，这对今后的使用、实施等方面有所帮助。

作为市面上首本讲述 EVE-NG 的图书，本书会从不同的角度，完整地、深入浅出地介绍 EVE-NG 是什么以及它的优势和不足，希望它能成为你学习和工作中必不可少的工具。

本书面向的读者

- 网络工程师。
- 系统工程师。
- 虚拟化工程师。
- IT 技术的相关工作者，包含有制订 IT 基础架构的需求，有 IT 技术功能测试的需求，有网络、系统、虚拟化、存储等培训需求的工作者。
- 有志于从事网路、系统、虚拟化工作的在校大学生。

如何阅读本书

本书共分为三大篇，即基础使用篇、进阶操作篇和底层原理篇。

- 第 1 篇，基础使用篇（第 1~11 章）：介绍了 EVE-NG 及其特点、功能，安装步骤，基本的使用方法，涵盖常用操作步骤。
- 第 2 篇，进阶操作篇（第 12~16 章）：介绍了 KVM 的简单原理、制作 EVE-NG 环境下的 Windows、Linux 等常用镜像，并且讲解如何定制非官方支持的镜像。
- 第 3 篇，底层原理篇（第 17~20 章）：介绍了 EVE-NG 的底层原理，对关键代码剖析，以及 EVE-NG 的新奇玩法，让定制自己的 EVE-NG 环境更加灵活、顺手。

根据本书的内容，我们给出的阅读建议如下：

- 如果是刚接触 EVE-NG 的读者，请从头开始循序渐进地阅读；
- 如果对 EVE-NG 的使用方法非常熟悉，可以直接阅读第 2 篇；
- 如果想深入了解 EVE-NG，请从第 3 篇开始阅读。

致谢

感谢人民邮电出版社的资深编辑傅道坤。傅老师策划出版了一系列颇具影响力的书籍，与傅老师合作是我的梦想。相信随着时间的推移，有更多的人会对傅老师在互联网技术的巨大贡献表示称赞、敬佩。在这段时间中，让我受益匪浅，期待与傅老师的下次合作。

感谢我的家人，在这段艰苦并快乐的时光中，一直默默地理解我、支持我，你们是我动力的源泉。

感谢我的朋友们、同事们、网友们，也感谢众多的 EVE-NG 用户，是你们的帮助、建议以及一直以来的关注和信任,让本书从想法变成了现实。

由于撰写时间有限,外加作者水平有限,书中难免存在不足之处。各位读者在阅读本书时如果遇到疑问或者错误,欢迎通过微信公众号 EmulatedLab 与我联系。另外,该公众号会不定期地发布作者对 EVE-NG 的一些认识和心得,也会包含其他领域的技术分享,敬请关注。

资源与支持

本书由异步社区出品,社区(https://www.epubit.com/)为您提供相关资源和后续服务。

提交勘误

作者和编辑尽最大努力来确保书中内容的准确性,但难免会存在疏漏。欢迎您将发现的问题反馈给我们,帮助我们提升图书的质量。

当您发现错误时,请登录异步社区,按书名搜索,进入本书页面,点击"提交勘误",输入勘误信息,点击"提交"按钮即可。本书的作者和编辑会对您提交的勘误进行审核,确认并接受后,您将获赠异步社区的 100 积分。积分可用于在异步社区兑换优惠券、样书或奖品。

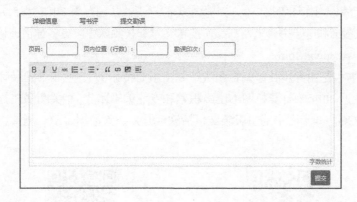

扫码关注本书

扫描下方二维码,您将会在异步社区微信服务号中看到本书信息及相关的服务提示。

与我们联系

我们的联系邮箱是 contact@epubit.com.cn。

如果您对本书有任何疑问或建议,请您发邮件给我们,并请在邮件标题中注明本书书名,以便我们更高效地做出反馈。

如果您有兴趣出版图书、录制教学视频，或者参与图书翻译、技术审校等工作，可以发邮件给我们；有意出版图书的作者也可以到异步社区在线提交投稿（直接访问www.epubit.com/selfpublish/submission 即可）。

如果您是学校、培训机构或企业，想批量购买本书或异步社区出版的其他图书，也可以发邮件给我们。

如果您在网上发现有针对异步社区出品图书的各种形式的盗版行为，包括对图书全部或部分内容的非授权传播，请您将怀疑有侵权行为的链接发邮件给我们。您的这一举动是对作者权益的保护，也是我们持续为您提供有价值的内容的动力之源。

关于异步社区和异步图书

"异步社区"是人民邮电出版社旗下 IT 专业图书社区，致力于出版精品 IT 技术图书和相关学习产品，为作译者提供优质出版服务。异步社区创办于 2015 年 8 月，提供大量精品 IT 技术图书和电子书，以及高品质技术文章和视频课程。更多详情请访问异步社区官网 https://www.epubit.com。

"异步图书"是由异步社区编辑团队策划出版的精品 IT 专业图书的品牌，依托于人民邮电出版社近 30 年的计算机图书出版积累和专业编辑团队，相关图书在封面上印有异步图书的 LOGO。异步图书的出版领域包括软件开发、大数据、AI、测试、前端、网络技术等。

异步社区

微信服务号

目录

基础使用篇

第1章 EVE-NG 概述 2
- 1.1 EVE-NG 介绍 2
  - 1.1.1 为什么使用 EVE-NG 3
  - 1.1.2 EVE-NG 的发展历程 3
  - 1.1.3 EVE-NG 的三大组件 7
  - 1.1.4 网络设备仿真 8
  - 1.1.5 其他操作系统仿真 9
- 1.2 EVE-NG 特点 10
  - 1.2.1 同产品对比 10
  - 1.2.2 无伤大雅的局限性 12
  - 1.2.3 疯狂的扩展性 13
- 1.3 EVE-NG 功能 13
  - 1.3.1 EVE-NG 通用功能 13
  - 1.3.2 EVE-NG 版本 14
- 1.4 结语 15

第2章 EVE-NG 安装指南 17
- 2.1 安装方式 17
- 2.2 系统要求 18
- 2.3 OVA 模板部署 EVE-NG 18
  - 2.3.1 在 VMware Workstation 上部署 19
  - 2.3.2 在 VMware vSphere 6.5 上部署 23
- 2.4 ISO 光盘镜像安装 EVE-NG 39
- 2.5 Ubuntu 安装 EVE-NG 46
- 2.6 EVE-NG 初始化 69
- 2.7 结语 73

第3章 EVE-NG 管理 74
- 3.1 概述 74
- 3.2 EVE-NG 主界面 74
  - 3.2.1 主界面 75
  - 3.2.2 菜单栏 76
  - 3.2.3 文件管理 80
- 3.3 Lab 操作界面 90
  - 3.3.1 布局介绍 90
  - 3.3.2 添加对象菜单 91
  - 3.3.3 节点管理菜单 116
  - 3.3.4 网络对象管理菜单 119
  - 3.3.5 启动配置管理菜单 119
  - 3.3.6 形状和文本对象管理菜单 121
  - 3.3.7 更多操作菜单 122
  - 3.3.8 视图缩放菜单 123
  - 3.3.9 系统状态菜单 124
  - 3.3.10 Lab 详情菜单 124
  - 3.3.11 其余菜单 125
- 3.4 结语 126

第4章 Dynamips 设备 127
- 4.1 Dynamips 镜像介绍 127
- 4.2 导入 Dynamips 镜像 127
- 4.3 运行 Dynamips 设备 137
- 4.4 验证实例 139
- 4.5 结语 140

目录

第 5 章 IOL 设备 ········ 141
- 5.1 IOL 镜像介绍 ········ 141
- 5.2 导入 IOL 镜像 ········ 142
- 5.3 运行 IOL 镜像 ········ 143
- 5.4 验证实例 ········ 147
- 5.5 结语 ········ 149

第 6 章 QEMU 设备 ········ 150
- 6.1 QEMU 介绍 ········ 150
- 6.2 导入 QEMU 镜像 ········ 150
- 6.3 运行 QEMU 设备，并验证实例 ········ 152
- 6.4 结语 ········ 154

第 7 章 集成客户端软件包 ········ 155
- 7.1 概述 ········ 155
- 7.2 工具介绍 ········ 155
  - 7.2.1 SecureCRT/Xshell ········ 155
  - 7.2.2 VNC ········ 157
  - 7.2.3 Wireshark ········ 157
- 7.3 集成 SecureCRT/Xshell、VNC 和 Wireshark ········ 158
  - 7.3.1 安装官方客户端集成软件包 ········ 158
  - 7.3.2 集成 SecureCRT/Xshell ········ 166
  - 7.3.3 集成 UltraVNC ········ 172
  - 7.3.4 集成 Wireshark ········ 174
- 7.4 结语 ········ 176

第 8 章 VPCS 的使用 ········ 177
- 8.1 VPCS 介绍 ········ 177
- 8.2 创建 VPCS 节点 ········ 177
- 8.3 VPCS 命令 ········ 179
  - 8.3.1 ip 命令 ········ 179
  - 8.3.2 show 命令 ········ 182
  - 8.3.3 save、clear 和 load 命令 ········ 185
  - 8.3.4 set 命令 ········ 186
  - 8.3.5 ping 和 trace 命令 ········ 190
  - 8.3.6 其余命令 ········ 193
- 8.4 结语 ········ 194

第 9 章 物理网络与虚拟网络结合 ········ 195
- 9.1 网络结合介绍 ········ 195
- 9.2 EVE-NG 的网桥 ········ 196
- 9.3 虚拟机软件内置的网络类型 ········ 197
  - 9.3.1 Bridge ········ 197
  - 9.3.2 NAT ········ 197
  - 9.3.3 Host-Only ········ 201
- 9.4 VMware Workstation 环境下的桥接 ········ 201
  - 9.4.1 增加网卡 ········ 202
  - 9.4.2 EVE-NG 的桥接 ········ 203
  - 9.4.3 桥接验证 ········ 204
- 9.5 VMware vSphere 环境下的桥接 ········ 205
  - 9.5.1 创建 vSphere 标准交换机 ········ 206
  - 9.5.2 添加网络 ········ 211
  - 9.5.3 设置 vSwitch 混杂模式 ········ 214
  - 9.5.4 EVE-NG 增加网卡 ········ 214
  - 9.5.5 桥接验证 ········ 219
- 9.6 桥接物理网卡 ········ 219
- 9.7 结语 ········ 223

第 10 章 EVE-NG 资源扩容 ········ 224
- 10.1 EVE-NG 硬件资源简介 ········ 224
- 10.2 LVM ········ 225
  - 10.2.1 LVM 介绍 ········ 226
  - 10.2.2 基本组成 ········ 226

10.2.3　LVM 的优缺点……………228
10.3　根目录手动扩容………………234
10.4　Swap 分区扩容………………242
10.5　结语……………………………245

第 11 章　EVE-NG 系统更新…………246
11.1　EVE-NG 在线更新……………246
11.2　EVE-NG 离线更新……………251
11.3　结语……………………………258

进阶操作篇

第 12 章　虚拟化基础…………………260
12.1　虚拟化简介……………………260
　　12.1.1　KVM 与 QEMU 介绍……261
　　12.1.2　CPU 虚拟化………………261
　　12.1.3　内存虚拟化………………264
　　12.1.4　硬盘虚拟化………………265
　　12.1.5　网卡虚拟化………………266
　　12.1.6　EVE-NG 的优化技术……267
12.2　QEMU 命令……………………269
　　12.2.1　qemu-img…………………269
　　12.2.2　qemu-system………………274
12.3　结语……………………………275

第 13 章　定制 Windows 镜像…………276
13.1　Windows 系统安装……………276
　　13.1.1　上传 ISO 光盘镜像………276
　　13.1.2　安装 Windows 系统………277
　　13.1.3　优化 Windows 系统………279
13.2　镜像重建………………………287
13.3　镜像压缩………………………289
13.4　镜像测试………………………291
13.5　结语……………………………292

第 14 章　定制 Linux 镜像……………293
14.1　Linux 系统安装…………………293
　　14.1.1　上传 ISO 光盘镜像………293
　　14.1.2　安装 Ubuntu 系统…………294
　　14.1.3　优化 Ubuntu 系统…………296
14.2　镜像压缩………………………303
14.3　镜像重建………………………304
14.4　镜像测试………………………306
14.5　结语……………………………307

第 15 章　定制其他系统镜像…………308
15.1　qcow2……………………………308
15.2　IMG……………………………312
15.3　OVA……………………………316
　　15.3.1　转换镜像…………………319
　　15.3.2　测试镜像…………………319
15.4　ISO……………………………321
15.5　结语……………………………326

第 16 章　修改镜像……………………327
16.1　加载镜像………………………327
16.2　修改镜像………………………328
16.3　镜像重建………………………329
16.4　测试镜像………………………330
16.5　结语……………………………331

底层原理篇

第 17 章　EVE-NG 大杂烩 ·········· 334
 17.1　EVE-NG 的设备连通原理 ······ 336
 17.2　EVE-NG 修改固定管理
   IP 地址 ················ 339
 17.3　EVE-NG 的数据库 ·········· 340
 17.4　EVE-NG 重置 Web 管理员
   密码 ·················· 343
 17.5　结语 ···················· 345
第 18 章　EVE-NG 目录及代码分析 ···· 346
 18.1　镜像目录 ················ 349
 18.2　脚本文件目录 ············ 351
 18.3　网页文件目录 ············ 355
 18.4　实验拓扑目录 ············ 363
 18.5　数据库初始化目录 ········ 363
 18.6　临时文件目录 ············ 364
 18.7　wrappers 目录 ·········· 364
 18.8　日志目录 ················ 365
 18.9　结语 ···················· 366
第 19 章　量身打造专属设备 ········ 367
 19.1　修改底层代码 ············ 367
  19.1.1　添加模板 ············ 367
  19.1.2　开启新设备支持 ······ 368
  19.1.3　优化接口显示 ········ 369
  19.1.4　编写配置导入/导出
     代码 ················ 370
 19.2　上传系统镜像 ············ 371
 19.3　测试镜像 ················ 372
 19.4　结语 ···················· 374
第 20 章　新奇玩法 ················ 375
 20.1　变废为宝 ················ 375
 20.2　浅谈 Home Lab 的实现 ······ 375
 20.3　结语 ···················· 377

后记 ·································· 378
附录　各种系统的特性列表 ·············· 382

基础使用篇

第 1 章　EVE-NG 概述
　　EVE-NG 介绍、特点、功能
第 2 章　EVE-NG 安装指南
　　EVE-NG 的系统要求及多平台安装步骤
第 3 章　EVE-NG 管理
　　EVE-NG 平台操作方法
第 4 章　Dynamips 设备
　　添加 Dynamips 设备及使用方法
第 5 章　IOL 设备
　　添加 IOL 设备及使用方法
第 6 章　QEMU 设备
　　添加 QEMU 设备及使用方法
第 7 章　集成客户端软件包
　　EVE-NG 客户端的安装及使用方法
第 8 章　VPCS 的使用
　　VPCS 虚拟 PC 的使用方法
第 9 章　物理网络与虚拟网络结合
　　网卡桥接及多平台虚实网络结合的操作步骤
第 10 章　EVE-NG 资源扩容
　　硬盘及虚拟内存的资源扩容
第 11 章　EVE-NG 系统更新
　　EVE-NG 系统更新的方法及演示

第 1 章
EVE-NG 概述

EVE-NG（Emulated Virtual Environment – Next Generation）是一款运行在 Ubuntu 上的虚拟仿真环境，是由 Andrea Dainese、Uldis 等行业内顶尖专家完成的优秀作品。它集成了 Dynamips、IOL、QEMU，不仅可以模拟网络设备，还可以模拟一切操作系统，包含（但不限于）Cisco IOS、Juniper、Palo Alto、Check Point、Arista、VyOS、MikroTik、VMware ESXi、Windows、Linux 等，使你能够在 PC 或者 Server 上设计、测试并验证 IT 技术。

它实现了通过 Web 连接并管理该平台的操作模式，能快速部署配置虚拟环境，有华丽的操作界面、足够强大的功能、丰富的扩展性、简单易用及快速上手等众多优点。

1.1 EVE-NG 介绍

EVE-NG 是继 UNetLab 之后更强大的版本。开发团队对行业未来的发展以及用户的使用需求做了全面调查后，决定重做虚拟仿真环境并打造了这款 EVE-NG 平台，致力于使之成为仿真虚拟环境的较好的选择。

新版的虚拟仿真平台能够满足目前的日常需求，它可以让企业、学习平台、培训中心、个人或者团队去创建虚拟的环境，让技术学习起来更容易，让工程师做解决方案更方便，让培训机构做教学更简单。

EVE-NG 是第一个无客户端的仿真平台，为网络、安全、系统等专业人员提供了更多的学习和工作机会。

1.1.1 为什么使用 EVE-NG

学习新的 IT 技术时，我们通常会为没有物理硬件而放慢了学习的步伐，为租用物理硬件价格较贵、性价比不高而感到心有不舍，为搭建实验环境的步骤太烦琐而感到劳心费力，抑或为实验环境的架构固定无法修改而感到头疼。有了 EVE-NG，这些问题都迎刃而解了，因为它可以满足任何角色的任何需求。它能帮助你更快地了解、学习新技术，设计并验证最好的解决方案，从而提高学习和工作效率。

有了 EVE-NG，学生可以快速部署拓扑架构，达到便于观看，易于理解，缩短学习时间的目的；培训讲师可以降低购买物理硬件的成本，实现教学案例永久保存，随时调阅讲解，IT 工程师可以模拟完整的公司 IT 环境，变更时提前测试以降低风险，提高实施成功率。

有了 EVE-NG，网络工程师可以模拟 Cisco、H3C、Huawei、Juniper、Palo Alto、Check Point 等众多厂商的设备；系统工程师可以模拟 Linux、Windows、MacOS 等大量操作系统；虚拟化工程师可以模拟 VMware、Citrix、KVM、QEMU、OpenStack、Docker 等所有虚拟化环境；存储工程师可以模拟 Open-E、Synology 存储的操作系统，支持 iSCSI、NFS，用 Linux 还可以支持 Ceph；而程序员可以借 EVE-NG 模拟大量设备来支撑开发环境；IT 爱好者可以借 EVE-NG 模拟 OpenWRT、Pfsense、VyOS 等小众常用系统。所以，EVE-NG 几乎无所不能！

1.1.2 EVE-NG 的发展历程

EVE-NG 经历了多次迭代，现已逐渐趋于成熟、稳定，从最初广为流传的 iou-web 到如今的 EVE-NG，其功能越来越多，优势也越来越明显，非常适合广泛使用。

1. WebIOL

WebIOL 是用 Perl 语言开发的，包含了思科 360 项目的一些基本实验环境，仅供 Cisco 内部员工使用。

2. iou-web

iou-web 是用 PHP 语言开发的，也经常被称为 web-iou，其正式版发布于 2012 年 1 月 23 日,在几个月内赢得了众多业内用户的认可。在当时的环境下,iou-web 与 GNS3

有一段时间是并存的。虽然 GNS3 与 iou-web 都能满足需求，但 iou-web 的许多特点让它更具有优势，比如支持 IOL、运行速度快、支持更多的二层协议特性、操作简单、快速恢复配置、更适合做技术认证考试的工具等。所以，许多用户还是更喜欢 iou-web。iou-web 的操作界面如图 1-1 所示。

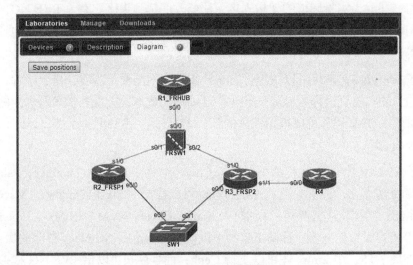

图 1-1　iou-web 的操作界面

3. UNL

统一的网络实验室（Unified Networking Lab）是由意大利人 Andrea Dainese 开发的。2013 年，他意识到 iou-web 的局限性太多，并且在 IOL 上使用组播功能时存在各种故障，特别需要一种统一的方法模拟网络设备（如防火墙、负载均衡设备等），所以他重写了 iou-web 代码，使之成为可以扩展的网络模拟系统。UNL 系统有两个非常重要的突破。

- 每个节点都连接到一个公共层。
- 这个公共层必须用 Linux Bridge 或者 OVS 实现。

UNetLab 于 2014 年 10 月 6 日发布，它的 REST API 架构用 PHP 语言开发，应用界面则用 jQuery 实现。在发布后的几个月内，UNetLab 的日活跃用户有 500～600 人。随后，Andrea Dainese 将 UNetLab 正式命名为 UNL，其操作界面如图 1-2 所示。

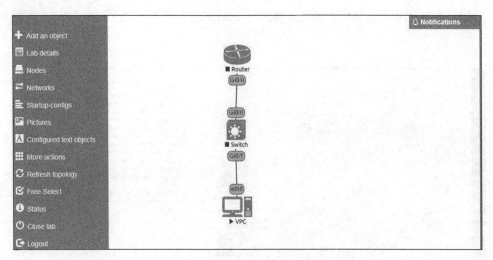

图 1-2　UNL 的操作界面

从 2015 年开始，Andrea Dainese 已经没有足够的空闲时间专注于 UNL，致使 UNL 的更新周期越来越长，但团队内的其他成员还有继续更新并完善 UNL 的想法，所以一部分人继续潜心研究并于 2017 年 1 月 5 日发布了 EVE-NG。而此时的 Andrea Dainese 已经不属于 EVE-NG 团队了，他有了更神秘的想法（本书最后有相关介绍）。

4．EVE-NG

Uldis 等人以 UNL 为母版制作了新一代仿真虚拟环境，改进了 UNL 的代码，增强了功能，修改了界面，并正式将其改名为 EVE-NG（Emulated Virtual Environment – Next Generation）。

EVE-NG 的版本更新过程如下。

- 2017 年 1 月 5 日：发布 V2.0.2-19Alpha 版本。

- 2017 年 3 月 15 日：发布 V2.0.3-53 Community Edition 版本。这是具有跨时代意义的版本，增加了 UKSM、CPULimit、HTML5 的支持，增加或改进了众多功能，所支持的设备更多、更全。

- 最新版本（截至本书截稿时间）：V2.0.3-68 Community Edition。这一版本修复了很多 bug，支持 Huawei USG 设备，支持 MikroTik 与 Nokia VSR 设备配置的导入/导出，在 UI 上增加了 QEMU 与模板的显示，其操作界面如图 1-3 和图 1-4 所示。

建议各位读者尽量使用最新版，相对于旧版来说，新版功能更多，bug 也可能更少一些。

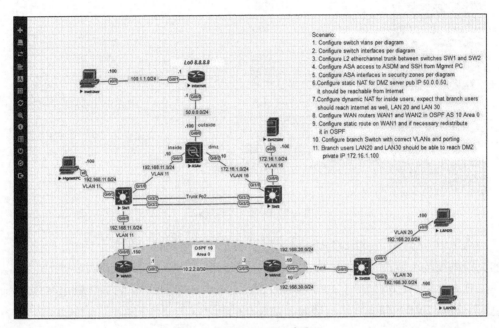

图 1-3　EVE-NG 的操作界面

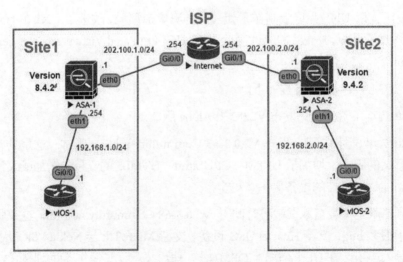

图 1-4　利用 EVE-NG 制作的拓扑图

1.1.3 EVE-NG 的三大组件

为了让 EVE-NG 支持的设备更多，更加全能，能真正成为统一的虚拟仿真平台，所以融入了经典模拟器 Dynamips、IOL 和虚拟化模拟器 QEMU。

1. Dynamips

Dynamips 是一个基于虚拟化技术的模拟器，用于运行 Cisco 路由器真实的操作系统，其作者是法国 UTC 大学的 Christophe Fillot。

Dynamips 的原始名称为 Cisco 7200 Simulator，源于 Christophe Fillot 在 2005 年 8 月开始的一个项目。该模拟器已经能够支持 Cisco 的 1700、2600、2691、3600、3725、3745、7200 等路由器平台。它能运行在 FreeBSD、Linux、Mac OS X 或者 Windows 上，但 Dynamips 毕竟只是个模拟器，在性能上无法与真实设备媲美，所以不能取代真实的路由器。

Dynamips 曾经盛行许久，为网络工程师提供了一个学习和实践的工具，让人们更加熟悉 Cisco 的设备，同时也为 Cisco 设备的普及、品牌知名度的上涨做出了巨大贡献。

后来，有国内技术人员专门为 Dynamips 制作了一个 GUI 界面，并命名为小凡模拟器，其操作界面如图 1-5 所示。

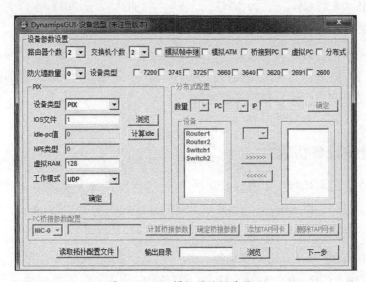

图 1-5 小凡模拟器的操作界面

2. IOL

IOL（Cisco IOS on Linux）是运行在 Linux 系统上的 Cisco IOS，理论上可运行在基于 x86 的任意 Linux 发行版系统上。它于 2010 年开始被广泛使用。

相比 Dynamips，IOL 的优势较为明显：

- 资源占用小，运行多台虚拟设备时更为明显；
- 更好地支持二层交换特性；
- 支持 15.x 版本的 IOS，并且截至目前一直有 IOS 更新。

当然，没有什么事物是完美的，IOL 也依然有很多不足，例如不能支持所有的二层交换特性，但就目前来看，IOL 上的二层交换特性支持已经接近完美。

IOL 是在 Dynamips 之后的又一个模拟器方案，借助 Linux 运行 IOS，由于它的优势，让众多 Dynamips 用户纷纷转移到 IOL 上，为今后的 iou-web、GNS3 乃至 EVE-NG 打下了良好的基础，也为仿真平台的统一提供了可能。

3. QEMU

QEMU（Quick Emulator）是虚拟化领域中非常著名的开源产品，最早出现在 2006 年 6 月 23 日，名字为 QEMU accelerator，版本为 version 1.3.0 pre9。同年 7 月 22 日，发布了 QEMU 0.8.2 版本。随后，经过长达 5 年半的时间，在 2011 年 12 月 1 日，正式发布了 1.0 版本。

截至截稿时间，最新版为 2.8.1，发布时间为 2017 年 3 月 31 日。历经 11 年之久，QEMU 搭配 KVM 后，已接近完美，并被云技术广泛应用，为云计算服务提供核心动力，由此可见它在虚拟化领域的重要地位。

1.1.4 网络设备仿真

EVE-NG 在设备仿真上主要针对网络设备，集成的三大组件都有相对应的网络设备操作系统。其中，Dynamips 与 IOL 仅限 Cisco 的设备模拟，而 QEMU 可以运行众多厂商、不同种类的网络设备。

EVE-NG 借助 Dynamips 模拟器，运行的是真实的 IOS 操作系统，可以模拟 Cisco IOS 1710、Cisco IOS 3725、Cisco IOS 7206 设备，但依然局限在这几种平台

范围内。

EVE-NG 借助 IOL 运行 Cisco IOS，让网络设备更加丰富、完美。在 IOL 中，没有设备平台系列的区别，我们可以根据 IOL 的 bin 文件名区分类别。其中包含 "l2" 的就是交换机，作为二层或三层交换机使用；包含 "l3" 的就是路由器，作为路由器使用，接口仅支持三层口，无二层功能。此外，命名中的其他标识与物理机的 IOS 命名规则一致。

因为网络设备众多，Dynamips 与 IOL 只能模拟 Cisco 的网络设备，所以必须借助第三大工具 QEMU，这样的话，网络设备就基本齐全了。它支持的 Cisco 的设备有 IOSv 路由器、IOSvL2 交换机、ASAv 虚拟 ASA 防火墙、NX-OS 的 Nexus 7000/9000、IPS 入侵防护系统、ACS 访问控制系统、ISE 身份服务引擎、vWLC 虚拟无线控制器等多种镜像。除了 Cisco，QEMU 还能模拟 Juniper、H3C、F5、Check Point、Radware 等多种厂商的操作系统。

1.1.5　其他操作系统仿真

除了网络设备，EVE-NG 借助于 QEMU，还可以模拟其他各式各样的操作系统。它可以仿真 Windows Desktop/Server 系统，比如 Windows XP/7/8/8.1/10、Windows Server 2003/2008/2012/2016 等；也可以仿真 Linux 发行版的系统，比如 Redhat/CentOS/Fedora/SUSE、Ubuntu/Debian 等；还可以仿真基于 Unix/Linux 开发的厂商系统，比如 VMware ESXi、Xen Server、Synology 等；甚至可以仿真基于 Unix/Linux 系统的软路由/软防火墙/软存储服务器，比如 OpenWRT、Panabit、Pfsense、FreeNAS 等。

除此之外，在完全掌控 EVE-NG 后，就能做到自定义一些个人使用的系统镜像。相比云技术、容器技术，EVE-NG 制作镜像更为简单，仅仅通过上传、安装、修改、重建等简单操作就可以获得想要的镜像。

所以，EVE-NG 能实现的虚拟设备仿真已经不仅仅是网络设备，还能支持市面上大多数非网络厂商设备和非主流定制化的操作系统。

1.2 EVE-NG 特点

EVE-NG 虽然强大，但并非完美。融入了 Dynamips、IOL、QEMU 三大组件后，尽可能地让其功能最大化。EVE-NG 有独具一格的优势，也有旦夕祸福的劣势，不论多年后谁与争锋，至少至今无与伦比。

1.2.1 同产品对比

Packet Tracer 是一款 Cisco 开发的入门级模拟器，功能简单，初学者使用起来更容易上手。目前 Cisco 也一直更新，新版的 Packet Tracer 7.0（其操作界面见图 1-6）更新了物联网等方面的内容，着实吸引眼球。但对于资深的网络工程师来说，功能尚且不足。

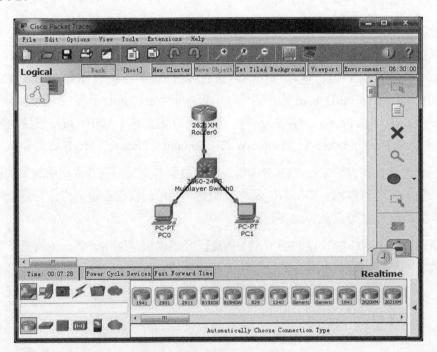

图 1-6 Packet Tracer 7.0 的界面

1.2 EVE-NG 特点

VIRL（Virtual Internet Routing Labs）是 Cisco 开发的一个模拟真实镜像的工具，能运行 IOSv、IOSvL2、IOS XRv、NX-OSv 等镜像，使用 VM Maestro 管理，提供了一个可伸缩、可扩展的网络设计和虚拟环境模拟。VIRL 有强大的扩展性，支持第三方的虚拟镜像，比如 Juniper、Palo Alto、Fortinet、F5 等。VIRL 有两个不同的版本，个人版与学院版，均为收费版，价格均为 199 美元/年。

CML（Cisco Modeling Labs）是 VIRL 的代码分支，也是 VIRL 的增强版，提供了更大的规模。VIRL 有 20 个节点的限制且只支持一个用户，而 CML 没有限制。CML 与 VIRL 在功能上相同，都可以提供可运行思科真实 IOS 的网络环境，用户可以将该实验室部署在本地服务器上，通过客户端程序管理。CML 主要针对企业用户，并提供技术支持，而 VIRL 主要针对个人和教学环境。显然，CML 的价格要比 VIRL 的更高。

GNS3（Graphical Network Simulator-3）一直都是网络模拟器的明星（其操作界面见图 1-7），支持虚拟网络与物理网络结合，被用来模拟复杂的网络。它的首次面世是在 2008 年，凭借着开源、功能多样性以及图形化操作等优势，迅速占领市场，风靡全球。

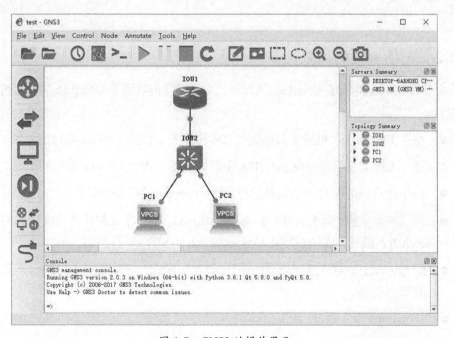

图 1-7　GNS3 的操作界面

因为 GNS3 与 EVE-NG 均为开源且免费，所以将它们放在一起作对比较为适合，对比情况如表 1-1 所示。

表 1-1 EVE-NG 与 GNS3 对比

EVE-NG	GNS3
B/S 模型	C/S 模型
Web 管理	使用 GNS3 软件管理
客户端不依赖操作系统	限制为 Windows、Mac、Linux
只运行 EVE-NG 即可	需 GNS3、VMware/VirtualBox 搭配使用
版本更新操作简单	更新频繁，耗时耗力
接口信息显示准确，不需要手动调整	接口信息显示较乱，可能需要手动调整
定制个人镜像较容易	使用官方支持的镜像较容易，定制化较复杂
拓扑界面较为美观、新颖	拓扑界面较为老旧

总之，EVE-NG 在用户体验上占绝对优势，操作简单，更易上手。当然，GNS3 也是个非常不错的选择。对于熟悉并已经习惯了 GNS3 的朋友来说，使用起来更加方便。

1.2.2 无伤大雅的局限性

由于 EVE-NG 继承了 UNetLab 的大量代码，同样也继承了 UNetLab 的局限性，具体如下。

- 每个 EVE-NG 主机最多只能运行 256 个拓扑，因为 console 端口的限制。
- 每个 Lab 实例最多只能运行 128 个虚拟设备，因为 console 端口的限制。
- 每个用户只能保持一个拓扑运行，因为 console 端口的限制。
- 只有一个主机，做不到分布式部署 EVE-NG。在分布式部署时会使用到 Openv Switch，但是许多帧类型在 Openv Switch 中被默认过滤掉。
- 配置管理上，导入/导出配置是通过脚本实现的，速度慢、不可控，不支持所有节点类型。
- Dynamips 不支持 serial 串口。
- 实验运行时不允许拓扑改变。

console 端口的限制是因为每个节点控制台都有一个固定的控制台端口,计算如下: $ts\_port = 32768 + 128 \times tenant\_id + device\_id$。此外,同一实验室中不能运行多达 512 个 IOL 节点,因为每个租户的 *device_id* 必须是唯一的。

- *ts_port*:远程连接设备的端口号。
- *tenant_id*:租户 ID,即用户 ID。
- *device_id*:设备 ID。

再优秀的作品也不能做到完美,对于如上的局限性,笔者更期待后续版本能够进行改进,进而消除。

1.2.3 疯狂的扩展性

EVE-NG 在扩展性方面,得力于 QEMU。EVE-NG 在融入 QEMU 后,EVE-NG 几乎可以容纳行业内外 90%以上的操作系统。有了操作系统,便可以运行开发工具,程序员也可以加入 EVE-NG 的用户大军,这也意味着 EVE-NG 的用户群体几乎能做到横跨整个 IT 行业。当然,这不是绝对的,比如对于显卡性能要求较高的从业者,EVE-NG 目前还不能满足需求,但不意味着将来不可能实现。在目前的云计算领域可以做到将高性能显卡虚拟化,并做成高性能的云 GPU 主机,所以将来的 EVE-NG 在这方面也不乏可能。

1.3 EVE-NG 功能

看过前文后,相信你对 EVE-NG 已经有了初步的了解,本节将对 EVE-NG 的版本、功能、特性等方面做详细介绍,为你拨开云雾见真身。

1.3.1 EVE-NG 通用功能

EVE-NG 的通用功能如下:

- KVM 的硬件加速;

- 在拓扑上支持单击，可以直接对拓扑、虚拟设备操作；
- 支持虚拟设备的导入/导出配置；
- Lab 拓扑文件使用 XML 可扩展标记语言；
- 支持导入用 visio 或其他工具制作的图片，并变为可单击操作的拓扑；
- 支持对二层协议自定义内核；
- 使用 UKSM 做内存优化；
- 支持 CPU 监控；
- 全 HTML 用户接口，可以不使用第三方工具管理虚拟设备；
- 支持多用户；
- 支持与真实的物理网络环境交互；
- 多 Lab 实例同时运行；
- 基于 Ubuntu LTS 16.04 系统，并做长期支持；
- 兼容 UNetLab；
- 可以快速将物理网络环境转为虚拟环境；
- 支持用不同的图形和文本框在拓扑上做标记描述。

1.3.2　EVE-NG 版本

EVE-NG 官方对版本做过长期规划，大致上会包含 3 个版本，Community Edition（社区版）、Professional Edition（专业版）和 Learning Centre Edition（学习中心版）。写作本书时，只有 Community Edition 社区版发布。每个版本之间有不同特性，功能依次增强（以下内容来自于官网）。

1. Community Edition

- 共享设计：支持共享 Lab 实例、配置给其他人。
- UI 的增强功能：在 UI 上可以完成 99%的操作，CLI 的方式为高级用户保留。
- 无用户端设计：在 HTML5 上支持 Telnet、rdp、VNC。

- 支持在客户端本地使用 Wireshark 抓包。
- 支持虚拟设备的导入/导出配置。
- 其他更多的功能。

2. Professional Edition
   - 每个 Lab 实例可以有多版本的配置。
   - 支持多用户同时管理同一 Lab 实例。
   - 支持 HTML5 的方式使用 Wireshark 抓包。
   - 支持用 Web 方式管理镜像。

3. Learning Centre Edition
   - 支持 Community Edition 与 Professional Edition 的所有功能。
   - 多用户模块，支持锁定用户文件夹及所属用户、权限等。
   - 支持教师给学生做在线演示。
   - UI 上支持学生与老师交互功能。
   - 支持自定义 Logo。

EVE-NG 通过多版本分级，针对不同用户做相应的功能支持，并做了长期的发展规划，可见 EVE-NG 的发展前景无限。因为普通用户不需要那么多高级功能，而这些高级功能的开发成本较高，所以将来 EVE-NG 很有可能会对高级版本收费。

1.4 结语

本书作为国内外首本讲述 EVE-NG 的书籍，涉及 EVE-NG 的各个方面，希望读者能跟着本书的节奏，逐步学会它的各项功能，并感受它的强大，也希望那些已经习惯了 GNS3 的用户不要用 GNS3 的思维学习 EVE-NG，不要固化在以前的旧思想中。因为相比之下，EVE-NG 更为优秀，有足够的发挥空间。我们可以自由地利用所有的技术技能，充分发挥想象力，完成网络技术之外的更多创新。

EVE-NG 更大的魔力在于将大量优秀的技术融合在一起，目前已与乔海滨合力制作出针对 EVE-NG 定制的 Toolkit 小工具，可以非常方便地增加一些功能，一键式实现一些简单的操作。如果读者对 Web 前端、数据库、虚拟化、云等技术有足够能力的话，甚至可以将一些定制化的个人功能增加进去。这也是我想要看到的 EVE-NG 的未来，它充满着无限遐想。

第 2 章　EVE-NG 安装指南

EVE-NG 是一款运行在 Ubuntu 的虚拟仿真环境。既然它运行在 Ubuntu 操作系统之上,那就可以把它安装在 VMware Workstation、VMware ESXi、VirtualBox、Parallelsl Desktop 等虚拟机软件中,当然也可以把它安装在物理机中。本章将采用 2.0.3-68 版本对各种环境做详细的安装介绍。

2.1　安装方式

EVE-NG 的官方安装包有两种:
- OVA 模板文件;
- ISO 光盘镜像。

通常,我们会将虚拟机软件安装在个人电脑上。在这样的情况下,建议选用 OVA 模板直接导入到虚拟化平台中,非常方便并且快捷。当然,也可以选用 ISO 镜像安装,但需要连接网络更新一些安装包。这比使用 OVA 模板的安装速度慢一些,其安装速度取决于互联网的质量。如果你想把 EVE-NG 直接安装到服务器、工作站等性能较强的物理机中,建议选用 ISO 光盘镜像安装。除此之外,还有另一个方法,即先安装 Ubuntu,再通过因特网安装 EVE-NG 相关包。

强烈推荐将 EVE-NG 安装到物理机中,这样可以减少一层虚拟化,虚拟设备的运行速度会有较明显的提升。

2.2 系统要求

安装 EVE-NG 的系统要求如下。

- CPU：支持 Intel VT-x/EPT 或者 AMD-V/RVI 的处理器，1 个核心以上。
- 内存：2GB 以上。

如果用户的需求仅仅是运行 Dynamips 与 IOU/IOL 系统镜像，那硬件资源只要大于 1 个核心，2GB 内存即可。如果还有运行 QEMU 等系统镜像的需求，那 1 个 CPU、2GB 内存是远远不够的，这取决于 QEMU 系统镜像所占用资源的多少，所以，没有办法确定具体需要多少资源。当然，我们可以简单地估算一下，通常情况如表 2-1 所示。

表 2-1 QEMU 镜像的默认资源占用表

镜像名	CPU	内存
vIOS	1 个	512MB
ASAv	1 个	2GB
Windows	2 个	4GB
Firepower 6	4 个	8GB
VMware ESXi	2 个以上，不封顶	4GB 以上，不封顶

表 2-1 中只列举了一小部分 QEMU 的镜像，相信你看到表格中最后一行"不封顶"3 个字，应该有所领会，EVE-NG 的硬件资源需求无法确定，完全取决于用户的使用需求。

2.3 OVA 模板部署 EVE-NG

如今，虚拟化技术已经较为成熟，有很多虚拟机平台都支持直接导入 OVA 模板，比如 VMware Workstation、VMware vSphere、VirtualBox 等。理论上，只要虚拟机软件支持 OVA 模板，都可以部署 EVE-NG。不管在哪种虚拟化平台上，EVE-NG 的安装方法均类似，所以为了避免重复叙述，本书仅演示在 VMware Workstation 与 VMware vSphere 环境下的部署。

在部署之前，先准备好 OVA 模板文件。一般情况下，既可从官网获取，也可以从互联网上获取，模板文件如图 2-1 所示。

图 2-1　EVE-NG 的 OVA 模板

2.3.1　在 VMware Workstation 上部署

> **注意**：在安装之前，确保物理机在 BIOS 中开启过虚拟化 Intel VT-x/EPT。

在正式部署之前，请确保采用了表 2-2 中的 VMware Workstation 版本和操作系统版本。

表 2-2　VMware Workstation 演示环境介绍

演示环境	版本	详细版本
VMware Workstation	VMware Workstation Pro 12	12.5.5 build-5234757
操作系统	Windows 7	Service Pack 1

1. 导入 EVE-NG 虚拟机

打开 VMware Workstation 软件，在选项栏中单击"文件"，在下拉菜单中单击"打开"，如图 2-2 所示。

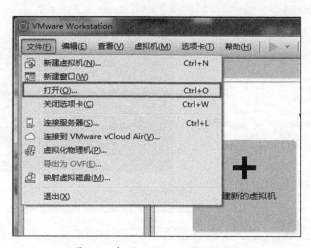

图 2-2　打开 VMware Workstation

设置虚拟机名称，并选择虚拟机的存储路径，确定导入，具体操作如图 2-3 所示，导入进度如图 2-4 所示。

图 2-3　虚拟机配置

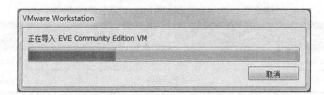

图 2-4　EVE-NG 虚拟机的导入进度

导入完成后，可以看到虚拟机的默认资源情况，如图 2-5 所示。

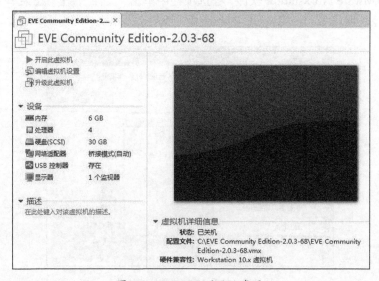

图 2-5　EVE-NG 的默认资源

2. 编辑虚拟机

通过 OVA 导入的 EVE-NG，默认资源如下。

- CPU：4 核。
- 内存：6GB。
- 硬盘：30G。
- 网卡：1 块，桥接模式。

任何操作系统都需要硬件支撑，那么在 EVE-NG 中，每个硬件都有什么作用呢？请见下文（实体星星的多少表示其重要性）。

★★★★★ 内存决定着运行虚拟设备的数量，影响着虚拟设备的运行效率。

★★★★☆ CPU 决定着运行虚拟设备的数量，影响着虚拟设备的运行效率。

★★☆☆☆ 硬盘容量与 EVE-NG 存放虚拟设备镜像的多少有关，也影响 Lab 文件的存放数量。

★☆☆☆☆ 网卡是 EVE-NG 中虚拟设备通向外界的桥梁，决定着可以桥接物理网络的数量。

综上所述，最为重要的硬件就是内存和 CPU。建议你根据物理机硬件资源状况，尽可能给 EVE-NG 虚拟机分配更多的内存和 CPU 资源。本环境仅用于展示过程，所以用默认配置即可。

3. 打开虚拟化功能

当在物理机上运行虚拟机时，需要在物理机的 BIOS 中开启 CPU 虚拟化和内存虚拟化等设置，那么在虚拟机中开启虚拟化功能，就需要在虚拟机软件中开启，这就类似于在 EVE-NG 的 BIOS 中开启虚拟化功能，具体操作如图 2-6 所示。

4. 调整网卡

默认的网络适配器是桥接模式，该网卡作为 EVE-NG 的管理网卡，需要注意的是，EVE-NG 的管理网卡默认使用 DHCP 获取地址，所以请确保 EVE-NG 的管理网络中存在 DHCP 服务器，否则 EVE-NG 获取不到地址，在开机时就可能会出现卡在开机界面的情况。

图 2-6　EVE-NG 开启 Intel VT-x/EPT

本环境中的桥接模式是有 DHCP 服务器的,所以选用桥接模式,如图 2-7 所示。这里可根据用户的环境自由选择网卡模式。关于 VMware Workstation 的几种网卡模式,会在后文做详细介绍。

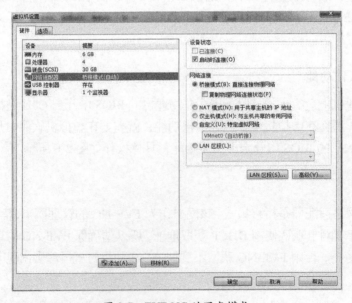

图 2-7　EVE-NG 的网卡模式

5. 将 EVE-NG 开机

将 EVE-NG 开机后，独特的开机 Logo 显示在整个屏幕上，如图 2-8 所示。如果 EVE-NG 能够获取到 IP 地址的话，便可以顺利地进入到登录提示的界面，紧接着就需要初始化 EVE-NG，该内容在 2.6 节做详细介绍。

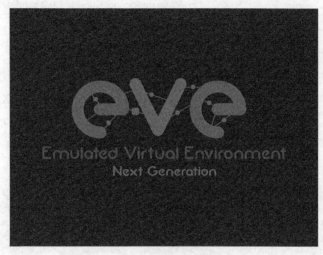

图 2-8　EVE-NG 的开机 Logo

2.3.2　在 VMware vSphere 6.5 上部署

VMware vSphere 属于 VMware 的企业版虚拟化，涉及网络、存储等细节，使用该环境需要一定的 vSphere 基础。如用户对此不了解，则不建议使用该环境运行 EVE-NG。本文采用 VMware vSphere 6.5 环境为例，演示整个安装过程，环境信息如表 2-3 所示。

> **注意**：在 VMware vSphere 环境中安装 EVE-NG 之前，请确保物理机在 BIOS 中开启过虚拟化 Intel VT-x/EPT。如果用户的 vSphere 用到的 ESXi 为 5.5 或者 6.0 版本，那么还需要修改 ESXi 的配置文件/etc/vmware/config，让 ESXi 支持嵌套虚拟化。具体方法可参照 VMware 官网的详细文档。

表 2-3 VMware vSphere 演示环境介绍

环境	IP 地址	软件版本
vCSA	10.0.0.2	VMware-VCSA-all-6.5.0-5973321
ESXi	10.0.0.5	VMware-VMvisor-Installer-6.5.0.update01-5969303
操作系统	10.0.0.99	Windows 7 Service Pack 1
VMware Remote Console	N/A	VMware Remote Console 9.0.0 build-4288332

1. 配置 vSwitch 网络

在网卡配置方面，只要保证 EVE-NG 接入的网络能与物理网络通信即可。那么为了方便读者理解，本环境中网络部分采用相对简单的方式实现，将 ESXi 服务器接入物理交换机 access 接口，给 EVE-NG 使用默认的 VM Network 网络，即 EVE-NG 管理网与 ESXi 的管理网在同一个局域网中，此种场景 vSwitch 不需要打 vlan 标签，如图 2-9 和图 2-10 所示。

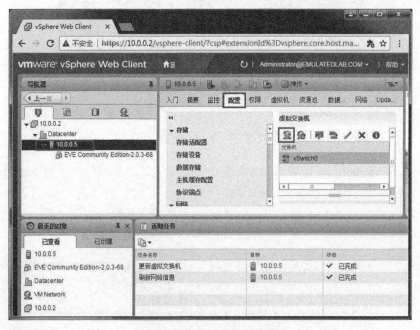

图 2-9 vSwitch 的配置方法

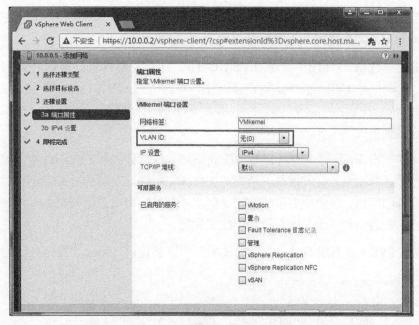

图 2-10　Vmkernel 的端口设置

2. 开启混杂模式

在 vSphere 环境中，虚拟交换机默认情况下只把发给本机的单播或广播包传递给上层应用，其余包全部丢弃。这会影响 EVE-NG 的正常使用，所以需要手动开启混杂模式。网卡的工作模式有 4 种，分别如下：

- 广播模式（Broadcast Mode）;
- 多播模式（Multicast Mode）;
- 单播模式或直接模式（Unicast Mode or Direct Mode）;
- 混杂模式（Promiscuous Mode）。

混杂模式是指不论目的地址是否为该网卡，均接收并做相应处理，由网络层进行判断，确定是递交给上层（传输层），还是递交给下层（链路层），或者直接丢弃。换句话讲，开启混杂模式的网卡，能够接收所有经过该网卡的流量，包含抵达该网卡的流量和穿越该网卡的流量。

混杂模式在网络排障时作用非常大，使用 Sniffer 等网络监听工具即可监听到经由该网卡的任何数据包。凡事有利也有弊，该特性也容易被他人利用，未加密的数据包在这样的网络中传输极不安全。任何明文数据都可以被恶意分子抓取并分析出来，这很可能泄露用户名和密码等重要信息。

可是在 vSphere 环境中部署 EVE-NG 时，开启混杂模式是非常必要的。因为 EVE-NG 的网卡是 EVE-NG 中虚拟设备通往外界的桥梁，虚拟设备想要通过 EVE-NG 的网卡和 vSphere 虚拟交换机连接外网，那么 EVE-NG 的网卡以及 vSphere 虚拟交换机都必须在混杂模式下工作。

很多在 vSphere 环境下使用 EVE-NG 的用户，经常会碰到 EVE-NG 中的虚拟设备不能连接到外部网络，其实就是混杂模式在作祟。所以在安装部署 EVE-NG 时，就可以规避这样的问题，以免今后排错浪费时间。不过肯定会有读者好奇如何开启和验证混杂模式，跟着我们一步一步破解其中的奥秘吧。

首先，EVE-NG 有没有开启混杂模式呢？可以通过以下简单的操作验证。

```
root@eve-ng:~# ifconfig
eth0   Link encap:Ethernet  HWaddr 00:50:56:31:70:a5
       UP BROADCAST RUNNING MULTICAST  MTU:1500  Metric:1
       RX packets:8013 errors:0 dropped:0 overruns:0 frame:0
       TX packets:14108 errors:0 dropped:0 overruns:0 carrier:0
       collisions:0 txqueuelen:1000
       RX bytes:717454 (717.4 KB)  TX bytes:18942998 (18.9 MB)
pnet0  Link encap:Ethernet  HWaddr 00:50:56:31:70:a5
       inet addr:10.0.0.100  Bcast:10.0.0.255  Mask:255.255.255.0
       inet6 addr: fe80::250:56ff:fe31:70a5/64 Scope:Link
       UP BROADCAST RUNNING MULTICAST  MTU:1500  Metric:1
       RX packets:8123 errors:0 dropped:0 overruns:0 frame:0
       TX packets:2770 errors:0 dropped:0 overruns:0 carrier:0
       collisions:0 txqueuelen:1000
       RX bytes:587200 (587.2 KB)  TX bytes:18311113 (18.3 MB)
// ifconfig 查到的 eth0 和 pnet0 处于 MULTICAST 模式，并没有 PROMISC MULTICAST
   混杂模式，使用如下命令查看关于 promiscuous 的日志
root@eve-ng:~# dmesg | grep promiscuous
[   13.589797] device eth0 entered promiscuous mode
root@eve-ng:~#
// 可以看到在 EVE-NG 启动以后，eth0 默认进入混杂模式。在有新接口加入到网桥中，接
```

口也会自动进入混杂模式

```
root@eve-ng:~# dmesg | grep promiscuous
[   13.589797] device eth0 entered promiscuous mode
[  161.251568] device vunl0_3_0 entered promiscuous mode
root@eve-ng:~#
```

当有新接口加入到网桥中，接口会自动进入混杂模式，并且无法手动退出；当接口从网桥中移除后，自动退出混杂模式。而 Linux Bridge 并没有混杂模式的说法，它是在软件层面实现的，程序根据实际情况对数据包做处理，所以不需要有混杂模式存在。这是 Linux Bridge 的特性，这种特性在一定程度上简化了 Linux Bridge 环境中的网络配置。

上述描述意味着我们根本不需要关心 EVE-NG，只考虑运行 EVE-NG 的环境开启过混杂模式即可。那么 vSphere 的虚拟交换机怎么开启混杂模式呢？

vSphere 的虚拟交换机默认不开启混杂模式，所以需要手动开启混杂模式。单击 ESXi 的"配置"选项卡，选中 vSwitch0，单击"编辑"按钮，将混杂模式改为"接受"，具体操作如图 2-11 和图 2-12 所示。

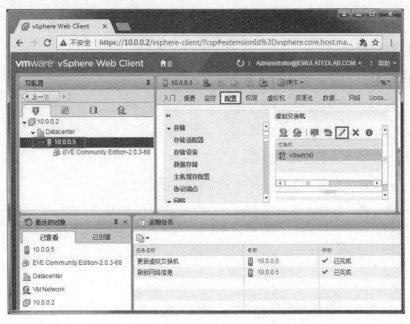

图 2-11　vSwitch 的配置方法

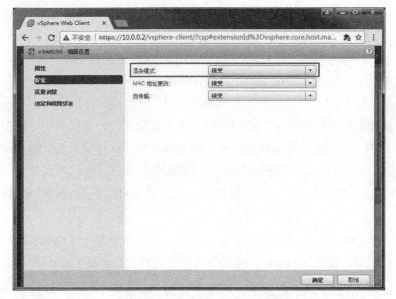

图 2-12　vSwitch 的混杂模式配置

对于 VMware vSphere 不了解的读者，可能对此内容有所疑问，建议试着通过学习第 9 章的内容帮助理解。

3．部署 OVF 模板

在进行这一步骤时，你应该了解以下基础知识。

OVF（Open Virtualization Format）：开放虚拟化格式。

OVA（Open Virtualization Appliance）：开放虚拟化设备。

一个 OVF 包应该包含如下文件。

- .ovf 文件：数量为 1 个，描述着虚拟机的所有信息。
- .mf 文件：数量为 0 或 1 个，各个文件的 SHA 的集合，防止镜像被非法用户篡改。
- .cert 文件：数量为 0 或 1 个，验证 MF 文件的合法性，进一步证实 OVF 文件包的合法性。
- 镜像文件：数量为 0 个或多个，磁盘镜像文件。
- 资源文件：数量为 0 个或多个，比如 ISO 光盘镜像、img 软驱镜像等。

通常情况下，OVF 文件包仅仅包含一个对虚拟机资源和信息描述的 OVF 文件，而 OVA 是用 tar 格式将 OVF 文件、磁盘镜像文件压缩到一起的文件包，所以 OVA 和 OVF 通用。当导入 OVF 模板时，相当于创建了一个虚拟机模板，这个模板设置了虚拟机的硬件资源，比如 CPU、内存、硬盘等信息，但并未包含磁盘镜像文件、ISO 光盘镜像等内容。如果导入 OVA 文件包时，就相当于把完整的虚拟机导入进去，包含虚拟机的配置参数、硬盘数据等。

在 vSphere 环境中，"部署 OVF 模板"选项同样可以部署 OVA 文件包，与 VMware Workstation 道理一样，将 EVE-NG 的 OVA 文件包导入到 vSphere 环境中。右键单击 ESXi 主机，单击"部署 OVF 模板"，具体操作如图 2-13 所示。

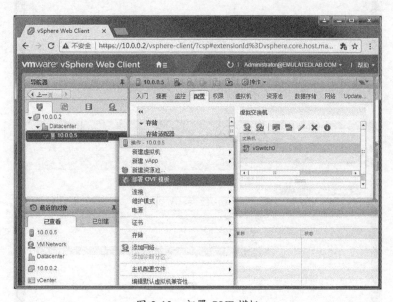

图 2-13　部署 OVF 模板

指定 EVE Community Edition-2.0.3-68.ova 文件的路径，选择"本地文件"，单击"下一步"，操作如图 2-14 所示。

设置 EVE-NG 虚拟机的名称，并选择运行 EVE-NG 虚拟机的集群，然后单击"下一步"，操作如图 2-15 所示。

在 vSphere 数据中心中可能存在多个集群，每个集群又可能包含多个 ESXi 主机，所以需要指定运行 EVE-NG 虚拟机的 ESXi 主机或集群，本演示环境中只有一个 ESXi 主机，所以选中"10.0.0.5"这个主机，然后单击"下一步"，操作如图 2-16 所示。

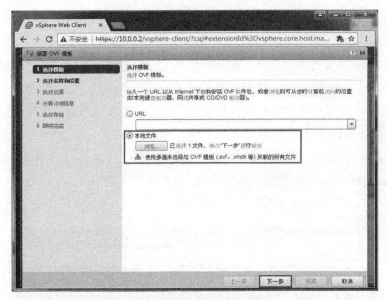

图 2-14 选择 OVA 文件

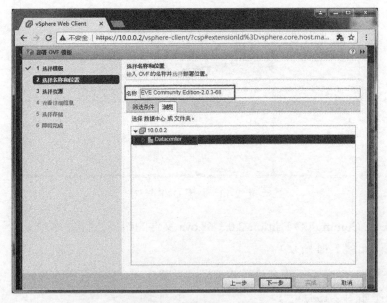

图 2-15 选择名称和位置

此时能看到模板中的详细信息以及磁盘占用的空间,直接单击"下一步",如图 2-17 所示。

2.3 OVA 模板部署 EVE-NG

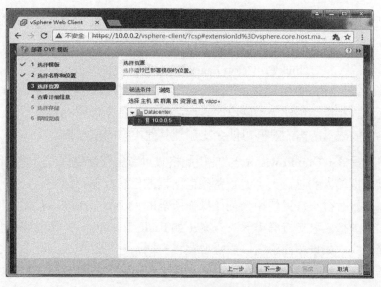

图 2-16 选择资源

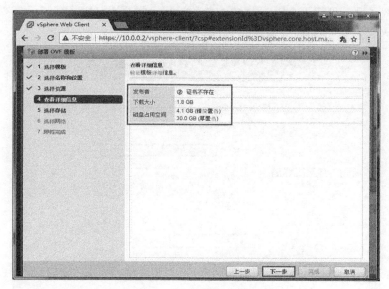

图 2-17 查看详细信息

如果比较细心的话，可以发现两个磁盘使用的置备方式不一样。在 vSphere 环境中，虚拟机磁盘的置备模式有 3 种，具体如下所示。

- 厚置备延迟置零（Thick Provision Lazy Zeroed）：以默认的厚格式创建磁盘。

创建虚拟磁盘时分配虚拟磁盘所需的空间。创建过程中不会清除物理设备上保留的数据，但以后首次从虚拟机写入时会按需置零。

- 厚置备置零（Thick Provision Eager Zeroed）：一种厚置备磁盘类型，可支持群集功能，如 Fault Tolerance 容错。在创建时为虚拟磁盘分配所需的空间。与平面格式相反，创建虚拟磁盘时，会将物理设备上保留的数据置零。创建这种格式的磁盘所需的时间可能会比创建其他类型的磁盘长。

- 精简置备（Thin Provision）：使用此格式可节省存储空间。对于精简磁盘，可以根据输入的磁盘大小值置备磁盘所需的任意数据存储空间。但是，精简磁盘开始时很小，只使用与初始操作所需的大小完全相同的存储空间。但是，如果虚拟磁盘支持群集解决方案（如 Fault Tolerance），请勿将磁盘设置为精简格式。如果精简磁盘以后需要更多空间，它可以增大到其最大容量，并占据为其置备的整个数据存储空间。而且，可以将精简磁盘手动转换为厚磁盘。

接下来选择虚拟磁盘模式、存储 EVE-NG 的存储位置，请根据需要选择，理论上置备模式选择哪一种都不会影响 EVE-NG 的运行，本文以"厚置备延迟置零"为例，然后单击"下一步"，操作步骤如图 2-18 所示。

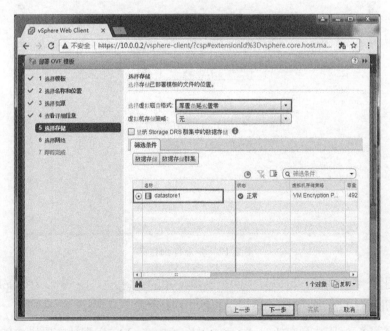

图 2-18　选择存储

选择 EVE-NG 管理网络接入的网络，本环境下的 VM Network 是 ESXi 的管理网络，那么当把 EVE-NG 虚拟机的网卡接入到 VM Network 后，EVE-NG 的管理网络与 ESXi 的管理网络在同一个网段。

如果了解 vSphere 的网络部分，可以根据用户的环境选择合适的网络，需要注意的是，该网络内存在一个可用的 DHCP 服务器，确保 EVE-NG 可以正常获取地址。本演示环境按照常规方式操作，选择 VM Network，并单击"下一步"继续，操作如图 2-19 所示。

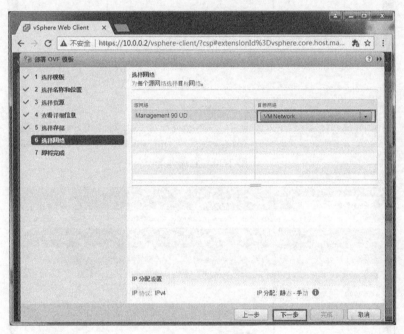

图 2-19　选择网络

在模板设置完成后，即可看到 EVE-NG 虚拟机的详细信息，如有需要修改的情况，可以返回"上一步"修改，确认无误后，单击"完成"，具体操作如图 2-20 所示。

部署进度显示在"近期任务"栏中，如图 2-21 所示。

4．编辑 EVE-NG 的配置

为了今后使用 EVE-NG 方便，可以在 EVE-NG 部署完成后，对 EVE-NG 虚拟机做些调整。打开虚拟机编辑配置界面，操作如图 2-22 所示。

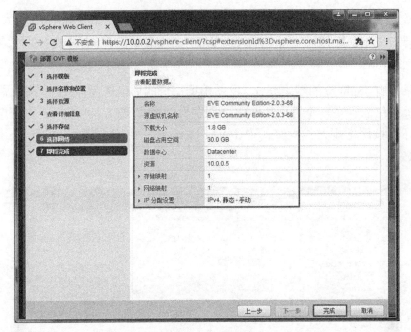

图 2-20 完成部署

图 2-21 部署进度

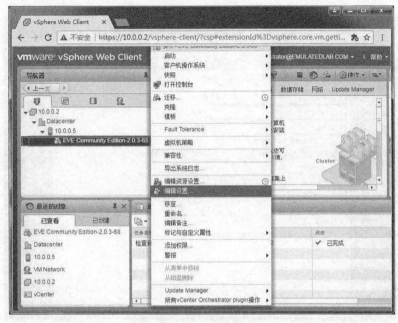

图 2-22　编辑设置

默认情况下，OVA 模板导入的 EVE-NG 默认的硬件资源如下所示。

- CPU：4 核。
- 内存：6GB。
- 硬盘：30GB。

如前文所述，根据宿主机的硬件资源情况，调整 EVE-NG 的硬件资源。合理分配 EVE-NG 虚拟机的资源，可以让宿主机及 EVE-NG 效率更高，具体操作如图 2-23 所示。

5．开启 EVE-NG 的虚拟化

与 VMware Workstation 的环境一样，需要开启 EVE-NG 虚拟机的虚拟化，类似于在 EVE-NG 的 BIOS 中开启 CPU 与内存的虚拟化功能。与 VMware Workstation 不同的是操作方法，在 vCenter 中开启虚拟化的操作如图 2-24 所示。

6．将 EVE-NG 开机

打开 EVE-NG 的电源，操作如图 2-25 所示。

图 2-23 编辑 EVE-NG 的硬件资源

图 2-24 开启 EVE-NG 虚拟化

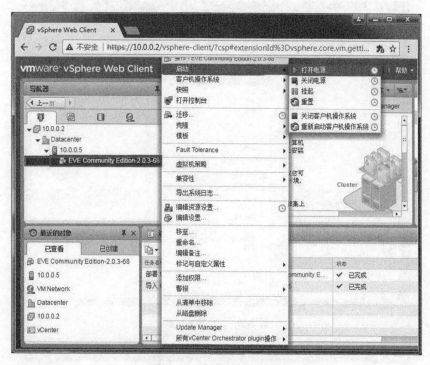

图 2-25 将 EVE-NG 开机

7. 连接 EVE-NG 控制台

在 VMware vSphere 环境下，打开控制台的方法与 VMware Workstation 不一样，我们需要借助 VMware Remote Console 软件连接虚拟机的控制台，如果用户的终端没有该软件，那么在单击"打开控制台"按钮时，会提示安装。如果该软件已经安装，在单击"打开控制台"按钮后，自动链接到该软件并连接 EVE-NG 的控制台界面，具体操作如图 2-26 和图 2-27 所示。

正常情况下，如果 EVE-NG 可以正常获取 DHCP 地址的话，便会自动进入到系统登录界面。接下来可以根据 2.6 节的内容初始化 EVE-NG。

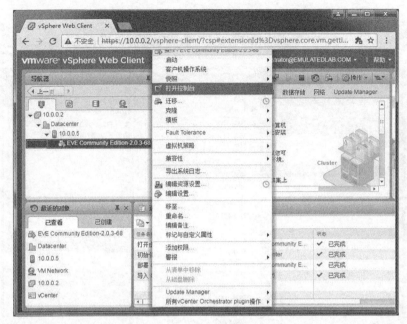

图 2-26 打开控制台

图 2-27 EVE-NG 的开机 Logo

2.4 ISO 光盘镜像安装 EVE-NG

> **注意**：在安装之前，确保用户的物理机在 BIOS 中开启硬件虚拟化。

前文讲述的均为使用 OVA 文件包的便捷方法，其实使用 ISO 光盘镜像安装的方法与安装其他操作系统并无太大区别，所以理论上 EVE-NG 可以被安装在任何虚拟化环境下，比如 VMware Workstation、VMware vSphere、VirtualBox、Parallels Desktop 等。当然，也可以把 ISO 刻录到 U 盘、光盘等存储介质中，将 EVE-NG 安装到物理机中。

为了让用户使用更加方便，官方将安装 Ubuntu 系统与安装 EVE-NG 的步骤做成一体化，并打包成 ISO 光盘镜像，所以安装 EVE-NG 与安装其他操作系统还是有细微的差别。使用 ISO 安装 EVE-NG 时，后台的操作顺序如下。

1. 安装 Ubuntu 系统。
2. 更新系统包（需要连接因特网）。
3. 安装 EVE-NG 包（需要连接因特网）。

EVE-NG 官方的镜像将这 3 个步骤做成自动化，不需要手动设置系统。当然，也可以通过手动操作完成，这样的话对操作系统的控制更加灵活，可以根据个人需要做一些 Ubuntu 系统层面的调整。

在安装之前，准备好 EVE-NG 的 ISO 文件，如图 2-28 所示。

图 2-28　EVE-NG 的 ISO 光盘镜像

将 U 盘或光盘设置为第一启动项。当系统从 ISO 中启动后，第一界面即选择系统安装过程中使用的语言，选择"English"，如图 2-29 所示。

接下来会看到有 3 种选项，如图 2-30 所示。

- Install EVE VM：使用 VM 方式快捷安装。
- Install EVE Bare：使用纯净方式安装。
- Rescue a broken system：修复损坏的系统。

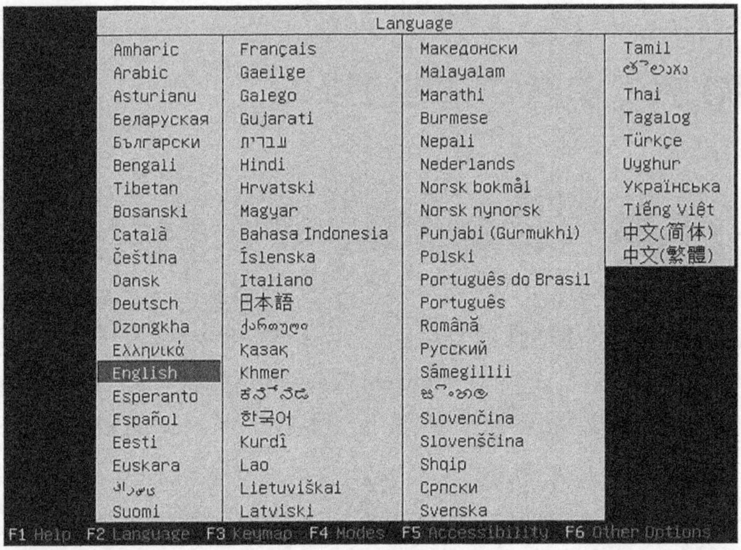

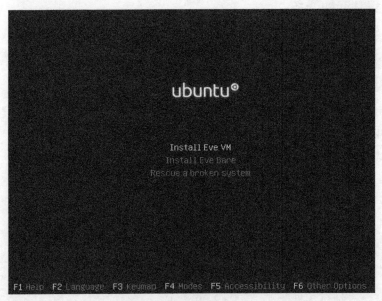

图 2-29　选择系统语言

图 2-30　选择安装方式

对于用户来说，Install EVE VM 和 Install EVE Bare 都需要联网才可以正常安装 EVE-NG，所以在安装之前设置好 DHCP 服务器，让 EVE-NG 能获取到地址并能连接因特网。

在表 2-4 中可以看到，EVE VM 与 EVE Bare 没有太大区别，对于 EVE-NG 来说，没什么影响。两者均和 Ubuntu 的安装方式一致，EVE VM 方式省去了麻烦的设置，相比 EVE Bare 的方式更加简单；而 EVE Bare 纯净方式与安装 Ubuntu 的步骤稍微少一些，但基本一样。

表 2-4　Install EVE VM 与 Install EVE Bare 的区别

选项	Install EVE VM	Install EVE Bare
检测键盘类型	默认 English（US）	需要手动设置
设置主机名	默认 eve-ng	默认 ubuntu
磁盘分区	默认使用 LVM	需要手动设置
安装 GRUB	默认安装	需要手动设置
安装 EVE-NG	重启后自动安装	重启后自动安装

本节选择以 Install EVE VM 方式安装。下一节将详细介绍以 Install EVE Bare 方式进行安装的方法，以及在 Ubuntu 上如何手动安装 EVE-NG。

就选择 Ubuntu 系统语言，用方向键将光标移动到相应选项，按回车键确认，如图 2-31 所示。

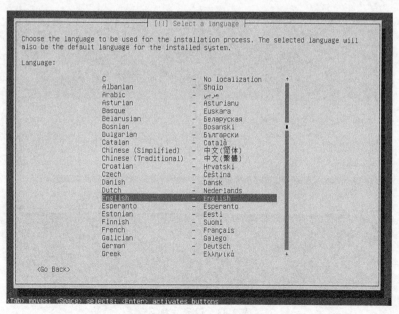

图 2-31　选择安装过程的语言

选择您所在的位置，如图 2-32 所示。

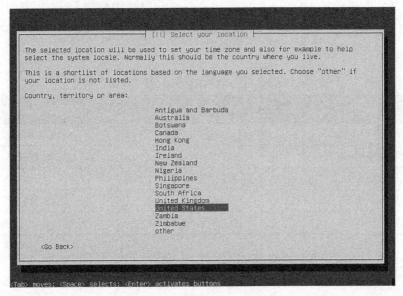

图 2-32　选择您所在的位置

配置主机名，默认为 eve-ng，这里不需要修改，直接进入下一步，如图 2-33 所示。

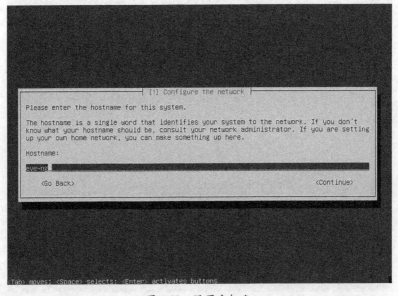

图 2-33　设置主机名

系统检测到时区是 Asia/Shanghai，如正确请选择 Yes，如不正确选择 No 后手动修改，如图 2-34 所示。

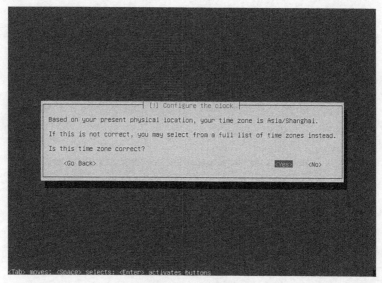

图 2-34　设置时区

确认后，能看到 Ubuntu 系统的安装进度，如图 2-35 所示。

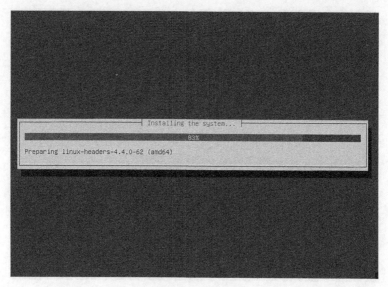

图 2-35　安装进度

中途提示是否需要 HTTP 代理，如用户的网络中不需要设置代理，可按回车键直接进行下一步，如图 2-36 所示。

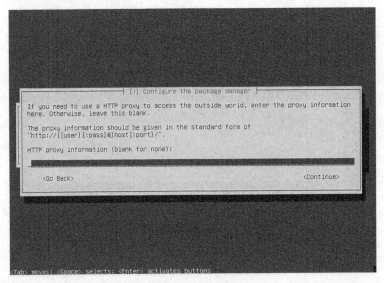

图 2-36　设置 HTTP 代理

设置系统更新的选项，选择 No automatic updates 即不自动更新，如图 2-37 所示。

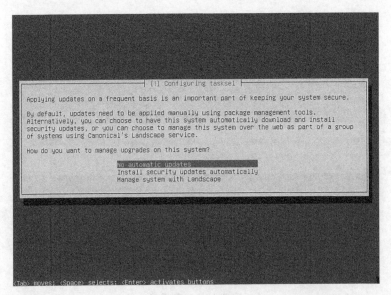

图 2-37　系统更新

接下来会继续安装系统，安装成功后会提示重启，如图 2-38 所示。

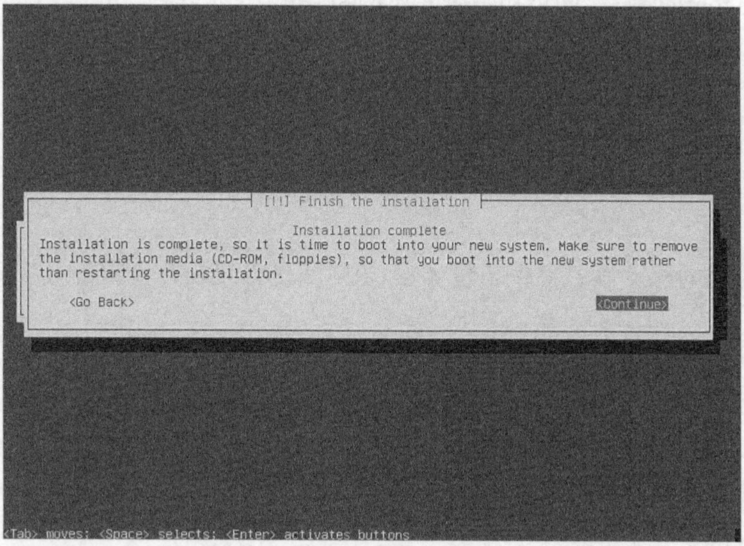

图 2-38　安装完成

至此，Ubuntu 操作系统的安装就此结束。选择 Continue 按回车键后，系统会自动重启。接下来是安装 EVE-NG 的部分，请确保机器可以正常联网，EVE-NG 才能正常安装。该步骤是为了更新系统包以及安装 EVE-NG。

在安装过程中，能看到有 eve-ng 字样的字符，并且有数据在传输，如图 2-39 所示。如果看到卡在某一个过程，请检查网络是否正常或网络状况是否良好。

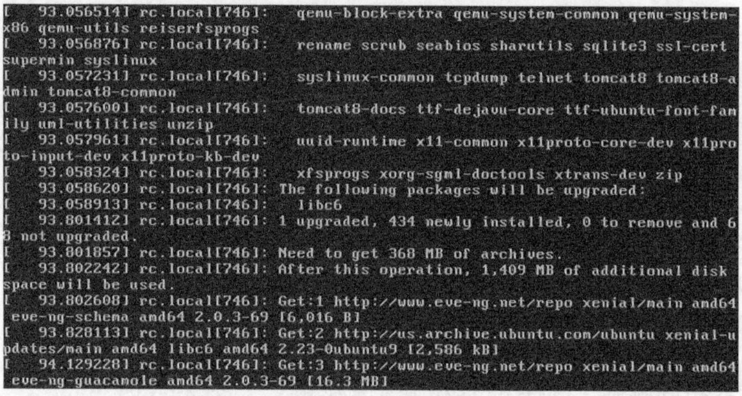

图 2-39　安装过程

安装完成后，系统会自动进入到终端登录界面，即 EVE-NG 的命令行登录界面。输入默认的 root/eve 后，即可初始化 EVE-NG，初始化步骤在 2.6 节有详细介绍。

2.5 Ubuntu 安装 EVE-NG

> **注意**：在安装之前，确保物理机在 BIOS 中开启过硬件虚拟化。

上节讲到使用 EVE-NG.iso 安装，当系统重启后，会自动执行安装 EVE-NG 的脚本，不需要手动干预。当然，也可以手动完成这部分操作，本节将为读者介绍完整的步骤。

EVE-NG 运行在 Ubuntu 操作系统上，所以安装 EVE-NG 包含两大步骤，如下：

- Ubuntu 系统安装；
- EVE-NG 安装。

首先安装 Ubuntu 系统，可以使用 EVE-NG 官方镜像包 EVE-NG.iso 或者 Ubuntu 官方镜像包 ubuntu-16.04.2-server-amd64.iso。无论使用哪个光盘镜像包，在 Ubuntu 系统安装过程中，步骤基本一样。如果使用 EVE-NG.iso 的 Bare 方式，操作系统安装更简单一点，并且在系统安装完重启后，EVE-NG 自动安装。如果使用 Ubuntu 官方镜像包，在系统安装完重启后，需要手动调整 Ubuntu 系统，并手动安装 EVE-NG。

1. 安装 Ubuntu 系统

将 U 盘或光盘设置为第一启动项，当系统从 iso 中启动后，第一界面即选择系统安装过程使用的语言，选择 English，如图 2-40 所示。

选择 Install Ubuntu Server 安装 Ubuntu 服务器，按回车键继续，如图 2-41 所示。

选择 Ubuntu 系统语言为 English，按回车键继续，如图 2-42 所示。

选择你的位置，United States 默认即可，按回车键继续，如图 2-43 所示。

跳过键盘布局测试，选择 No，按回车键继续，如图 2-44 所示。

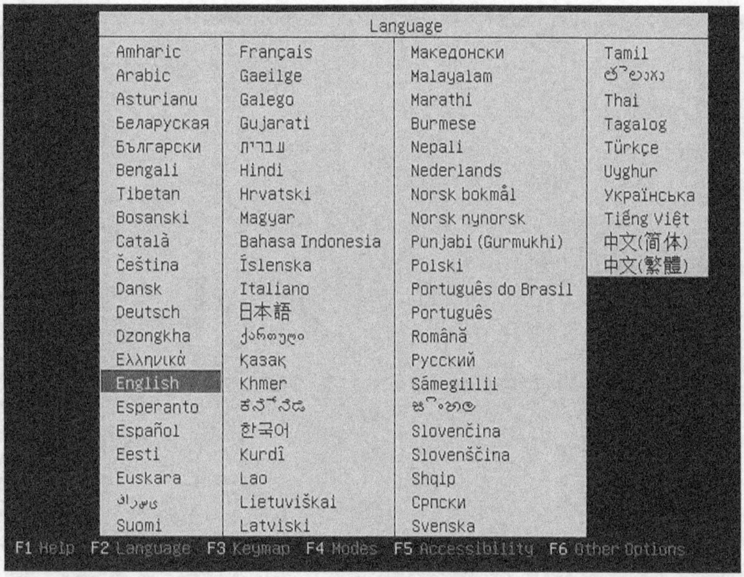

2.5 Ubuntu 安装 EVE-NG

图 2-40 选择系统语言

图 2-41 选择安装系统

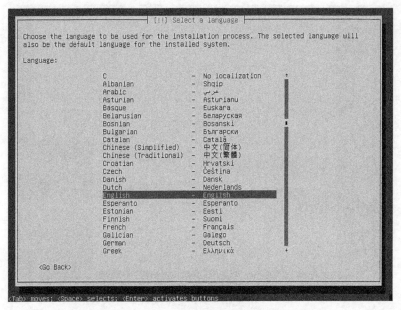

图 2-42 选择系统安装的语言

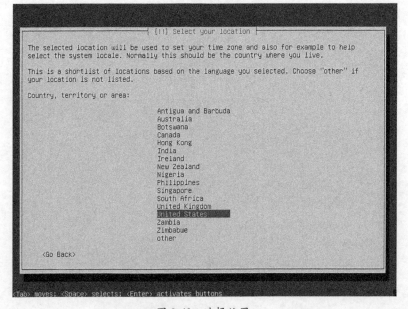

图 2-43 选择位置

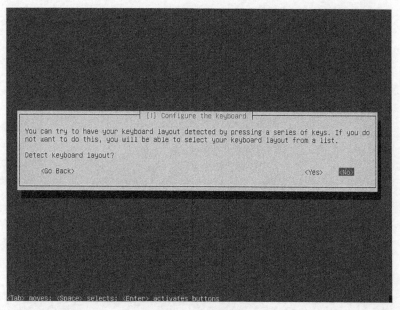

图 2-44　检测键盘布局

配置键盘布局"English（US）"，按回车键继续，如图 2-45 和图 2-46 所示。

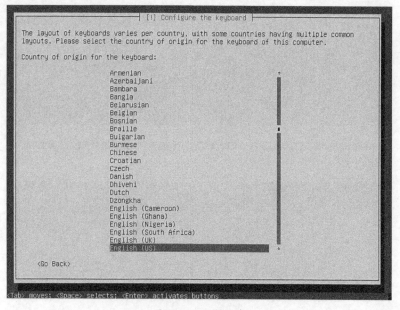

图 2-45　设置键盘

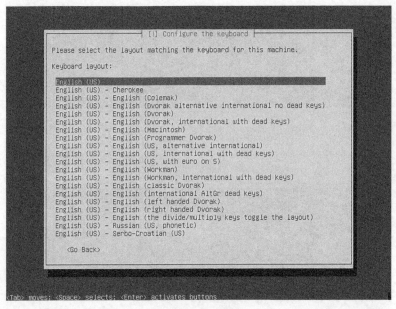

图 2-46 设置键盘

系统会自动检测服务器硬件信息，如 CPU、网卡、硬盘等信息，如图 2-47 所示。

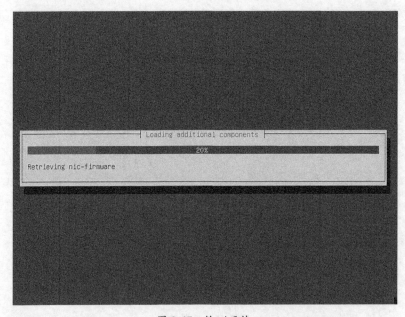

图 2-47 检测硬件

硬件信息检测完成后，系统会尝试通过 DHCP 方式获取 IP 地址。如果没有问题，则提示成功，如图 2-48 所示。

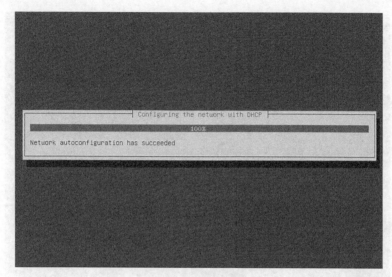

图 2-48　配置网络

配置系统主机名，默认为 ubuntu，将其修改为 eve-ng，如图 2-49 所示（在初始化 EVE-NG 阶段，还会再次提示修改系统名称，所以此处填写任何名称都可以）。

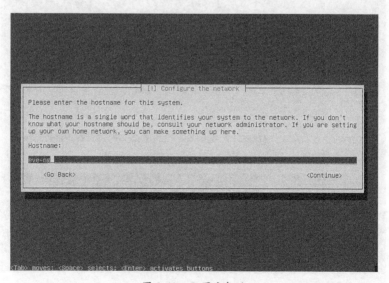

图 2-49　配置主机名

设置一个新用户 emulatedlab，全名为 emulatedlab，如图 2-50 和图 2-51 所示。全名仅仅是新用户 emulatedlab 的全名标识，不是新用户的登录名。

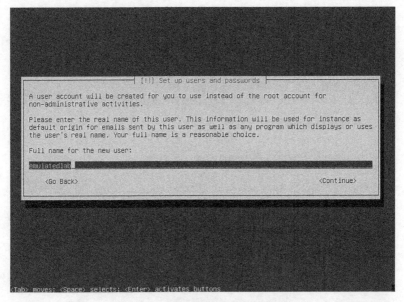

图 2-50　配置新用户 eve-ng 的全名

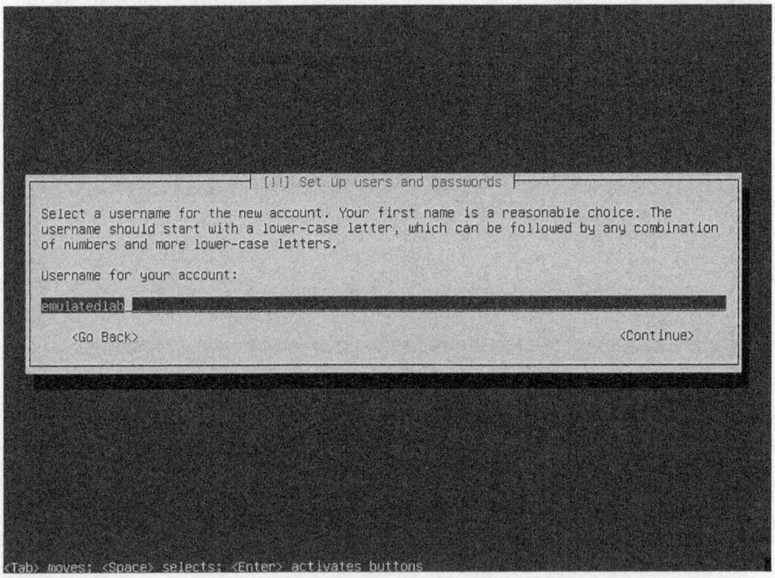

图 2-51　配置新用户 eve-ng 的用户名

设置新用户 emulatedlab 的密码，如图 2-52 所示。

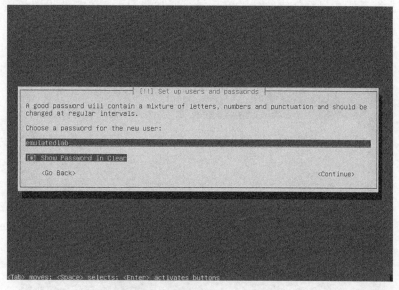

图 2-52　配置新用户 eve-ng 的密码

确认新用户 emulatedlab 的密码，如图 2-53 所示。

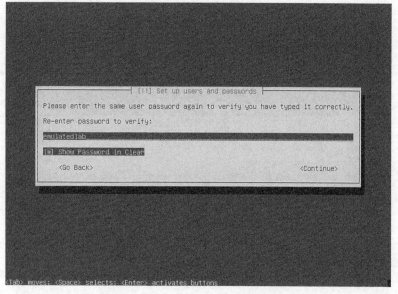

图 2-53　确认新用户 eve-ng 的密码

如果密码为弱口令，会提示该密码为弱口令，直接选择 Yes 跳过即可。

接下来提示用户是否加密账户的家目录，通常情况下，不需要设置该项，所以选择 No 继续，如图 2-54 所示。

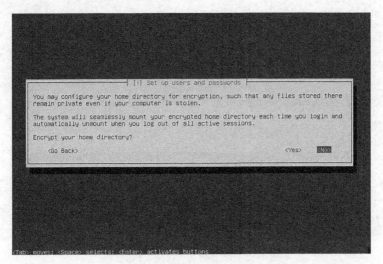

图 2-54　是否加密家目录

系统会自动检测到用户的时区，如果正确，请选择 Yes；如果不正确，选择 No 后修改，如图 2-55 所示。

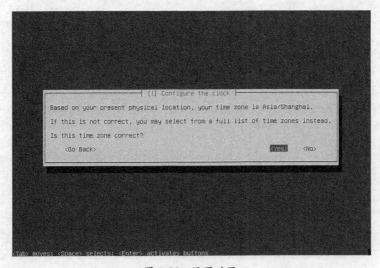

图 2-55　设置时区

设置用户的磁盘分区，系统默认为"Guided-use entire disk and set up LVM"，我们选择默认即可。如果用户对 Linux 比较熟悉，可以根据需要自行选择，如图 2-56 所示。

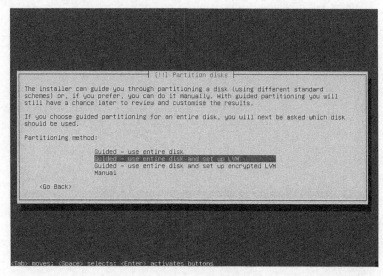

图 2-56　设置磁盘分区

选择用户的硬盘，如果在物理机上安装，请选择相应的磁盘，可以检测到 IDE、SCSI、Raid 等类型的硬盘，如图 2-57 所示。

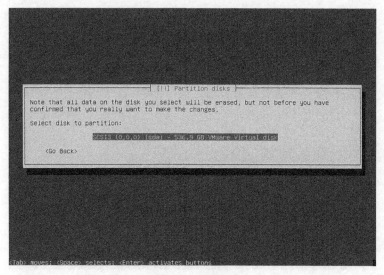

图 2-57　选择磁盘

选择完磁盘后，系统提示是否将刚才的设置写入到磁盘并且配置 LVM。如果设置没有错误的话，直接按回车键继续，如图 2-58 所示。

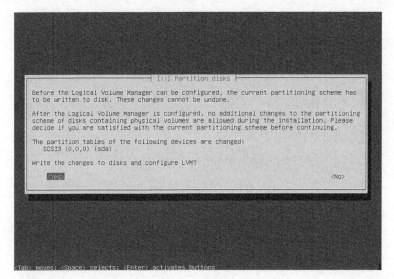

图 2-58　写入配置到磁盘

分配磁盘大小，如使用整块磁盘的所有空间，请按回车键继续。用户可根据需要自行选择，如图 2-59 所示。

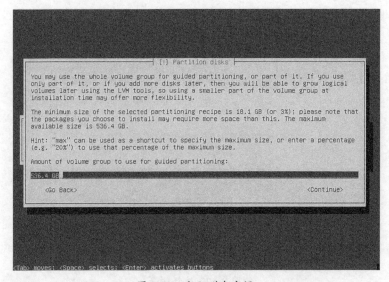

图 2-59　分配磁盘空间

设置完成后，系统提示是否将配置写入到磁盘，选择 Yes，按回车键继续，如图 2-60 所示。

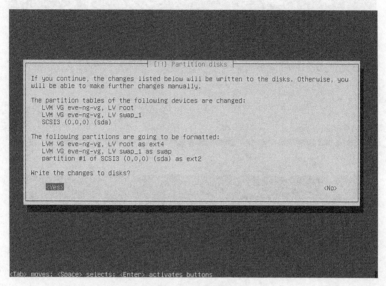

图 2-60　写入配置到磁盘

系统进行安装，将系统文件复制到磁盘，能看到安装进度，如图 2-61 所示。

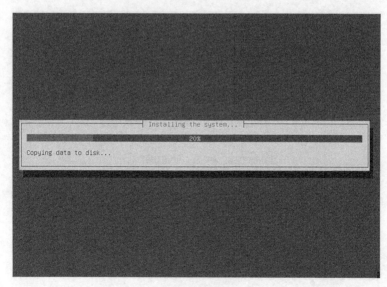

图 2-61　安装进度

配置网络代理，如用户没有代理，直接选择 Continue，如图 2-62 所示。

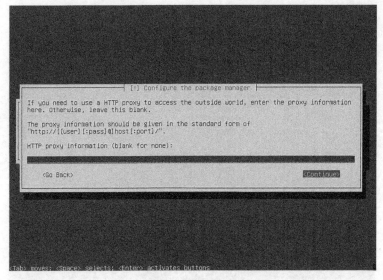

图 2-62　设置 HTTP 代理

接下来提示配置管理系统更新的方式。在一般情况下，选择 No automatic updates 不自动更新，按回车键继续，不建议开启自动更新，如图 2-63 所示。

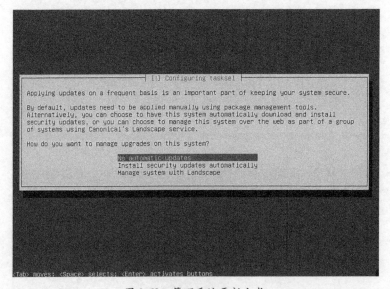

图 2-63　管理系统更新方式

选择要安装的系统服务，选中 OpenSSH server，将光标移动到相应选择，按空格键选中或取消，设置完成后，按回车键继续，如图 2-64 所示。如果在安装 Ubuntu 的过程中，未选中 OpenSSH server，可以在系统安装完成后，进入系统手动安装 OpenSSH Server，执行命令"apt-get update && apt-get install openssh-server –y"。

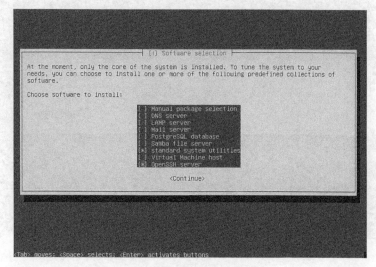

图 2-64 选择需要安装的软件

安装 GRUB 引导程序，选择 Yes，按回车键继续，如图 2-65 所示。

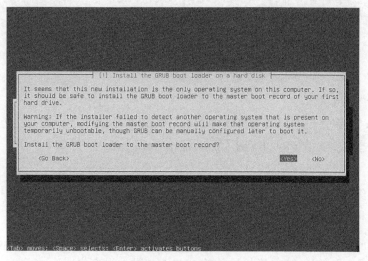

图 2-65 安装 GRUB

安装完成后提示移除 CD-ROM 并重启，选择 Continue，按回车键继续，如图 2-66 所示。

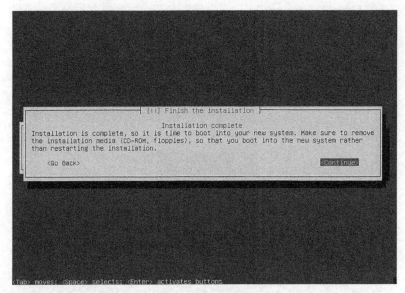

图 2-66　系统安装完成

在系统重启后，Ubuntu 操作系统就已安装完成。

> 提示：如果用户在此过程中选用 EVE-NG.iso 镜像包，后面的步骤就不需要操作了，因为在系统重启后 EVE-NG 会自动安装，EVE-NG 安装完后会自动进入到 EVE-NG 的终端登录界面。

2．设置 Ubuntu

Ubuntu 安装完成重启后会自动进入到 Ubuntu 登录界面，使用前文创建的账户 emulatedlab 登录，更改 root 用户密码后，使用"su -"命令切换到 root 用户，如图 2-67 所示。

在做系统设置时，需要修改配置文件，必然会用到文本编辑器。常用的文本编辑器有如下几种。

- nano：基本的字符文本编辑器，使用简单，适合初学者使用，Linux 系统默认集成，但使用 OVA 模板导入的 EVE-NG 默认没有集成。

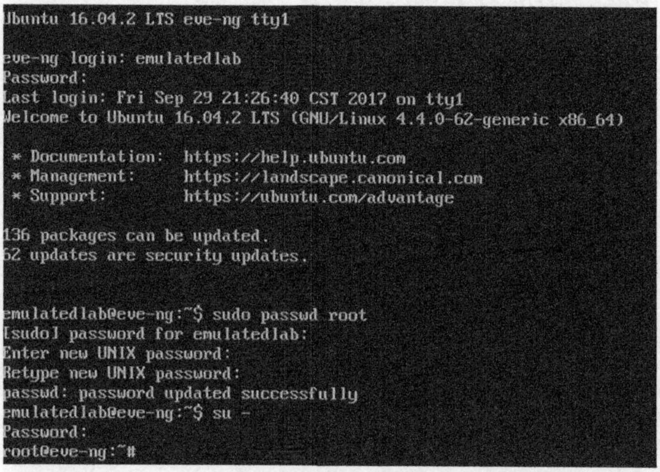

图 2-67　登录系统切换 root 用户

- vi：Linux 最基本编辑器，Linux 默认集成，使用广泛；使用 OVA 模板导入的 EVE-NG 只集成了 vi-tiny 版。
- vim：Linux 下较强大的文本编辑器，vi 编辑器的加强版，拥有强大的灵活性，具有语法高亮、代码补全、配色方案等功能。

Ubuntu 系统下，默认集成 nano 较为好用，同时也预装了 vi-tiny 版，但 tiny 版本中键盘键位乱序，使用非常不方便。通常情况下会安装完整版的 vi 或者功能更强大的 vim。

为方便在 Ubuntu/EVE-NG 系统中对文件操作，简单介绍一下文本编辑器的常用操作。

（1）nano 常用操作

- 语法：nano 文件名。
- 安装方法：Linux 默认集成，但使用 OVA 模板导入的 EVE-NG 默认没有集成。
- Ctrl+G：在线帮助。
- Ctrl+O：保存文件。
- Ctrl+R：从其他文件读入数据，将文件内容粘贴在本文件中。
- Ctrl+Y：显示前一页。

- Ctrl+K：剪切当前行的内容。
- Ctrl+C：显示光标所在的位置。
- Ctrl+X：退出 nano，如有修改过文件，则会提示是否要保存修改的内容。
- Ctrl+J：调整文本格式。
- Ctrl+W：查找命令，输入要查找的内容回车即可。
- Ctrl+V：显示下一页。

（2）vi 与 vim 常用操作

语法：vi/vim 文件名。

安装方法：apt-get install vim –y。

有 3 种模式，具体如下所示。

- 一般模式：打开或新建文件直接进入一般模式，可以用方向键移动光标，可以用指令操作。
- 编辑模式：在一般模式下，按 i、a 等键对文本进行编辑、插入等操作。
- 命令行模式：在一般模式下，输入":"、"/"等键对文本进行相应操作，比如查找、替换、保存、退出等。

一般模式进入编辑模式的按键。

- 插入模式（Insert Mode）有以下几种。
  - i：在光标所在处插入。
  - I：在光标所在行的第一个非空格符处插入。
  - a：在光标所在处的下一行字符处插入。
  - A：在光标所在行的最后一个字符处插入。
  - o：在光标所在处的下一行插入新的一行。
  - O：在光标所在处的上一行插入新的一行。
- 取代模式（Replace Mode）有以下几种。
  - r：取代光标所在处的字符一次。
  - R：取代光标所在处的字符，直到按下 Esc 键为止。

- 退出编辑模式如下。
  - Esc：退出编辑模式，回到一般模式中。
- 一般模式切换到命令行模式的按键如下。
  - :w：保存文本。
  - :q：退出文本编辑器。
  - :q!：不保存修改内容，强制退出文本编辑器。
  - :wq：保存文本并退出。
  - :wq!：保存文本并强制退出。

学会如上文本编辑器的操作方法，在 EVE-NG 环境下就足够了。如果有更高级的需求，可以深入学习文本编辑器的相关内容。

根据你的使用习惯选择合适的文本编辑器，使用 nano 或 vim 等文本编辑器编辑 /etc/ssh/sshd_config 文件，目的是允许 root 用户使用 SSH 远程登录。

执行命令"nano /etc/ssh/sshd_config"，打开 SSH 的配置文件，将第 32 行的"PermitRootLogin prohibit-password"修改为"PermitRootLogin yes"，如图 2-68 所示。

图 2-68　修改 sshd_config

修改完成后，可直接按 Ctrl 和 x 键，会提示用户是否保存，按 Y 键后按回车键，即可保存退出。

执行命令"service ssh restart"重启 SSH 服务，如图 2-69 所示。

图 2-69　重启 SSH 服务

这时，就可以通过 SSH 等终端工具登录到 EVE-NG，进而做后续操作。使用 ifconfig 或 ip address 命令查看 Ubuntu 的 IP 地址，并使用 SecureCRT 登录，如图 2-70 ~ 图 2-73 所示。

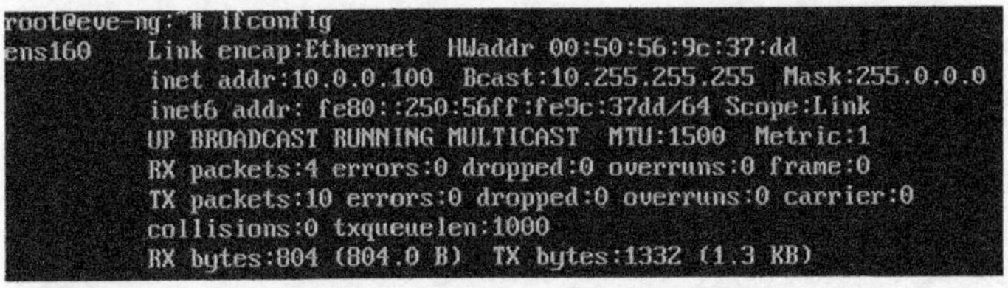

图 2-70 查看 Ubuntu 的 IP 地址

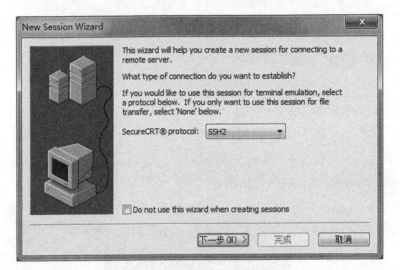

图 2-71 SeucreCRT 连接 Ubuntu

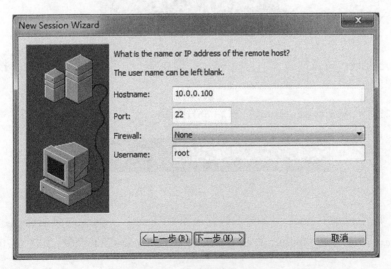

图 2-72 SecureCRT 连接 Ubuntu

图 2-73 输入 Ubuntu 的用户名密码

看到如下内容，就证明登录成功了。

```
Welcome to Ubuntu 16.04.2 LTS (GNU/Linux 4.4.0-62-generic x86_64)
 * Documentation:  https://help.ubuntu.com
 * Management:     https://landscape.canonical.com
 * Support:        https://ubuntu.com/advantage
142 packages can be updated.
62 updates are security updates.
Last login: Fri Sep 26 21:43:25 2017
root@eve-ng:~#
```

更新 GRUB 参数。

```
root@eve-ng:~# sed -i -e 's/GRUB_CMDLINE_LINUX_DEFAULT=.*/GRUB_CMDLINE_LINUX_DEFAULT="net.ifnames=0 noquiet"/' /etc/default/grub
```
　　//一整条命令，目的是让网卡以 ethX 这样的名称命名。如 eth0、eth1，以此类推
```
root@eve-ng:~# update-grub
```
　　//更新 grub 文件，让刚才的设置生效
```
Generating grub configuration file ...
Found linux image: /boot/vmlinuz-4.4.0-62-generic
Found initrd image: /boot/initrd.img-4.4.0-62-generic
done
root@eve-ng:~#
```

在更新 GRUB 配置文件后，必须要修改网卡的配置文件，否则在系统重启后网卡不能正常工作。

使用 nano 等文本编辑器编辑文件 nano /etc/network/interfaces，将网卡名称由原来的 ens160 更改为 eth0。

```
root@eve-ng:~# nano /etc/network/interfaces
    //打开网卡的配置文件
# This file describes the network interfaces available on your system
# and how to activate them. For more information, see interfaces(5).

source /etc/network/interfaces.d/*

# The loopback network interface
auto lo
iface lo inet loopback

# The primary network interface
auto eth0      (更改为eth0)
iface eth0 inet dhcp   (更改为eth0)
```

按 Ctrl+O 和 Ctrl+X 保存退出。

> **注意**：如果用户的网卡是 "Broadcom interfaces NetXtreme II 10Gb" 这样的 10Gbit/s 接口网卡，需要执行 apt-get install firmware-brx2x 命令，让 Ubuntu 识别网卡。

修改完成后重启服务器，执行命令 reboot。以上步骤是针对 Ubuntu 环境做的一系列初始配置，目的是让 Ubuntu 适配 EVE-NG，下面才是真正安装 EVE-NG 的过程。

3. 安装 EVE-NG

下载并添加 EVE-NG 源的密钥。

```
root@eve-ng:~# wget -O - http://www.eve-ng.net/repo/eczema@ecze.com.gpg.key | sudo apt-key add -
    //从 EVE-NG 官网获取密钥，并添加到 Ubuntu 系统上
--2017-10-02 14:35:21--  http://www.eve-ng.net/repo/eczema@ecze.com.gpg.key
Resolving www.eve-ng.net (www.eve-ng.net)... 91.134.167.218
Connecting to www.eve-ng.net (www.eve-ng.net)|91.134.167.218|:80... connected.
HTTP request sent, awaiting response... 200 OK
Length: 1702 (1.7K) [application/pgp-keys]
```

```
Saving to: 'STDOUT'

-                    100%[===================>]   1.66K  --.-KB/s    in 0s

2017-10-02 14:35:22 (191 MB/s) - written to stdout [1702/1702]
OK
root@eve-ng:~#
```

添加 EVE-NG 的更新源，并进行软件更新。

```
root@eve-ng:~# sudo add-apt-repository "deb [arch=amd64] http://www.eve-ng.net/repo xenial main"
    //添加 EVE-NG 的更新源
root@eve-ng:~# apt-get update
    //获取最新软件包
Get:1 http://www.eve-ng.net/repo xenial InRelease [1,437 B]
Get:2 http://www.eve-ng.net/repo xenial/main amd64 Packages [4,329 B]
```

可以看到 EVE-NG 的源已经在软件列表中。

```
Hit:3 http://us.archive.ubuntu.com/ubuntu xenial InRelease
Hit:4 http://security.ubuntu.com/ubuntu xenial-security InRelease
Hit:5 http://us.archive.ubuntu.com/ubuntu xenial-updates InRelease
Hit:6 http://us.archive.ubuntu.com/ubuntu xenial-backports InRelease
Fetched 5,766 B in 6s (883 B/s)
Reading package lists... Done
root@eve-ng:~#
```

> **注意**：如果使用 root 用户，在命令前不需要增加 sudo；如果使用普通用户，需要在命令前增加 sudo。我们可以临时获取 root 权限去执行命令，例如 "sudo apt-get update"。

下面执行安装 EVE-NG 的命令。系统会自动检索出需要哪些安装包，并自动下载安装。

```
root@eve-ng:~# DEBIAN_FRONTEND=noninteractive apt-get -y install eve-ng
    //安装 EVE-NG
Reading package lists... Done
```

```
Building dependency tree
Reading state information... Done
The following additional packages will be installed:
  apache2 apache2-bin apache2-data apache2-utils attr augeas-lenses authbind
  binutils bridge-utils build-essential ca-certificates-java cgroup-lite
  ...
  ...
  ...
Get:78 http://www.eve-ng.net/repo xenial/main amd64 linux-headers-4.9.40-
eve-ng-ukms+ amd64 4.9.40-eve-ng-ukms-brctl [8,585 kB]
  ...
  ...
  ...
Processing triggers for libc-bin (2.23-0ubuntu5) ...
Processing triggers for systemd (229-4ubuntu16) ...
Processing triggers for ureadahead (0.100.0-19) ...
Processing triggers for ufw (0.35-0ubuntu2) ...
Processing triggers for libapache2-mod-php7.0
(7.0.22-0ubuntu0.16.04.1) ...
Processing triggers for initramfs-tools (0.122ubuntu8.8) ...
update-initramfs: Generating /boot/initrd.img-4.9.40-eve-ng-ukms-2+
W: mdadm: /etc/mdadm/mdadm.conf defines no arrays.
Processing triggers for dbus (1.10.6-1ubuntu3.3) ...
root@eve-ng:~#
```

安装完成后，就可以进行 EVE-NG 的初始化操作了。这种安装方式是通过网络安装的，始终安装的是最新版。当然，也可以使用命令通过网络在线时时更新。

```
apt-get update
apt-get upgrade
```

关于更新方法，在第 11 章还会做详细介绍。

2.6 EVE-NG 初始化

当安装完 EVE-NG 后，首先要初始化 EVE-NG，目的是根据用户的环境需要，对 EVE-NG 做些简单的设置。

当 EVE-NG 通过 DHCP 拿到 IP 地址后，就进入了登录界面，有两行提示：默认 root 用户的密码是 eve，登录地址为 http://10.0.0.100，输入用户的用户名、密码。如果用户是在 Ubuntu 上安装 EVE-NG 的，请输入在安装系统时设置的 root 密码，如图 2-74 所示。

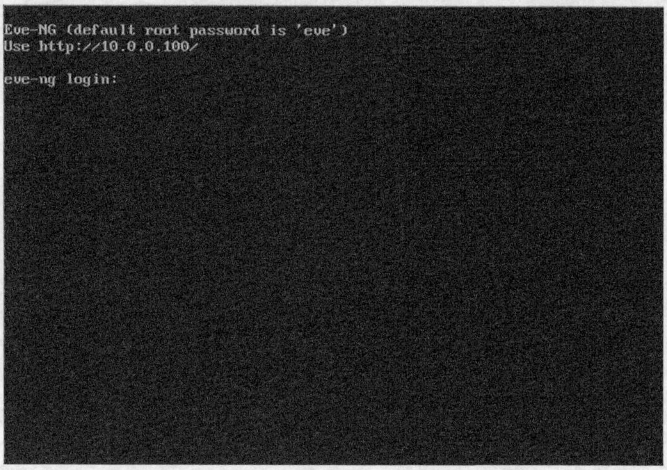

图 2-74　EVE-NG 的登录界面

登录后提示用户修改 root 密码，输入时不显示任何字符，如图 2-75 所示。

设置 hostname 主机名，用默认的 eve-ng 即可，也可以根据需要修改，如图 2-76 所示。

设置域名，默认为 example.com，将其改为 emulatedlab.com，可以根据用户的环境修改，如图 2-77 所示。

设置 EVE-NG 管理地址，EVE-NG 支持 DHCP 获取和 static 静态设置，可以根据提示设置。本文选择的是 DHCP 模式，如图 2-78 所示。

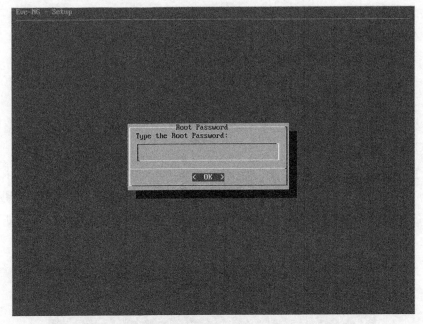

图 2-75 修改 root 密码

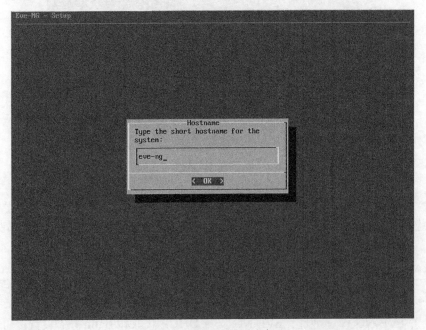

图 2-76 EVE-NG 设置主机名

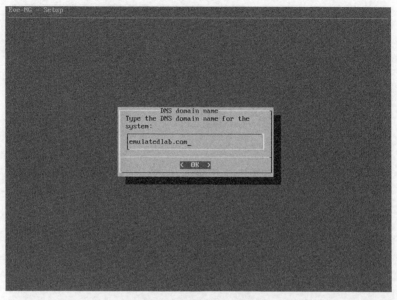

图 2-77　EVE-NG 设置域名

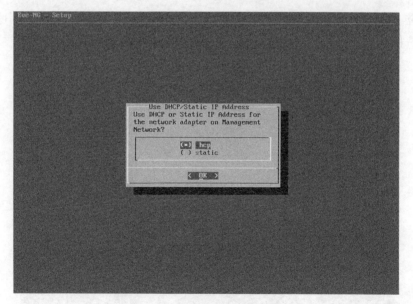

图 2-78　EVE-NG 设置 IP 地址

指定 NTP 服务器，设置成 pool.ntp.org，该 NTP 服务器为 CentOS 默认的 NTP 服务器，也可以设置其他 NTP 服务器，比如 ntp1.aliyun.com 等，如图 2-79 所示。

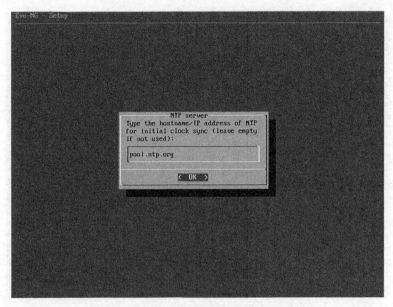

图 2-79　EVE-NG 设置 NTP 服务器

选择 EVE-NG 连接因特网的方式，如用户的网络需要设置代理，选择后面两项，本环境选择 direct connection 直连的方式连接因特网，如图 2-80 所示。

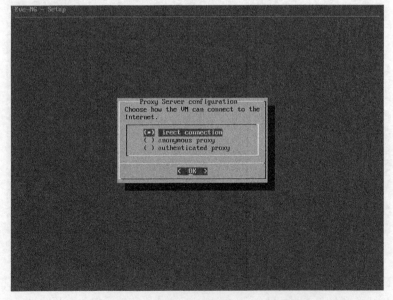

图 2-80　EVE-NG 连接因特网的方式

按回车键设置完成后，系统会自动重启，并应用用户刚才的设置。有可能会一直卡在 EVE-NG 的欢迎界面上，原因是 DHCP 获取不到地址。不过没关系，我们强制关机，再启动一次就恢复正常了。如果 EVE-NG 可以获取到 IP 地址，那么启动速度比较快，启动后仍然会进入到终端登录界面。

进入到登录界面后，可以通过 Web 的方式管理 EVE-NG，如图 2-81 所示。

图 2-81　EVE-NG 的 Web 界面

2.7　结语

本节针对各种环境、各种安装方式分别做了详细的介绍，当熟悉了虚拟化环境以及 EVE-NG 之后，就有能力根据不同的环境定制属于自己的 EVE-NG 环境了。希望各位勤加练习，多学习，多尝试。跟着本书做，让你成为 EVE-NG 仿真平台的大师！

第3章 EVE-NG 管理

3.1 概述

上一章讲解了 EVE-NG 的安装，本章讲解 EVE-NG 的 Web 管理，包含 EVE-NG 的 Web 主界面、拓扑界面等。EVE-NG 常用的操作是通过 Web 界面管理的，底层的操作是通过管理操作系统实现的，适用于修改 EVE-NG 底层的个性化设置，这些会在后续的进阶操作篇、底层原理篇逐一介绍。

3.2 EVE-NG 主界面

在 EVE-NG 初始化完成后，用浏览器打开 EVE-NG 管理界面，地址为 http://10.0.0.100，可以看到 EVE-NG 的登录界面，如图 3-1 所示。

填写默认用户名 admin，默认密码 eve，登录方式选择 Html5 console。

登录方式有两种。

- Native console：通过本地软件连接 EVE-NG 中的虚拟设备。
- Html5 console：通过 HTML5 网页控制台连接 EVE-NG 中的虚拟设备。

因为集成本地客户端软件包将在后面章节讲解，所以此处先使用 Html5 console 连接设备，待后续章节集成了软件包之后再使用 Native console 方式登录。

图 3-1　EVE-NG 的 Web 登录界面

3.2.1　主界面

当成功登录 EVE-NG 后，会进入到 EVE-NG 的主界面，如图 3-2 所示。

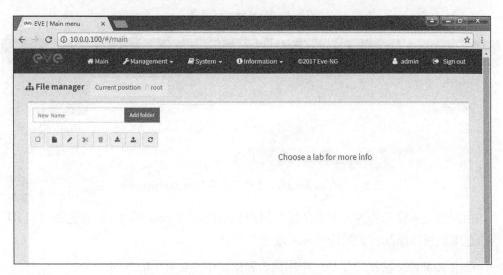

图 3-2　EVE-NG 的主界面

3.2.2 菜单栏

在主界面的最上面，有一行菜单栏，如图3-3所示。

图3-3　EVE-NG主界面菜单栏

1. Main

单击Main，回到EVE-NG主页。

2. Management

单击Management按钮，弹出一个包含User management的下拉框，如图3-4所示。该菜单用于管理EVE-NG的Web用户，单击User management子菜单，进入账号管理界面，如图3-5所示。

图3-4　Management菜单

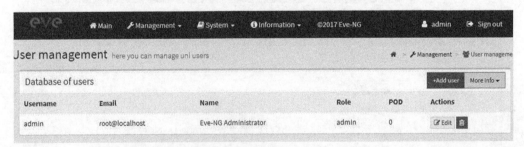

图3-5　Management菜单的子菜单User management

用户数据库显示的内容主要是每个用户的用户名、Email、描述名、角色和用户ID，当然这里也可以添加、删除用户和更改用户信息。

单击Add user按钮来添加一个用户，弹出如图3-6所示的界面。

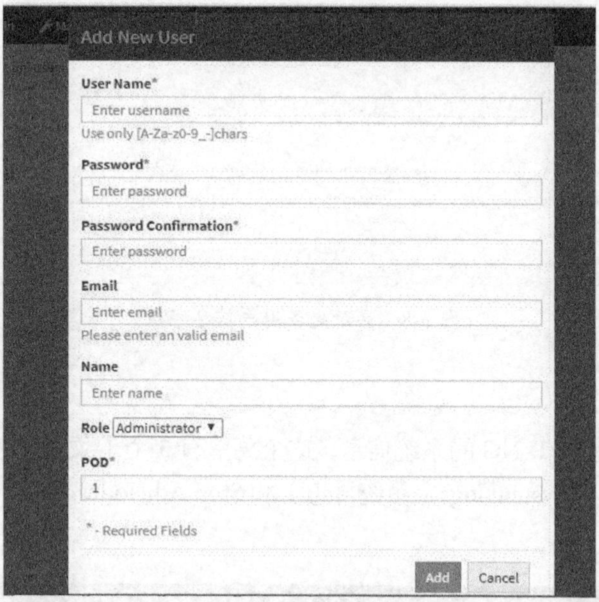

图 3-6 添加用户

填写相应的字段之后单击 Add 就能添加一个用户。其中 User Name 为登录名，而 Name 是对账户名字的描述，POD 为用户的 ID，默认会从 1 递增，可以手动指定，但是不能和其他用户的 ID 重复。现在 EVE-NG 只有社区版，Role 只有 Administrator 一种，也就是所有创建的用户都是管理员。将在以后发布的高级版本中支持更多的用户种类。

添加用户后，用户列表就多了一个用户。Add user 右侧的按钮用来显示更多的用户相关信息，勾选的字段也会显示在用户列表中，如图 3-7 所示。4 个字段分别是上次登录的时间、上次登录的 IP 地址、当前文件夹和当前的实验。

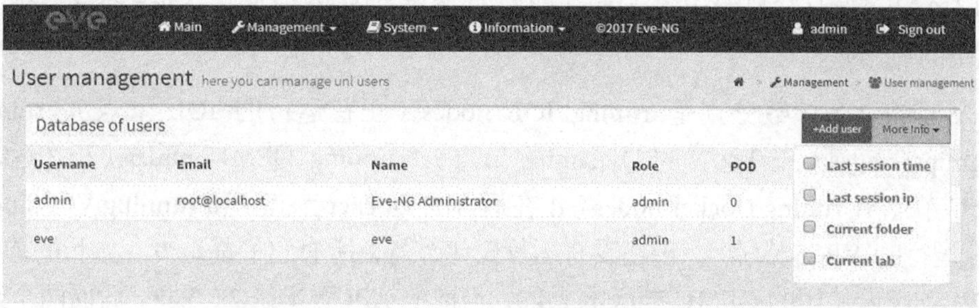

图 3-7 MoreInfo 按钮

如图 3-8 所示选中所有字段后，用户列表显示的内容就多了相应的列。

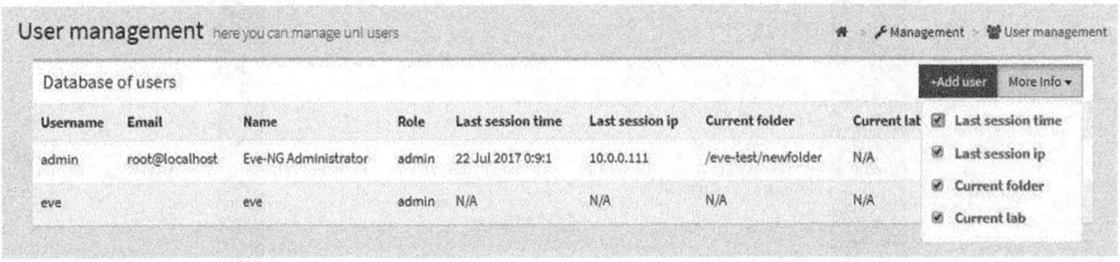

图 3-8　显示更多用户信息字段

3. System

此处显示的是 EVE-NG 的系统信息，这个菜单有 3 个子菜单，它们分别是 System status（系统状态）、System logs（系统日志）和 Stop All Nodes（停止所有虚拟设备），如图 3-9 所示。

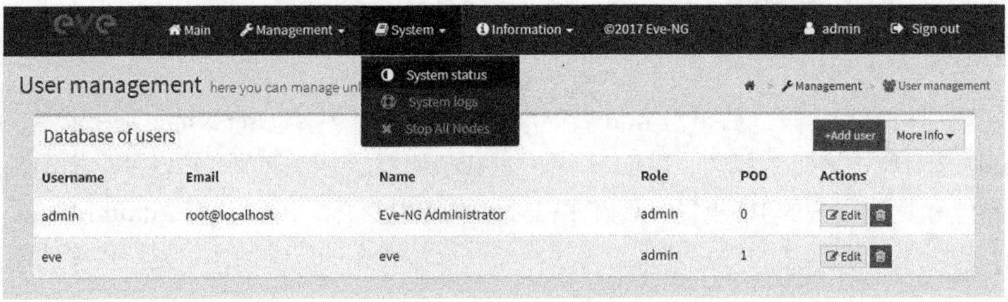

图 3-9　System 菜单及其子菜单

（1）System status

这个菜单显示 EVE-NG 系统的当前状态，单击后会出现如图 3-10 所示的界面。上面的 4 个状态圆环分别给出了当前的 CPU 使用率、内存使用率、Swap 空间使用率和磁盘空间使用率。

下面的几个参数分别是 runing IOL nodes（正在运行的 IOL 节点）、running Dynamips nodes（正在运行的 Dynamips 节点）、running QEMU nodes（正在运行的 QEMU 节点）、runing Docker nodes（正在运行的 Docker 节点）和 running VPCS nodes（正在运行的 VPCS 节点）。现在没有运行任何节点，所有它们都是 0。左下角显示的是 EVE-NG 所使用的 QEMU 的版本 2.4.0，当前的 API 版本是 2.0.3.68。后面两个开关按钮是开启 UKSM 和 CPUlimit，这些 EVE-NG 的特性会在后续章节中做介绍。

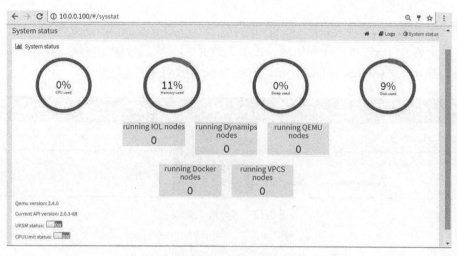

图 3-10 System status

（2）System logs

这个菜单主要是显示系统运行中所产生的日志文件。如图 3-11 所示，有 access、api、error、php_errors、unl_wrapper 和 cpulimit 几个日志文件，它们分别记录了相应的日志。其中 unl_wrapper 记录的是节点启动情况，常用来参考以排除节点不能启动的故障。

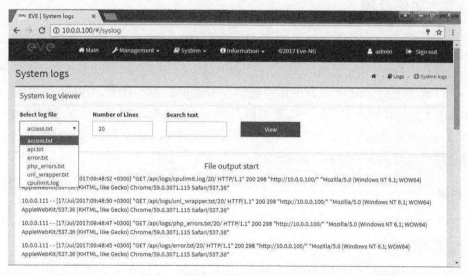

图 3-11 System logs

4．Information

这个菜单包含了 5 个子菜单项，如图 3-12 所示。它们分别是官网、官方论坛、官方 github、官方 youtube channel 和官方的 skype 帮助频道的链接。

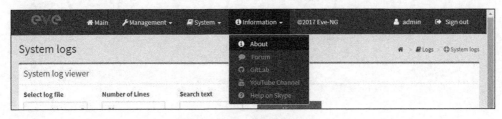

图 3-12　官方相关链接

5．其余

最右侧的两个项目分别显示了当前登录的用户名和注销出口，如图 3-13 所示。

图 3-13　用户名和注销

3.2.3　文件管理

1．文件管理简介

呈现在主界面左侧的部分，即文件管理区域。每一张拓扑图就是一个文件，所以每一个 Lab 文件都可以有不同的拓扑架构。那么 Lab 文件的管理主要依靠的是 File manager 下面的按钮来实现的。如图 3-14 所示，Add folder 按钮用于添加文件夹，下面一排按钮从左向右依次代表勾选全部、新建、重命名选中项目、移动选中项目、删除选中项目、导出选中项目、从 zip 文件导入文件和刷新。

2．新建

接下的内容将演示各项文件管理功能。首先新建一个文件夹 eve-test，如图 3-15 所示，填写文件夹名，然后单击 Add folder 即可完成文件夹的创建。

如图 3-16 所示，文件夹已经建立好了。鼠标移动到文件夹上会浮现 3 个快捷按钮，它们和上面的几个按钮功能是重复的，分别代表移动、重命名和删除。

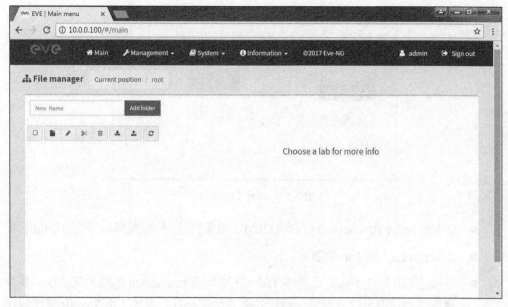

图 3-14　File manager

图 3-15　新建文件夹

图 3-16　文件夹上的快捷按钮

单击 eve-test 即可进入文件夹，路径已经改为/root/eve-test，接下来在这个文件夹下面创建一个新的 Lab，即拓扑文件，单击新建按钮，如图 3-17 所示。

如图 3-18 所示，此时弹出了一个新建 Lab 文件的弹窗。

- Name：Lab 的文件名。
- Version：Lab 的版本号。
- Author：Lab 的作者。

图 3-17　新建 Lab 文件

- Config Script Timeout：设置启动 QEMU 镜像的时，给配置脚本预留的等待时间。
- Description：对 Lab 的描述。
- Tasks：Lab 的任务描述。其中 Tasks 支持类似 markdown 的格式化语法，具体语法规则请参考官方说明。设置的格式会在拓扑界面的 Lab Details 菜单显示（后面会有介绍）。

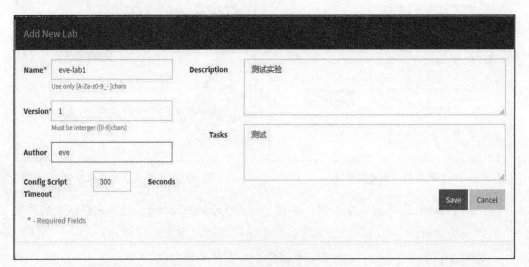

图 3-18　新建 lab 文件对话框

设置好所有字段后单击 Save，就会创建一个名为 eve-lab1 的 Lab，然后直接进入这个 Lab 的操作界面，如图 3-19 所示。

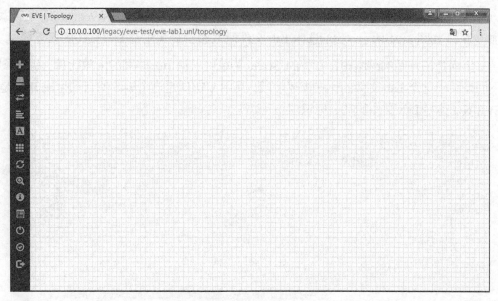

图 3-19　新建并打开 Lab 文件

这个界面菜单的操作将在文件操作介绍完毕后介绍，所以先单击 Close Lab 退出这个 Lab，如图 3-20 所示。

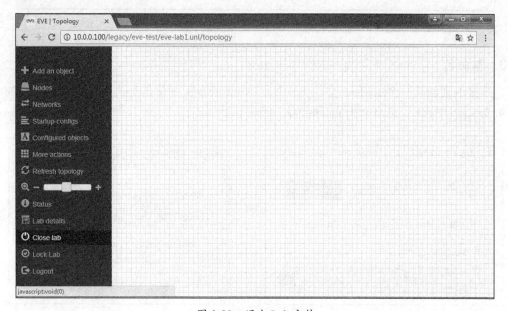

图 3-20　退出 Lab 文件

为了演示效果，已经事先在这个 Lab 文件添加了一些设备（会在后面介绍如何添加设备）。如图 3-21 所示，我们选中 Lab 文件时右边会显示出与 Lab 相关的信息概览。

上面是拓扑图的缩略图，右侧的 Scale 菜单可以调节缩略图的缩放比例。缩略图下面是关于这个 Lab 文件的一些描述字段，其中 UUID 是这个 Lab 的自动生成 ID，是 EVE-NG 读写 Lab 文件的唯一标识。

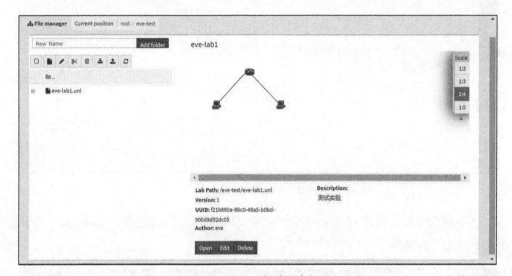

图 3-21　Lab 的相关信息概览

3．重命名

接下来新建一个 folder2 文件夹，如图 3-22 所示，并单击上边或者文件夹旁边的重命名按钮来将它重命名为 newfolder，如图 3-23 所示。

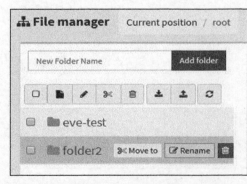

图 3-22　新建文件夹

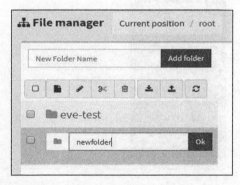

图 3-23　重命名文件夹

4. 移动

如图 3-24 所示，单击 Move to 快捷按钮会弹出一个让用户选位置的弹窗。其中位置的输入位置有下拉菜单显示可选的位置，可以单击选中，会自动输入位置的路径，当然也可以手动输入位置的路径，如图 3-25 所示。

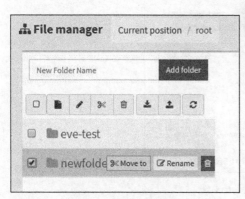

图 3-24 移动文件夹

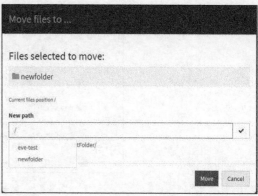

图 3-25 选择移动目的路径

单击 eve-test 下拉菜单，然后单击 Move 按钮，就将 newfolder 移动到了 eve-test 目录下，如图 3-26 所示。

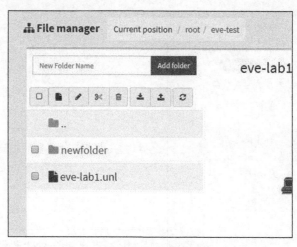

图 3-26 移动文件夹

5. 复制

当鼠标指针移动到 Lab 文件上方时还会出现一个 Clone 按钮，作用是复制当前 Lab 文件。单击后如图 3-27 所示，eve-lab1 被复制了一份，并自动命名。

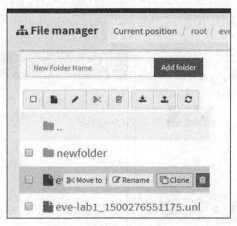

图 3-27 复制 lab 文件

6. 导出

接下来选中 newfolder 和 eve-lab.unl，然后单击导出按钮，如图 3-28 所示。这时浏览器会将这两个文件打包为 zip 文件并导出到当前计算机上，如图 3-29 所示。

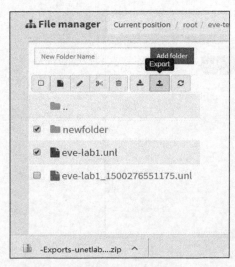

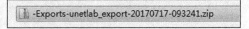

图 3-28 选中并导出文件　　　　　图 3-29 导出文件到计算机上

打开 zip 文件，如图 3-30 所示，里面包含的正是刚刚选中的文件和文件夹。

图 3-30　打开导出的打包文件

7．删除

接下来，删除刚才复制的 Lab 文件。如图 3-31 所示，选中文件，并单击"删除"按钮，这时会弹出一个警告对话框，单击"确定"就完成了删除。

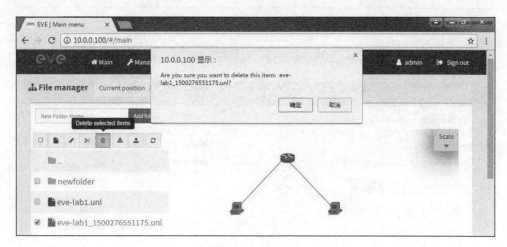

图 3-31　删除文件

8．导入

通过导入按钮可以将刚才导出的文件重新导回这个目录。首先清空 eve-test1 这个目录，然后单击"导入"按钮，如图 3-32 所示，选中刚才导出的 zip 文件，单击"打开"。

如图 3-33 所示，文件出现在了按钮上方，单击 Upload 按钮后，文件开始上传，当 Status 一栏出现 Success 时，表示文件上传成功。

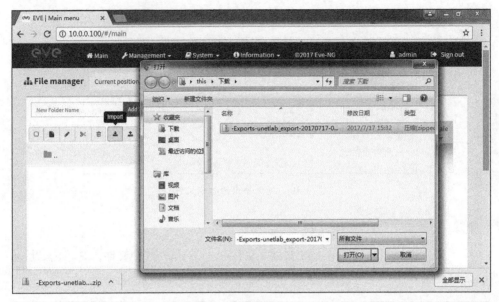

图 3-32 导入 zip 文件

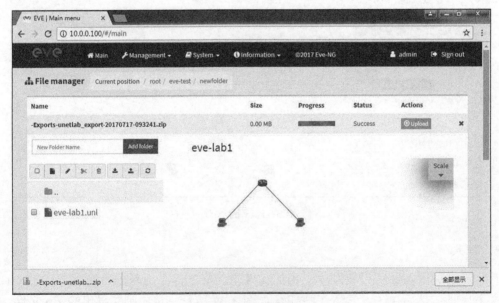

图 3-33 上传文件

导入完毕后发现只有一个 Lab 文件，并没有文件夹。其原因是空文件夹会被忽略，不被上传。

为保证演示继续进行，接下来重新创建一个 newfolder 文件夹，如图 3-34 所示。

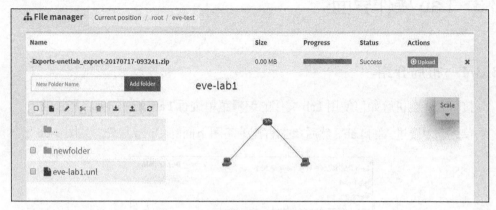

图 3-34　上传展示

9. 刷新

最后一个按钮是用来刷新当前文件列表的，如图 3-35 所示。

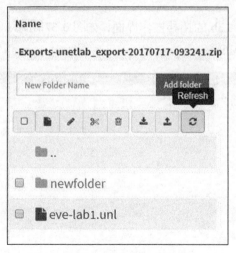

图 3-35　刷新文件列表

3.3 Lab 操作界面

3.3.1 布局介绍

接下来将会讲解如何使用 Lab 文件的编辑菜单进行 Lab 文件的编辑和管理。

首先选中要进入的 Lab，然后单击右侧缩略图下面的 Open 按钮，如图 3-36 所示。

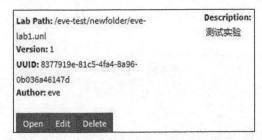

图 3-36　打开 Lab 文件

之后就进入了这个 Lab 的拓扑操作界面，如图 3-37 所示。其中左侧是菜单栏，右侧是通知栏，中间是画布。

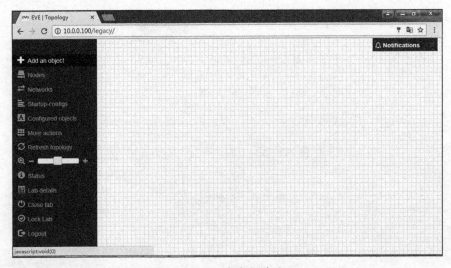

图 3-37　Lab 拓扑操作界面

3.3.2 添加对象菜单

添加对象菜单主要是用来添加对象到拓扑中。在弹出的二级菜单中可以看到，能够添加的对象有设备节点、网络、图像映射、形状图和文本，如图 3-38 所示。用户也可以在画布上按鼠标右键添加对象菜单，如图 3-39 所示。

图 3-38　菜单栏中的 Add an object

图 3-39　画布中的 Add a new object

1. Node

（1）添加设备节点

Node 指节点，可以理解为 Lab 的设备节点，即 EVE-NG 中的虚拟设备。默认情况下，EVE-NG 只包含 VPC 节点，所以要使用其他类型的设备，必须手动导入，比如 Dynamips、IOL、QEMU 类型的设备。

没有导入的设备在列表中是呈现灰色状态的，是不可以被添加的节点类型；已导入的设备显示为蓝色，是可以被正常添加的。

> **注意**：此处为了演示该菜单作用，已经在 EVE-NG 中预先导入了 Dynamips 设备，后续章节会陆续介绍如何导入 Dynamips、IOL、QEMU 等类型的设备。

单击 Node 后，弹出添加 Node 的弹窗。这里可以选择要添加的节点类型。每个模板代表一种设备，如图 3-40 所示。其中 Cisco IOS 3725 与 Cisco IOS 7206VXR 的 Dynamips 设备变为蓝色，证明设备已经被导入。

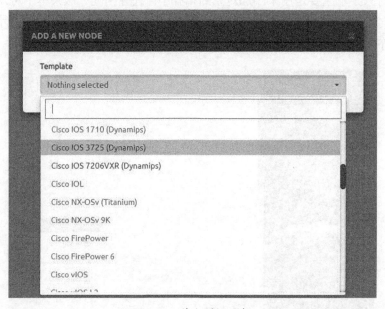

图 3-40　节点模板列表

单击添加一个 Cisco IOS 3725 的节点，之后弹出一个 ADD A NEW NODE 的弹窗，如图 3-41 所示。

- Template：表示可选的模板，即选择要添加的节点类型。
- Number of nodes：表示需要添加的节点数量，可以一次添加多个同一种类的节点。
- Image：选择节点要运行的镜像，如果有多个 c3725 的 IOS 镜像的话，此处会有多个镜像可供选择。
- Name/prefix：设置节点的名字，如果添加多个节点，此处为节点名字的前缀。

一般情况下，后面的参数默认不需要调整，默认即可。当然，这也是根据用户的需要调整的，参数的具体作用如下。

- Icon：选择节点使用的设备图标，如图 3-42 所示。

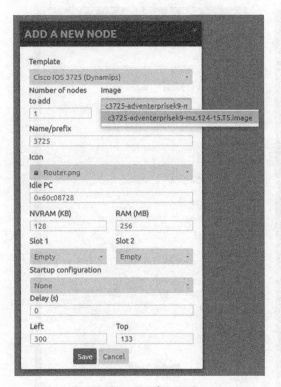 

图 3-41　节点设置　　　　　图 3-42　为设备指定图标

- Idle PC：运行设备节点时使用的 Idle 值。
- NVRAM：指定 nvram 的存储大小。
- RAM：指定设备节点的内存大小。
- Slot 1 和 Slot 2：添加设备模块，不同类型的设备所能添加的设备模块可能不同，可以为设备增加接口数量。如图 3-43 所示，可以添加的有 NM-1FE-TX 快速以太网模块和 NM-16ESW 十六口交换模块。
- Startup configuration：选择加载的启动配置，有 None 和 Exported 两种选择，如图 3-44 所示。None 代表空配置启动，Exported 表示从已导出的配置启动，这个选项仅当设备的 nvram 的配置为空或者被 wipe 掉之后才会生效。
- Delays：表示单击设备启动菜单后延迟启动设备节点的时间。
- Left 和 Top：用于指定设备在拓扑图中的坐标。

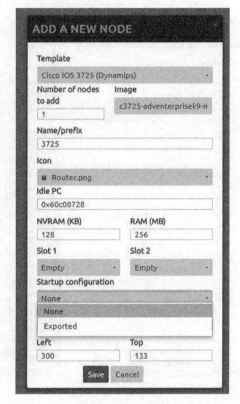

图 3-43　节点可用的插槽模块　　　　　图 3-44　选择启动配置

按照上面的默认配置设置并将 Number of nodes 设置为 3，即添加 3 个 Dynamips 路由器节点，如图 3-45 所示。它们分别自动命名为 37251、37252 和 37253，其中 3725 为设置的前缀。

图 3-45　添加 3 个 Dynamips 设备

（2）连线

每个设备可以被随意拖动到合适的位置。接下来介绍如何连接节点。首先把鼠标指针放到 37251 上面，此时节点图标上面多了一个插头样式的图标，如图 3-46 所示。

按住鼠标左键，拖拽这个插头到 37252 上，松开鼠标，如图 3-47 所示。

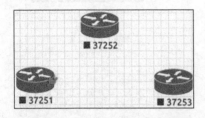

图 3-46 调整设备位置并准备连线

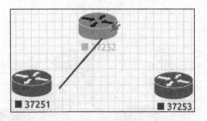

图 3-47 连接设备

当松开鼠标后，弹出一个对话框，这里可以选择每个设备用哪个接口去连接另一个设备，如图 3-48 所示。

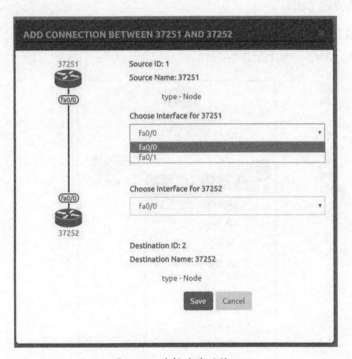

图 3-48 选择连线的接口

连线两端都用 fa0/0 接口去连接对方，单击 Save 按钮后，设备连接已经完成，同时右侧的通知栏会显示相应的网络添加成功和保存完成的信息，如图 3-49 所示。从图中可以看到，连线的两头均有一个标签用来表明这条连线的两端分别连接设备的哪个接口。如果连线错误，需要删除连线，直接在连线或者连线的标签上右击选择删除即可。

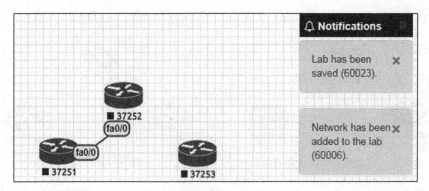

图 3-49　连线完毕

（3）启动设备节点

如图 3-50 所示，连接设备，并在设备上右击显示菜单，这是操作设备的菜单，包含启动、停止、清空、导出配置等按钮。

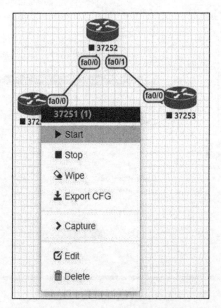

图 3-50　连接设备并查看菜单

在 37251 上单击 Start 菜单启动这个设备，设备图标变为蓝色。同时图标下面的正方形变为三角形，表示设备已经启动，此时右侧通知栏也会通知用户设备已经启动，如图 3-51 所示。

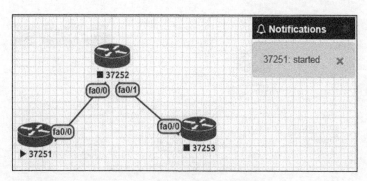

图 3-51　启动 37251 这台设备

除了在设备上右键可以显示菜单，还可以先框选设备，然后再右击，此时显示的菜单和之前的菜单功能大致相同，但是多了一些项目，即 Set nodes startup-cfg to exported、Set nodes startup-cfg to none 和 Delete startup-cfg。多了的 3 项是关于 startup-config 操作的选项，这个是在没有框选时单击右键所不能看到的菜单。框选可以对单个设备也可以对多个设备，接下来框选剩余的两个设备，并右击选择 Start Selected，将框选的这两个设备同时启动，如图 3-52 所示。

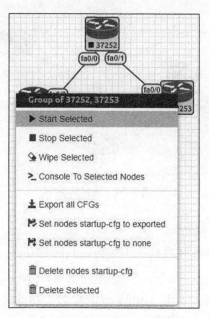

图 3-52　启动 37252 和 37253 两台设备

此时所有的设备都已正常启动了，如图 3-53 所示。

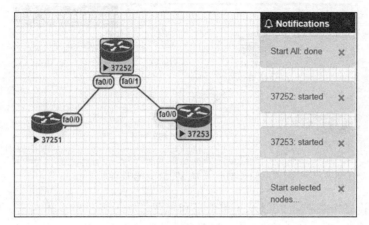

图 3-53　设备启动完毕

（4）关闭

接下来在 37251 上单击右键的 Stop 菜单将 37251 停止，如图 3-54 所示，设备图标变灰，而且设备名称前面的小图标由三角形变为正方形，同时右侧通知栏提示 37251 已经关闭。

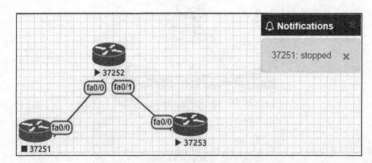

图 3-54　关闭设备

（5）连接

接下来通过 Html5 console 连接 3 个设备。有两种方式，具体如下。

- 左键单击设备图标，因为在 Web 上登录 EVE-NG 是选择使用 Html5 console 登录到管理平台的，所以 Html5 console 会在网页上打开，如图 3-55 所示。
- 框选设备，然后右键选择 Console to selected nodes，同样可以在网页上连接到各个设备。

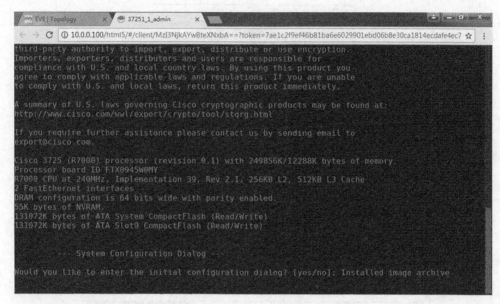

图 3-55　连接到设备

登录到设备后，对 3 个设备分别做个简单的配置，也就是分别修改它们的 hostname 为 R1、R2 和 R3，如图 3-56～图 3-58 所示。然后用 wr 命令分别保存配置。

图 3-56　配置 37251　　　　　　　　图 3-57　配置 37252

图 3-58　配置 37253

（6）导出配置

接下来将它们的配置导出，如图 3-59 所示，可以在设备节点上右键单击，选择 Export CFG。

无论导出失败或者成功右侧通知栏都会有提示，如图 3-60 所示，右侧显示导出成功了。

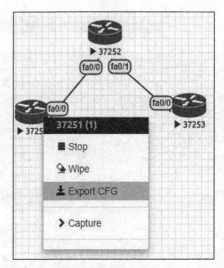

图 3-59 导出 37251 的配置

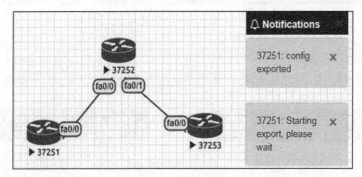

图 3-60 导出配置成功

当然，框选多个设备，然后右键单击选择 Export all CFG，可以导出多个框选的设备的配置，如图 3-61 所示，我们同时导出了 37252 和 37253 的配置。至此 3 个设备的配置都导出完毕了。

当在设备节点中使用 write 保存配置时，所做的配置只会保存到节点对应的临时文件夹中，这些配置并不保存在 Lab 文件中。Export 的作用就是从临时文件夹提取配置信息并保存到 Lab 文件里。如果需要迁移 Lab 文件就一定要先单击 Export CFG，否则设备的配置会丢失。

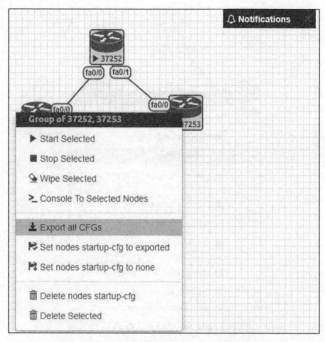

图 3-61　同时导出 37252 和 37253 的配置

设备启动时会优先查找临时文件夹的配置，如果发现就会用这个配置，用不理会新建节点对话框设置的是从 None 还是从 Exported 启动（前文创建节点对话框介绍过）。如果发现临时文件夹没有配置文件，就会去检查节点配置是从 None 启动还是从 Exported 启动，默认新添加的设备节点是从 None 启动的。如果设置的是 None，那么就以空配置启动，这样启动的设备节点会提示做初始化配置；如果设置的是从 Exported 启动，那么设备节点会用 Lab 文件中的已导出的配置在临时文件夹生成一份配置文件，并载入。

（7）擦除配置

了解了以上的启动细节之后就更容易理解下面要讲到的 Wipe 按钮。Wipe 按钮的作用就是擦除设备临时文件夹的配置，这样设备启动时发现临时文件夹没有配置，就会去从 None 或者 Export 启动，默认情况下，wipe 的同时会将启动设置为 Exported，也可以手动指定为 None。

如图 3-62 所示，wipe 掉 37251 和 37252 的临时文件夹配置，右侧会提示成功擦除两个设备的配置，如图 3-63 所示。

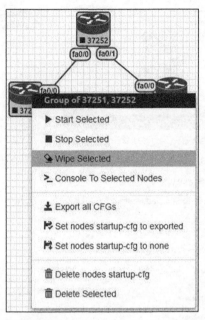

图 3-62 擦除 37251 和 37252 设备的临时文件夹配置

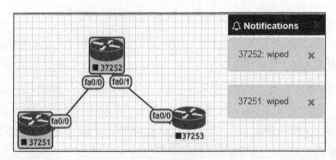

图 3-63 配置擦除成功

（8）编辑启动配置模式

接下来右键单击 37251 并单击 Edit 按钮，如图 3-64 所示，然后将 37251 的 startup configuration 设置为 None，如图 3-65 所示。

为了验证 Wipe 与 None、Exported 之间的关系，对 3 台设备分别做了相应操作。

在验证之前，确保所有设备都有一些简单配置，并且已做过 Export CFG 的操作。

- 37251：wipe 掉了临时文件夹配置（nvram），然后 startup configuration 设置为 None。

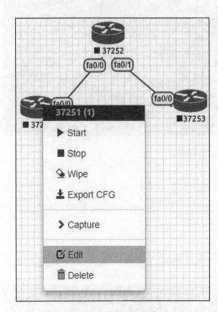

图 3-64　编辑设备

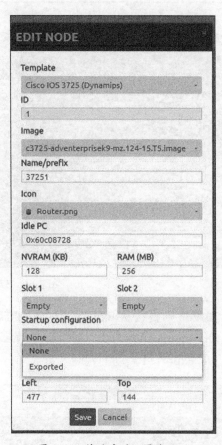

图 3-65　修改启动配置为 None

- 37252：wipe 掉了临时文件夹配置（nvram），然后 startup configuration 保持 Exported 不变（wipe 后默认为 Exported）。
- 37253：没有 wipe 也就是临时文件夹配置（nvram）的配置还在。Startup configuration 设置并无任何影响。

根据多次使用的经验，可以判断出 37251 会以 None 启动，37252 会以 exported 生成一份临时文件夹配置（nvram）并从这一份配置启动，37253 会从没有擦除的临时文件夹配置（nvram）启动。

下面就来验证一下是不是这个结果。如图 3-66 所示，37251 启动后可以看出该设备为空配，符合从 None 启动的判断。

图 3-66　37251 的验证结果

37252 则直接从 Exported 生成的临时文件夹配置（nvram）启动。如图 3-67 所示，hostname 保持为 R2 说明虽然擦除了临时文件夹配置，但启动后配置还原了，符合从 Exported 启动的判断。

图 3-67　37252 的验证结果

37253 这台设备的启动过程如图 3-68 所示，配置因为没有擦除而保持原样。

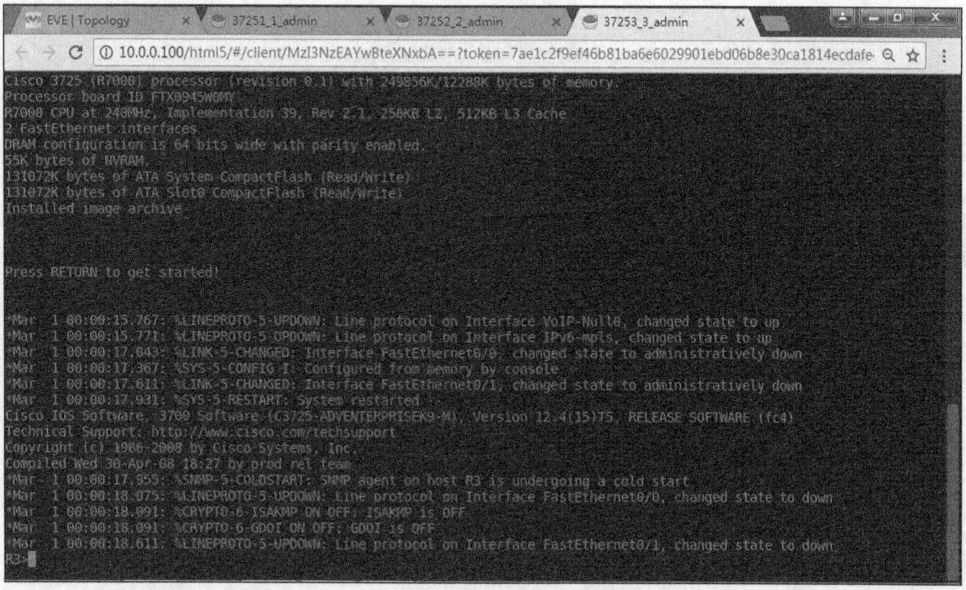

图 3-68　37253 的验证结果

（9）更多配置操作

从前面的内容可以看到，框选设备情况下会多出来几个关于启动配置的按钮，它们的作用分别如下。

- Export all CFGs：导出选中的所有设备的配置。
- Set nodes startup-cfg to exported：把 startup config 设置为 Exported，这与在节点操作框中操作的效果是一样的。
- Set nodes startup-cfg to none：同上个按钮类似，把 startup configuration 设置为 None。
- Delete nodes startup-cfg：这个按钮和 Wipe 的不同在于 Wipe 是擦除临时文件夹的（运行）配置，这个则是删除掉导出到 Lab 文件的配置，请谨慎使用。

2. Network

右键 Lab 拓扑画布，也能调出 "Add a new object"，即添加新的对象。添加一个 Network 对象，单击 Network 按钮，如图 3-69 所示。

图 3-69　创建 Network 对象菜单

在弹出的添加 Network 对话框中可以设置各项参数，如图 3-70 所示。

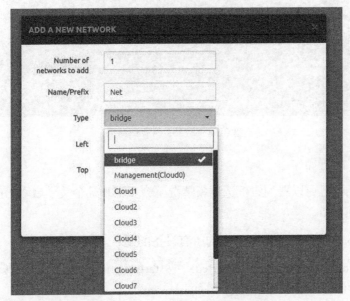

图 3-70　添加 Network 对象对话框

- Number of networks to add：输入添加网络对象的数量。
- Name/Prefix：网络对象的名称，如果添加多个，该处为网络对象名称的前缀。
- Type：网络对象的类型，bridge 类型表示添加的是一个"傻瓜交换机"，主要作用是将多个设备连接到同一个网段。cloud0-cloud9 分别表示桥接到 EVE-NG 服务器网卡对应的网络，主要作用是将设备节点桥接到 EVE-NG 以外的网络中。

默认情况下，cloud0 桥接到 eth0 网卡，cloud1 桥接到 eth1 网卡，以此类推。当然，这种对应关系也可以从服务器配置文件中编辑修改。需要注意的是 cloud0 也是 EVE-NG 的管理网络，所以标注了 Management。

如图 3-71 所示，分别添加了一个 bridge（左侧）和一个 cloud（右侧），并做好了连线。

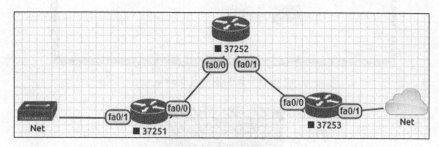

图 3-71　添加 bridge 和 cloud

3. Picture

该功能可以将其他拓扑图导入到 EVE-NG 中，将 Lab 中的设备节点与拓扑图上的节点一一对应。当单击图片上的设备时，便可以对设备节点操作，实现了图片与 Lab 设备节点的结合，共同成为 EVE-NG 的 Lab 拓扑。

右击选择 Picture，如图 3-72 所示。

图 3-72　添加图像映射对象菜单

紧接着弹出一个对话框，设置名字后选择一个图片文件，然后单击 Add 按钮，将图片添加至拓扑画布中，如图 3-73 所示。

查看和编辑添加的 Picture 对象要从左侧菜单的 Pictures 菜单查看，如图 3-74 所示。

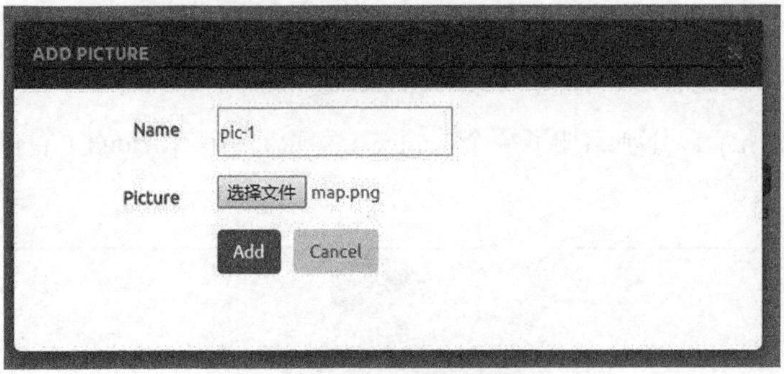

图 3-73　添加图像映射对象

图 3-74　映射图像管理菜单

单击菜单后弹出一个对话框，里面有所有添加的 Picture 对象。对象名左侧两个按钮分别代表删除对象和编辑映射点，单击文件名能查看和使用图片，如图 3-75 所示。

图 3-75　映射图像管理对话框

添加映射点首先要单击"编辑"按钮，之后会出现编辑对话框，如图 3-76 所示。对话框下面会列出拓扑图上所有的设备节点和一个自定义节点，自定义节点能够添加不在图上的节点映射。

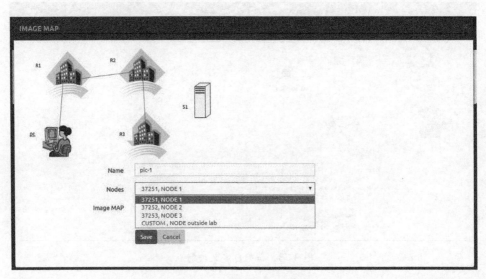

图 3-76 编辑映射对话框

分别选中 NODE1、NODE2 和 NODE3，然后分别单击，添加相应的 Node 节点，如图 3-77 所示。图上 S1 的黑色圆圈就是为 S1 添加一个自定义的节点。对于自定义的映射点，单击添加后下面会给出对应的代码，如图 3-78 所示。

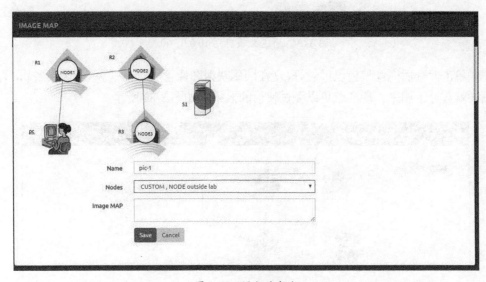

图 3-77 添加映射点

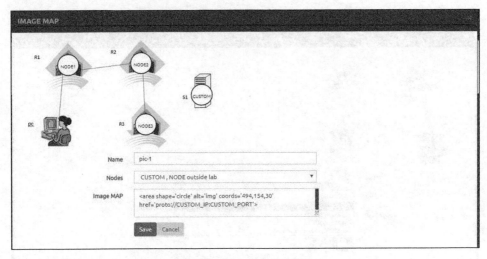

图 3-78　添加自定义映射点

修改代码将这个节点映射为用 SSH 登录到 10.0.0.100，如图 3-79 所示。只要保证网络互通，便可以通过 EVE-NG 直接管理相应的设备。

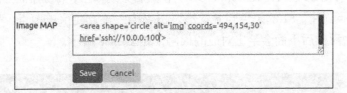

图 3-79　自定义映射到 10.0.0.100

单击保存后图像映射已经做好，现在回到映射图像管理对话框。单击对象名 pic-1，图像就会显示出来，现在就可以测试映射的效果，如图 3-80 所示。

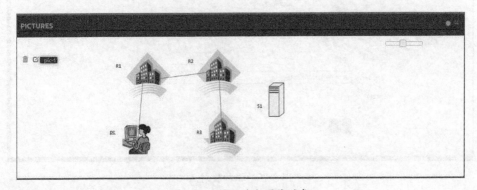

图 3-80　使用映射图像对象

单击 R1 对应的图标，浏览器为我们打开了 37251 这台设备的控制台，如图 3-81 所示。同样 R2、R3 和 S1 的映射也都有效。

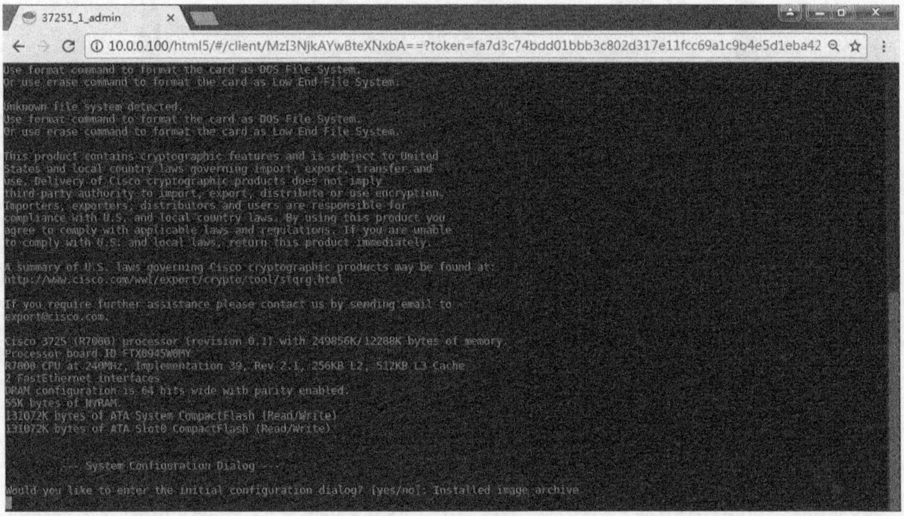

图 3-81　打开映射设备

4．Custom Shape

下面将会介绍添加和编辑形状对象，右击菜单选择 Custom Shape，如图 3-82 所示。

图 3-82　添加形状对象菜单

弹出的对话框可以设置 Type、Name、Border-type、Border-width、Border-color 和 Background-color，分别表示类、名字、边框类型、边框宽度、边框颜色和背景颜色，如图 3-83 所示。

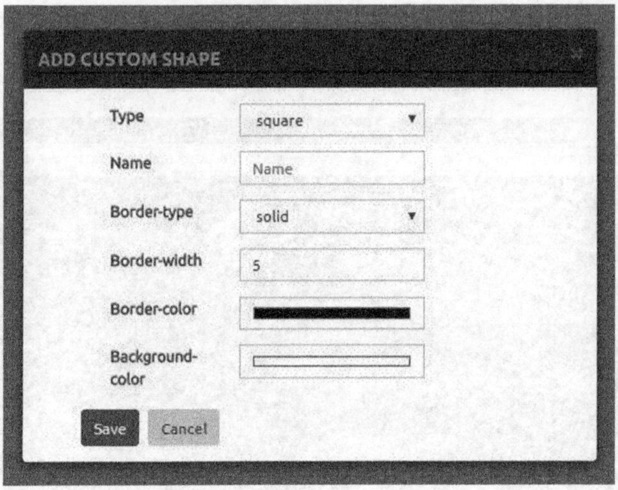

图 3-83 添加形状对象对话框

选择 circle 类型，边框类型选择为 dashed，其他保持默认添加一个圆形，如图 3-84 所示。我们注意到右下角有一个小三角，可以通过拖拽它改变图形的大小，同时也可以拖拽圆形四边来纵横拉伸压缩图形。

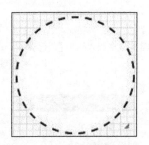

图 3-84 添加圆形虚线形状

将圆形移动到设备所在的位置，可以看到图形位于设备的下边，这是默认情况。当然也可以提升图形所在的层，如图 3-85 所示，在圆形上右击选择 Send To Front，通过一次或者多次单击这个菜单就能把图形往前面提升。Duplicate 菜单表示复制当前图形。

我们提升图形遮盖住了设备，但是并未遮盖住连线的标签，如图 3-86 所示。

进一步提升连标签和连线也遮盖住了，如图 3-87 所示。同样利用 Send To Back 能将圆形往下层放，这里就不再演示。实际使用中可根据需求调整图形所在的层次。

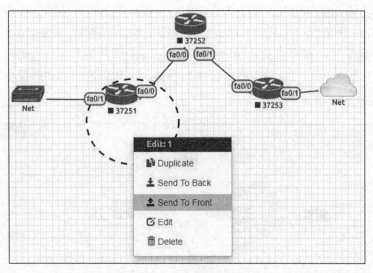

图 3-85　形状对象右键菜单

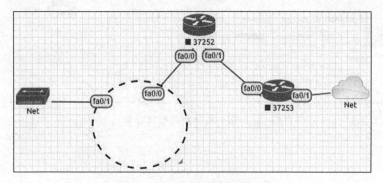

图 3-86　提升形状对象遮盖设备

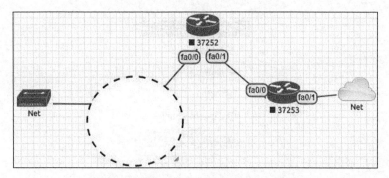

图 3-87　提升形状对象遮盖设备和连线

在图形上右击选择 Edit，从下侧会弹出一个设置框。首先将圆形横向拉伸扁，然后设置 Z-Index 为 0（index 代表各个对象在页面上的上下层次，index 越小越靠下层）。将 Rotate 设置为 30（顺时针旋转 30 度），Transparent 即透明开关，透明开启的意思就是将背景色设置为透明，这里保持背景色为白色，不开启透明，其他保持不变，调整后的效果如图 3-88 所示。

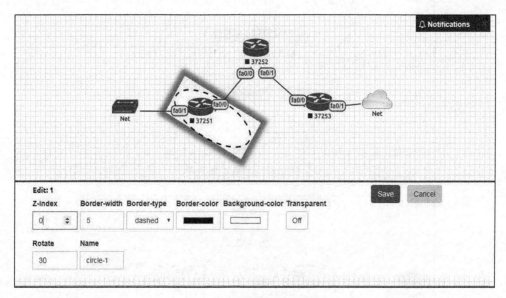

图 3-88　编辑调整形状对象

5. Text

最后添加最后一种对象类型，也就是文本对象，右击并选择 Text，如图 3-89 所示。

图 3-89　添加文本对象菜单

弹出的对话框可以设置 Text、Font Size、Font Style、Font Color 和 Background Color，分别代表文字、字号、字形、文字颜色和文字背景。如图 3-90 所示，设置文本对象参数。

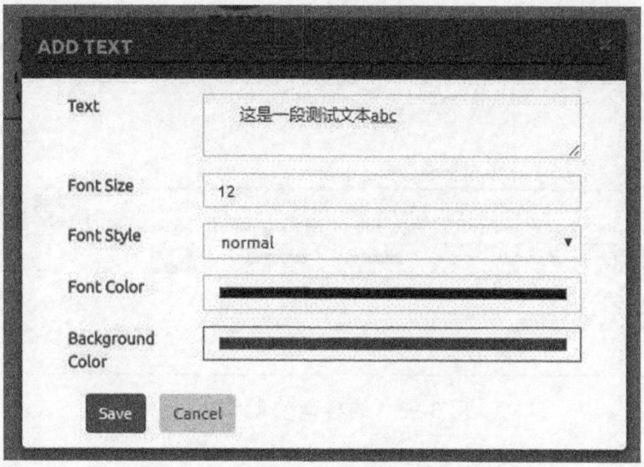

图 3-90　添加文本对象对话框

单击 Save 后得到了红色背景黑色字，如图 3-91 所示。

文本对象同样可以通过拉伸来扩大字体，如图 3-92 所示。在文字上右击会看到可以对文本对象进行的操作，这些操作和形状对象的操作基本一样，此处不再赘述。

图 3-91　添加文本对象

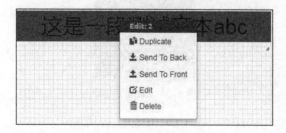

图 3-92　文本对象右键菜单

右击选择 Edit，如图 3-93 所示得到了类似编辑形状对象时的设置框，选项的含义都非常简单易懂。

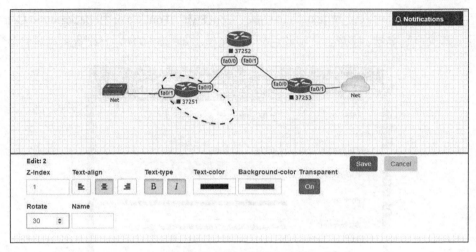

图 3-93 编辑调整文本对象

至此，所有的节点类型都已经讲解完毕，学会添加各种节点是编辑 Lab 文件的基本操作，熟练掌握就能更加快捷地制作实验拓扑图。

3.3.3 节点管理菜单

如图 3-94 所示，单击 Nodes 菜单。

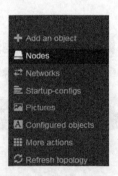

图 3-94 Nodes 菜单

这个菜单的主要作用是进行集中的 Node 参数的修改。如图 3-95 和图 3-96 所示，节点管理对话框列出了所有节点折叠的可修改参数和可用操作。大多数参数和操作我们都在新建对话框和设备右键菜单演示过了，这里就不再重复讲解。唯一需要说明的是 Actions 下面的第 5 个按钮 Interfaces，它的作用是管理这个设备的所有接口所能连接的网络。在修改接口连接时，设备节点必须处于关机状态。

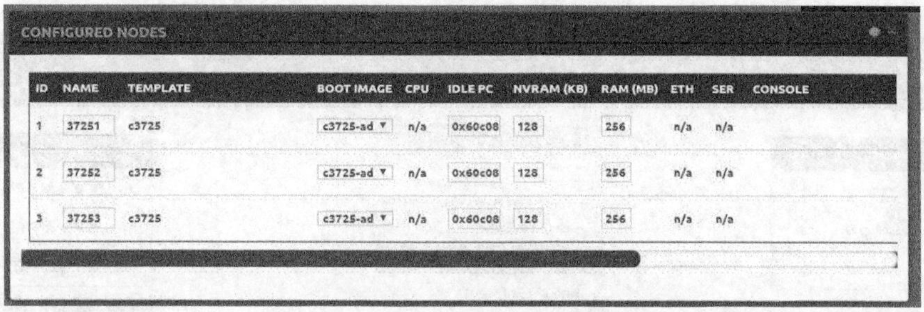

图 3-95 节点管理对话框

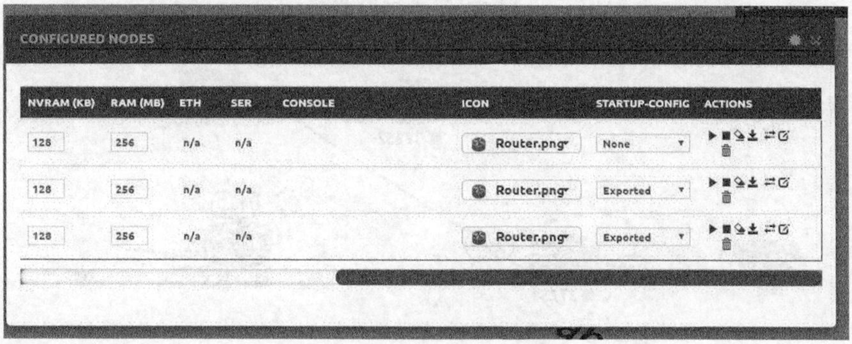

图 3-96 节点管理对话框

如图 3-97 所示，单击后会出现另一个对话框，其中 fa0/0 下拉菜单出现了 5 个菜单，其中第一个为将 fa0/0 断开，其余的 4 个选项代表拓扑图中的 4 个网段。图中总共有 3 个路由器，分隔开了 4 个网段。其中默认选中的 Net-37251iface_0 代表的是 37251 的 fa0/0 接口所在的网段，Net-37252iface_1 代表 37252 的 fa0/1 接口所在的网段，底下的两个 Net 分别代表添加的 bridge 和 cloud 所在的网段，总共有 4 个网段可选。如果改变接口所在的网段，拓扑图会自动更改连线，并添加必要的设备（bridge）以扩展网络所需要的接口。

将上面 37251 的 fa0/0 设置为 Net37252iface_1，拓扑图就会变为如图 3-98 所示的样子。这就是把 37251 的 fa0/0 接口放到 37252 右侧所在的网段后，会自动添加一个"傻瓜交换机"（bridge）以连接更多的设备接口。

这里需要注意一个特殊的按钮，在对话框右上角，关闭按钮的左侧有一个太阳形状的按钮。它的作用是把当前的对话框变为半透明，这样就可以在编辑的同时还可以参考拓扑图的具体情况，单击后的效果如图 3-99 所示。

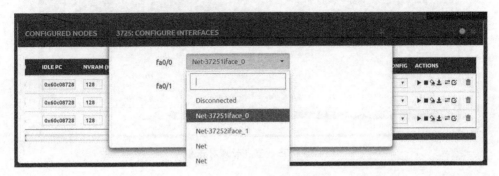

图 3-97 可选网段

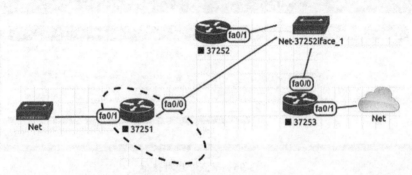

图 3-98 修改接口连入的网段

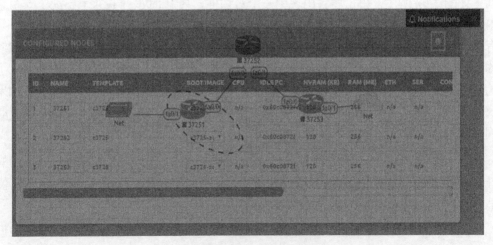

图 3-99 对话框半透明按钮

3.3.4 网络对象管理菜单

这个菜单的作用主要是对拓扑图中的 Networks 设备进行集中编辑，如图 3-100 所示。

图 3-100　网络对象集中管理菜单

如图 3-101 所示，添加的 bridge 和 cloud 都被列了出来。右侧的 ACTIONS 也只有编辑和删除功能，前面已经讲解过具体的操作，此处不再赘述。

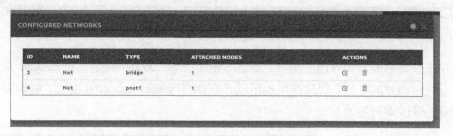

图 3-101　网络对象集中管理对话框

3.3.5 启动配置管理菜单

这个菜单的作用是显示当前拓扑图中所有导出的各个设备节点的启动配置，如图 3-102 所示。

单击这个菜单后，如图 3-103 所示，总共有 3 个设备。已经导出配置的设备图标是蓝色的，没有导出配置的设备图标是灰色的。

右侧的开关按钮设置为 off 表示将 Startup-configs 设置为 None，设置为 on 表示将 Startup-configs 设置为 Exported，设置为 on 的话前面会有个闪电标志。这样设置的效果和在设备上右键选择 Edit 菜单把 startup 设置为 None 或者 Exported 效果是一样的，这里只是提供了一个集中管理启动配置的功能。

第 3 章
EVE-NG 管理

图 3-102　启动配置集中管理菜单

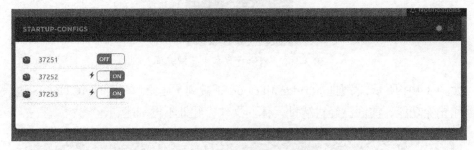

图 3-103　启动配置管理对话框

单击设备名能看到导出的配置。如图 3-104 所示，37253 的配置 hostname 为 R3，这正是之前做过的配置。同时这里也可以在右侧直接编辑 Exported 配置，编辑完毕单击保存，修改即可生效。

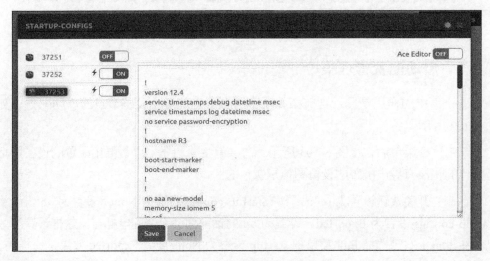

图 3-104　查看编辑设备启动配置

如图 3-105 所示，将编辑器右侧的 Ace Editor 按钮设置为 ON 之后，配置文本会显示行号并有语法高亮等显示效果的优化和自定义。

图 3-105　优化和自定义显示效果

3.3.6　形状和文本对象管理菜单

这个菜单主要是管理添加几种形状和文本对象，如图 3-106 所示。

图 3-106　管理形状和文本对象菜单

如图 3-107 所示，单击菜单后能够看到所有添加的这两类对象，现在只有一个删除的操作，更多操作可能会在后续更新的版本中加入。

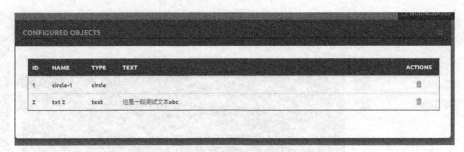

图 3-107　管理形状和文本对象对话框

3.3.7　更多操作菜单

这个菜单的子菜单所能进行的操作大多数都在之前介绍过，唯一不同的是，这里的操作是对所有的节点进行操作，如图 3-108 所示。

这里的菜单大部分和前文重复，只有 Edit Lab 之前没有讲过，如图 3-109 所示。

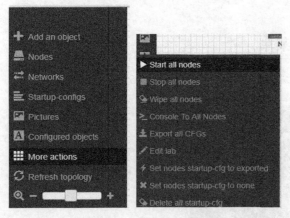

图 3-108　更多操作菜单

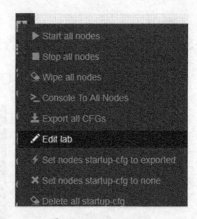

图 3-109　Edit Lab

如图 3-110 所示，这个便是在 EVE-NG 主页面时创建 Lab 文件的对话框，这里只是提供一个修改相应信息的入口。之前提到过 Tasks 这个字段支持 markdown 类似的语法，这里就将 Tasks 修改为如下内容，一个一级标题、一个二级标题和一个表格。

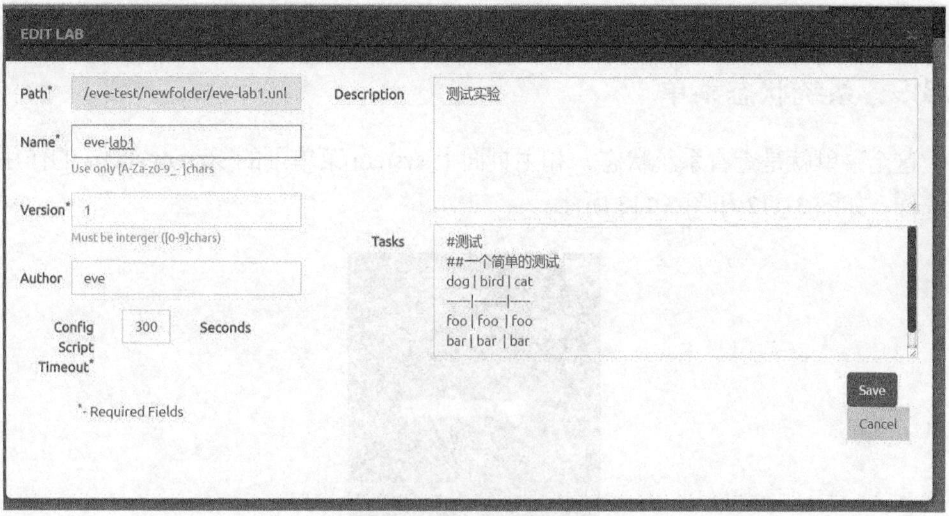

图 3-110　修改 Tasks 描述内容

3.3.8　视图缩放菜单

这个菜单的作用就是对视图进行缩放,"-"方向为缩小,"+"方向即为放大,如图 3-111 所示 Lab 的拓扑图缩小了一些,这样拓扑图就可以容纳更多的对象。

图 3-111　视图缩放菜单

3.3.9 系统状态菜单

这个菜单就是查看系统状态，和主页面上 system 菜单下的 system status 的作用基本一样，如图 3-112 和图 3-113 所示。

图 3-112　查看系统状态菜单

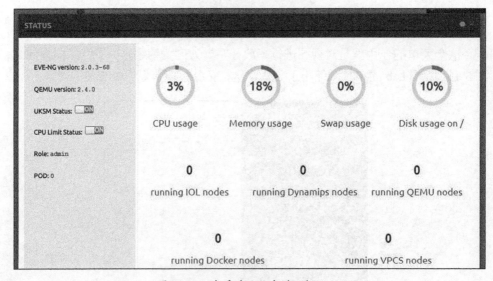

图 3-113　查看系统状态对话框

3.3.10 Lab 详情菜单

这个菜单的作用就是显示当前打开的 Lab 的详细信息，如图 3-114 所示。

图 3-114　Lab 信息菜单

如图 3-115 所示，弹出的页面显示了当前 Lab 的名称、Lab 的唯一 ID、实验的描述和任务描述，其中任务描述正是前面用对应的语法格式化过 Tasks 的文本：一个一级标题、一个二级标题和一个表格。

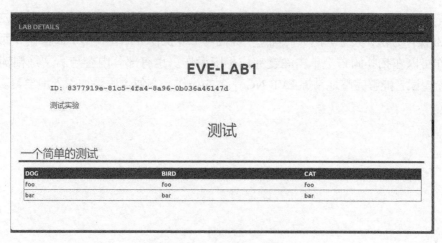

图 3-115　Lab 详细信息窗口

3.3.11　其余菜单

最后的 3 个菜单分别为以下内容。

- Close Lab：关闭 Lab 回到 EVE-NG 主页面。
- Lock Lab：锁定 Lab。锁定后 Lab 拓扑上的所有对象都不能被移动编辑，只能查看。
- Logout：注销用户，退出 Web 界面，回退到 EVE-NG 的 Web 登录页面。

如图 3-116 所示。

图 3-116　关闭 Lab、锁定 Lab 和登出系统菜单

3.4　结语

至此，关于 EVE-NG 的 Web 管理界面已经基本介绍完毕，完整地介绍了 EVE-NG 的 Web 操作方法，共分为两大界面：主界面与 Lab 操作界面。其中 Lab 操作界面有部分操作可以在拓扑画布上单击右键完成相应操作。也有部分内容与后文是相辅相成的，希望读者能够完整地掌握 EVE-NG 平台的操作，方便今后更加深入地学习。

第 4 章 Dynamips 设备

4.1 Dynamips 镜像介绍

Dynamips 是出现在 2005 年 8 月，由法国人 Chris Fillot 开发的用于模拟 Cisco 设备的模拟器，它能够模拟 1700、2600、3600、3700 和 7200 平台。因为它能运行标准的 IOS 镜像，尽管模拟器较陈旧，但至今仍然有非常多的人愿意使用。所以为了仿真 Cisco 硬件，EVE-NG 默认支持 Dynamips。

由于 Dynamips 能运行的设备平台太少，并且较为陈旧，不建议使用 Dynamips。当然，Dynamips 作为 EVE-NG 的核心组成部分，本书有必要着重讲解一下。

4.2 导入 Dynamips 镜像

1. 获取 Dynamips 镜像

Dynamips 运行的是标准的 Cisco IOS 镜像，因而可以从 Cisco 官网获得，当然也可以在因特网上搜索获得。目前 EVE-NG 支持 3 种平台：Cisco IOS 1710、Cisco IOS 3725 和 Cisco IOS 7206VXR。

2. 上传 Dynamips 镜像

因为 EVE-NG 架设在 Ubuntu 系统之上，所以 EVE-NG 默认支持 SCP 与 SFTP 文

件传输。用户可以借助一些工具连接到 EVE-NG 上，如 SecureFX 或 WinSCP，并将获得的 Cisco IOS 镜像文件上传到服务器的/opt/unetlab/addons/dynamips 目录下。

打开 SecureFX，文件协议选择 SCP 或者 SFTP，如图 4-1 和图 4-2 所示。

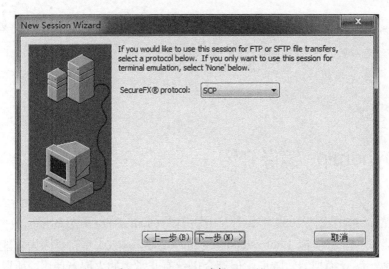

图 4-1　SecureFX 选择 SCP 协议

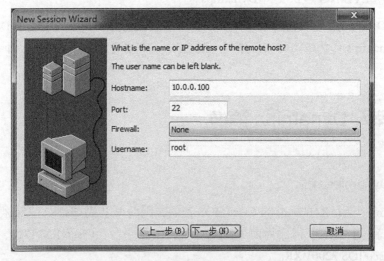

图 4-2　SecureFX 连接 EVE-NG

连接成功后，将 bin 文件拖至/opt/unetlab/addons/dynamips/目录下，本文以 c3725-adventerprisek9-mz.124-25d.bin 为例，如图 4-3 所示。

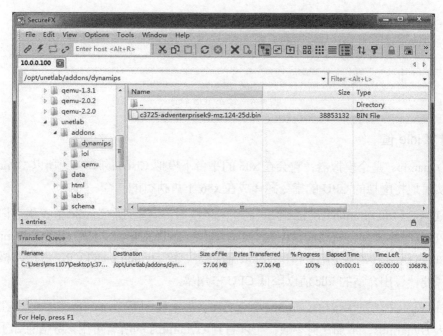

图 4-3 上传 Cisco IOS 文件

3．重命名文件

在终端下运行命令"mv c3725-adventerprisek9-mz.124-15.T5.bin c3725-adventerprisek9-mz.124-15.T5.image"。注意文件名一定要以型号为前缀，以"image"为后缀，例如"c3725-xxxxxxxx.image"。因为在 Dynamips 类型的设备中，EVE-NG 中设备节点类型以前缀名称分类，并且 EVE-NG 支持加载以 image 为后缀的文件。

```
root@eve-ng:~# cd /opt/unetlab/addons/dynamips
root@eve-ng:/opt/unetlab/addons/dynamips# mv c3725-adventerprisek9-mz.124-25d.bin c3725-adventerprisek9-mz.124-25d.image
root@eve-ng:/opt/unetlab/addons/dynamips#
```

4．修正权限

修正权限的作用主要是保证 Dynamips 对于这个 IOS 镜像有读取的权限，虽然以 root 上传的 IOS 镜像在一般情况下是符合要求的，但是进行权限修仅仅是为了确保万无一失。用 SecureCRT 连接 EVE-NG 所在的服务器，然后运行命令"/opt/unetlab/wrappers/unl_wrapper -a fixpermissions"来修正权限，如图 4-4 所示。

```
root@eve-ng:~# /opt/unetlab/wrappers/unl_wrapper -a fixpermissions
root@eve-ng:~#
```

图 4-4　修正 IOS 权限

5. 计算 idle 值

Dynamips 是个模拟器，它会在 x86 的平台下模拟 Cisco 的 CPU，所以 Dynamips 需要实时地将虚拟的 CPU 的指令翻译成在 x86 下可执行的指令。

idle-pc（idle pointer counter）就是空闲计数器，这里简称为 idle 值，用来记录虚拟 CPU 何时不工作，从而可以在它不工作时停止翻译工作，这样就能降低 Dynamips 的 CPU 占用率。如果使用了错误的 idle 值将会导致 Dynamips 的 CPU 占用率极高，所以需要计算出合适的 idle 值以降低 CPU 占用率。

计算 idle 值需要用到 Dynamips 命令，那么先来看一下 Dynamips 的命令。在终端下输入 Dynamips，不加任何参数，可以看到 Dynamips 的所有可用参数信息如下。

```
root@eve-ng:~# dynamips
Cisco Router Simulation Platform (version 0.2.12-amd64/Linux stable)
Copyright (c) 2005-2011 Christophe Fillot.
Build date: Nov 25 2016 21:35:03

Local UUID: bff43f1a-6e34-4c36-a635-2970d3e07df3

Please specify an IOS image filename
Usage: dynamips [options] <ios_image>
Available options:
  -H [<ip_address>:]<tcp_port> : Run in hypervisor mode

  -P <platform>    : Platform to emulate (7200, 3600, 2691, 3725, 3745, 2600 or 1700) (default: 7200)

  -l <log_file>    : Set logging file (default is dynamips_log.txt)
  -j               : Disable the JIT compiler, very slow
  --idle-pc <pc>   : Set the idle PC (default: disabled)
```

```
  --timer-itv <val> : Timer IRQ interval check (default: 1000)

  -i <instance>    : Set instance ID
  -N <name>        : Set instance name (and Window title)
  -r <ram_size>    : Set the virtual RAM size (default: 256 Mb)
  -o <rom_size>    : Set the virtual ROM size (default: 4 Mb)
  -n <nvram_size>  : Set the NVRAM size (default: 128 Kb)

  -T <port>        : Console is on TCP <port>
  -U <si_desc>     : Console in on serial interface <si_desc>
           (default is on the terminal)

  -A <port>        : AUX is on TCP <port>
  -B <si_desc>     : AUX is on serial interface <si_desc>
           (default is no AUX port)

  --disk0 <size>   : Set PCMCIA ATA disk0: size (default: 64 Mb)
  --disk1 <size>   : Set PCMCIA ATA disk1: size (default: 0 Mb)

  --noctrl         : Disable ctrl+] monitor console
  --notelnetmsg    : Disable message when using tcp console/aux
  --filepid filename : Store dynamips pid in a file

  -t <npe_type>    : Select NPE type (default: "npe-400")
  -M <midplane>    : Select Midplane ("std" or "vxr")
  -p <pa_desc>     : Define a Port Adapter
  -s <pa_nio>      : Bind a Network IO interface to a Port Adapter
  -I <serialno>    : Set Processor Board Serial Number

  -a <cfg_file>    : Virtual ATM switch configuration file
  -f <cfg_file>    : Virtual Frame-Relay switch configuration file
  -E <cfg_file>    : Virtual Ethernet switch configuration file
  -b <cfg_file>    : Virtual bridge configuration file
  -e               : Show network device list of the host machine

<si_desc> format:
```

```
    "device{:baudrate{:databits{:parity{:stopbits{:hwflow}}}}}"

<pa_desc> format:
    "slot:sub_slot:pa_driver"

<pa_nio> format:
    "slot:port:netio_type{:netio_parameters}"

Available C7200 NPE drivers:
   * npe-100
   * npe-150
   * npe-175
   * npe-200
   * npe-225
   * npe-300
   * npe-400
   * npe-g1 (NOT WORKING)
   * npe-g2 (NOT WORKING)

Available C7200 Port Adapter (PA) drivers:
   * NPE-G2
   * C7200-IO-FE
   * C7200-IO-2FE (NOT WORKING)
   * C7200-IO-GE-E (NOT WORKING)
   * PA-FE-TX
   * PA-2FE-TX (NOT WORKING)
   * PA-GE (NOT WORKING)
   * PA-4E
   * PA-8E
   * PA-4T+
   * PA-8T
   * PA-A1
   * PA-POS-OC3
   * PA-4B (NOT WORKING)
   * PA-MC-8TE1 (NOT WORKING)
```

```
    * C7200-JC-PA

   Available NETIO types:
    * unix      : UNIX local sockets
    * vde       : Virtual Distributed Ethernet / UML switch
    * tap       : Linux/FreeBSD TAP device
    * udp       : UDP sockets
    * udp_auto  : Auto UDP sockets
    * tcp_cli   : TCP client
    * tcp_ser   : TCP server
    * mcast     : Multicast bus
    * linux_eth : Linux Ethernet device
    * gen_eth   : Generic Ethernet device (PCAP)
    * fifo      : FIFO (intra-hypervisor)
    * null      : Null device

   root@eve-ng:~#
```

从这些信息可以看出 Dynamips 的用法是：Usage: dynamips [options] <ios_image>

由 -P 参数所在的命令行 "-P <platform> : Platform to emulate (7200, 3600, 2691, 3725, 3745, 2600 or 1700)" 可得知所支持的平台有哪些。

对于本文要运行的 3725 来说，可输入：dynamips –P 3725，然后列出的参数列表就是在这个平台下的可用参数。

每个平台下的可用参数不太相同。

- 3600 下的 -t 参数的含义是 chassis type：-t <chassis_type>: Select Chassis type (default: "3640")。

- 7200 下的 -t 参数代表 npe-type：-t <npe_type> : Select NPE type (default: "npe-400")。

- 3725 平台没有 -t 参数。

一般指定这两个参数就可以用来运行 IOS 镜像计算 idle 值了，那就来计算下 c3725-adventerprisek9-mz.124-25d.image 这个镜像的 idle 值。

在控制台执行命令 "dynamips -P 3725 /opt/unetlab/addons/dynamips/c3725-adven terprisek9-mz.124-25d.image"，然后模拟器就会加载这个镜像，并显示详细的启动过程，如下所示。

```
root@eve-ng:~# dynamips -P 3725 /opt/unetlab/addons/dynamips/c3725-adventerprisek9-mz.124-25d.image
Cisco Router Simulation Platform (version 0.2.12-amd64/Linux stable)
Copyright (c) 2005-2011 Christophe Fillot.
Build date: Nov 25 2016 21:35:03

Local UUID: c71fe0ec-d46d-42fc-9fa3-bf495b6d7fb3

IOS image file: /opt/unetlab/addons/dynamips/c3725-adventerprisek9-mz.124-25d.image

CPU0: carved JIT exec zone of 64 Mb into 2048 pages of 32 Kb.
NVRAM is empty, setting config register to 0x2142
C3725 instance 'default' (id 0):
  VM Status    : 0
  RAM size     : 128 Mb
  NVRAM size   : 112 Kb
  IOS image    : /opt/unetlab/addons/dynamips/c3725-adventerprisek9-mz.124-25d.image
Loading ELF file '/opt/unetlab/addons/dynamips/c3725-adventerprisek9-mz.124-25d.image'...
ELF entry point: 0x80008000

C3725 'default': starting simulation (CPU0 PC=0xffffffffbfc00000), JIT enabled.
ROMMON emulation microcode.
Launching IOS image at 0x80008000...
Self decompressing the image : ##########################################################################################################################################################[OK]
Smart Init is disabled. IOMEM set to: 5

Using iomem percentage: 5
```

```
              Restricted Rights Legend

   Use, duplication, or disclosure by the Government is subject to
restrictions as set forth in subparagraph (c) of the Commercial Computer
Software - Restricted Rights clause at FAR sec. 52.227-19 and subparagraph
(c) (1) (ii) of the Rights in Technical Data and Computer Software clause
at DFARS sec. 252.227-7013.

              cisco Systems, Inc.
              170 West Tasman Drive
              San Jose, California 95134-1706

   Cisco IOS Software, 3700 Software (C3725-ADVENTERPRISEK9-M), Version
12.4(25d), RELEASE SOFTWARE (fc1)
   Copyright (c) 1986-2010 by Cisco Systems, Inc.
   Compiled Wed 18-Aug-10 07:55 by prod_rel_team

Original NVCONFIG doesnt have correct MAGIC number

Backup NVCONFIG also doesnt have correct MAGIC number

BIST FAILED...
Unknown file system detected.
Use format command to format the card as DOS File System.
Or use erase command to format the card as Low End File System.

   This product contains cryptographic features and is subject to United
States and local country laws governing import, export, transfer and use.
Delivery of Cisco cryptographic products does not imply third-party authority
to import, export, distribute or use encryption.
   Importers, exporters, distributors and users are responsible for
compliance with U.S. and local country laws. By using this product you agree
to comply with applicable laws and regulations. If you are unableto comply
with U.S. and local laws, return this product immediately.
```

```
If you require further assistance please contact us by sending email to
export@cisco.com.

Cisco 3725 (R7000) processor (revision 0.1) with 124928K/6144K bytes of
memory.
Processor board ID FTX0945W0MY
R7000 CPU at 240MHz, Implementation 39, Rev 2.1, 256KB L2, 512KB L3 Cache
2 FastEthernet interfaces
DRAM configuration is 64 bits wide with parity enabled.
55K bytes of NVRAM.
16384K bytes of ATA System CompactFlash (Read/Write)

         --- System Configuration Dialog ---

Would you like to enter the initial configuration dialog? [yes/no]:
```

当进入系统后，就可以直接操作 Cisco IOS 系统了，如图 4-5 所示。

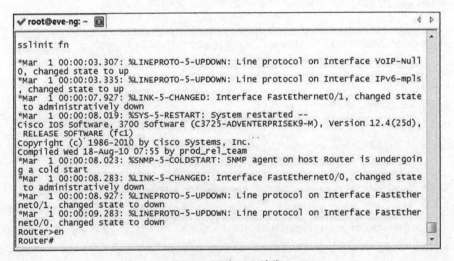

图 4-5　操作 IOS 镜像

进入系统后，可以设置一些初始配置，例如配置主机名、接口 IP 地址等。

然后同时按 **Ctrl+]** 键，松手后再按字母 **i** 键，EVE-NG 便开始计算适配 c3725 这个系统的 idle 值了，等待几秒后终端返回已计算好的一些 idle 值，如图 4-6 所示。

```
root@eve-ng: ~
Copyright (c) 1986-2010 by Cisco Systems, Inc.
Compiled Wed 18-Aug-10 07:55 by prod_rel_team
*Mar  1 00:00:36.075: %SNMP-5-COLDSTART: SNMP agent on host Router is undergoin
g a cold start
*Mar  1 00:00:36.247: %LINK-5-CHANGED: Interface FastEthernet0/0, changed state
 to administratively down
*Mar  1 00:00:36.975: %LINEPROTO-5-UPDOWN: Line protocol on Interface FastEther
net0/1, changed state to down
*Mar  1 00:00:37.247: %LINEPROTO-5-UPDOWN: Line protocol on Interface FastEther
net0/0, changed state to down
Router>en
Router#
Please wait while gathering statistics...
Done. Suggested idling PC:
   0x60a800f0 (count=72)
   0x61231928 (count=57)
   0x61231988 (count=66)
   0x612319bc (count=62)
   0x612319d0 (count=31)
   0x602467a4 (count=42)
   0x60a7ebcc (count=42)
   0x60a7f680 (count=25)
   0x60a7ff48 (count=48)
Restart the emulator with "--idle-pc=0x60a800f0" (for example)
```

图 4-6　计算 idle 值

将这些 idle 值记录下来待用。计算完毕后同时按 Ctrl+] 键，从 IOS 的控制台界面退回到服务器的控制台下，然后单击 q 即可关闭 dynamips 模拟器。如图 4-7 所示。

```
Restart the emulator with "--idle-pc=0x60a800f0" (for example)
Shutdown in progress...
Shutdown completed.
root@eve-ng:~#
```

图 4-7　退出 Dynamips

可以参照以上的步骤，对各个镜像分别计算出一组 idle 值并记录待用。

4.3　运行 Dynamips 设备

在 EVE-NG 终端执行命令"dynamips -P 3725 /opt/unetlab/addons/dynamips/c3725-adventerprisek9-mz.124-25d.image"即可启动 Dynamips 设备，此处只为验证刚才计算的 idle 值是否有效，那么我们先做个对比，用真实的数据来说明默认 idle 值和计

算的 idle 值差距有多大。

直观的效果就是 CPU 使用率差距非常大，可以先运行一个不加任何 idle 值参数的模拟来查看，并等待它启动完毕，进入系统，后台查看 CPU 使用率。

在运行完 Dynamips 设备后，用 SecureCRT 再建立一个到 EVE-NG 的会话，并输入命令 top 查看 CPU 占用情况。如图 4-8 所示，CPU 占用率 100%。当然，这个数值与物理 CPU 性能有关。使用不同的硬件平台测试出来的 CPU 使用率可能不一样。

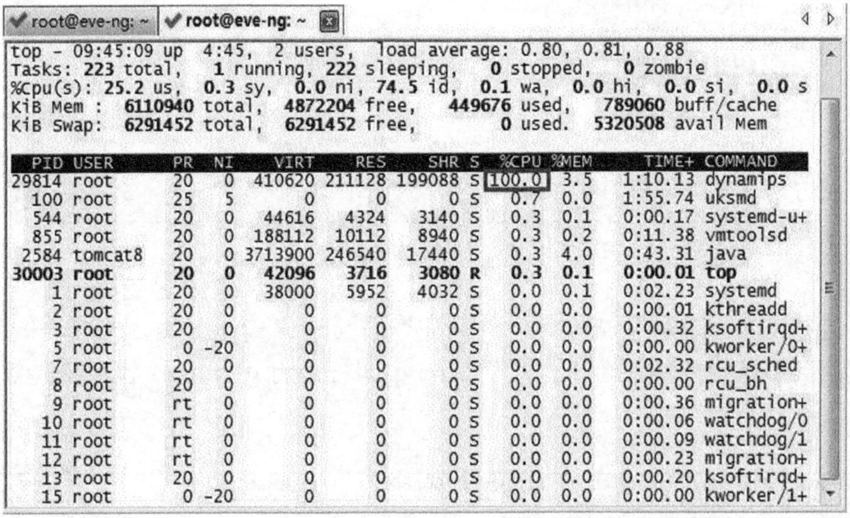

```
top - 09:45:09 up  4:45,  2 users,  load average: 0.80, 0.81, 0.88
Tasks: 223 total,   1 running, 222 sleeping,   0 stopped,   0 zombie
%Cpu(s): 25.2 us,  0.3 sy,  0.0 ni, 74.5 id,  0.1 wa,  0.0 hi,  0.0 si,  0.0 s
KiB Mem :  6110940 total,  4872204 free,   449676 used,   789060 buff/cache
KiB Swap:  6291452 total,  6291452 free,        0 used.  5320508 avail Mem

  PID USER      PR  NI    VIRT    RES    SHR S  %CPU %MEM     TIME+ COMMAND
29814 root      20   0  410620 211128 199088 S 100.0  3.5   1:10.13 dynamips
  100 root      25   5       0      0      0 S   0.7  0.0   1:55.74 uksmd
  544 root      20   0   44616   4324   3140 S   0.3  0.1   0:00.17 systemd-u+
  855 root      20   0  188112  10112   8940 S   0.3  0.2   0:11.38 vmtoolsd
 2584 tomcat8   20   0 3713900 246540  17440 S   0.3  4.0   0:43.31 java
30003 root      20   0   42096   3716   3080 R   0.3  0.1   0:00.01 top
    1 root      20   0   38000   5952   4032 S   0.0  0.1   0:02.23 systemd
    2 root      20   0       0      0      0 S   0.0  0.0   0:00.01 kthreadd
    3 root      20   0       0      0      0 S   0.0  0.0   0:00.32 ksoftirqd+
    5 root       0 -20       0      0      0 S   0.0  0.0   0:00.00 kworker/0+
    7 root      20   0       0      0      0 S   0.0  0.0   0:02.32 rcu_sched
    8 root      20   0       0      0      0 S   0.0  0.0   0:00.00 rcu_bh
    9 root      rt   0       0      0      0 S   0.0  0.0   0:00.36 migration+
   10 root      rt   0       0      0      0 S   0.0  0.0   0:00.06 watchdog/0
   11 root      rt   0       0      0      0 S   0.0  0.0   0:00.09 watchdog/1
   12 root      rt   0       0      0      0 S   0.0  0.0   0:00.23 migration+
   13 root      20   0       0      0      0 S   0.0  0.0   0:00.20 ksoftirqd+
   15 root       0 -20       0      0      0 S   0.0  0.0   0:00.00 kworker/1+
```

图 4-8　不使用 idle 值启动 IOS 的 cpu 占用

先关闭这个占用 CPU 比较高的模拟器进程，然后再以上次计算出的 idle 值来加载一次这个 IOS：dynamips -P 3725 /opt/unetlab/addons/dynamips/c3725-adventerprisek9-mz.124-25d.image --idle-pc=0x60a800f0。

等待加载完毕进入系统后，切换到另一个连接到 EVE-NG 的 SecureCRT 会话，再次查看 CPU 的占用情况，如图 4-9 所示。从图中可以看到 CPU 的占用率已经变得非常低，说明这个 idle 值是合适的。

```
root@eve-ng: ~   root@eve-ng: ~
top - 09:47:57 up  4:48,  2 users,  load average: 0.28, 0.59, 0.79
Tasks: 222 total,   1 running, 221 sleeping,   0 stopped,   0 zombie
%Cpu(s):  0.6 us,  0.6 sy,  0.0 ni, 98.8 id,  0.0 wa,  0.0 hi,  0.0 si,  0.0 s
KiB Mem :  6110940 total,  4870652 free,   451520 used,   788768 buff/cache
KiB Swap:  6291452 total,  6291452 free,        0 used.  5319008 avail Mem

  PID USER      PR  NI    VIRT    RES    SHR S  %CPU %MEM     TIME+ COMMAND
30179 root      20   0  410620 211132 199088 S   4.0  3.5   0:15.65 dynamips
    3 root      20   0       0      0      0 S   0.3  0.0   0:00.41 ksoftirqd+
  100 root      25   5       0      0      0 S   0.3  0.0   1:56.76 uksmd
30003 root      20   0   42096   3716   3080 R   0.3  0.1   0:00.48 top
    1 root      20   0   38000   5952   4032 S   0.0  0.1   0:02.23 systemd
    2 root      20   0       0      0      0 S   0.0  0.0   0:00.01 kthreadd
    5 root       0 -20       0      0      0 S   0.0  0.0   0:00.00 kworker/0+
    7 root      20   0       0      0      0 S   0.0  0.0   0:02.34 rcu_sched
    8 root      20   0       0      0      0 S   0.0  0.0   0:00.00 rcu_bh
    9 root      rt   0       0      0      0 S   0.0  0.0   0:00.36 migration+
   10 root      rt   0       0      0      0 S   0.0  0.0   0:00.06 watchdog/0
   11 root      rt   0       0      0      0 S   0.0  0.0   0:00.09 watchdog/1
   12 root      rt   0       0      0      0 S   0.0  0.0   0:00.24 migration+
   13 root      20   0       0      0      0 S   0.0  0.0   0:00.20 ksoftirqd+
   15 root       0 -20       0      0      0 S   0.0  0.0   0:00.00 kworker/1+
   16 root      rt   0       0      0      0 S   0.0  0.0   0:00.06 watchdog/2
   17 root      rt   0       0      0      0 S   0.0  0.0   0:00.40 migration+
   18 root      20   0       0      0      0 S   0.0  0.0   0:00.21 ksoftirqd+
```

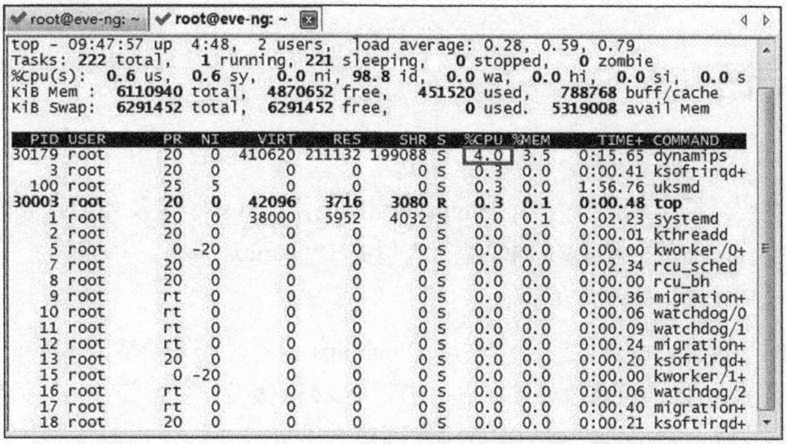

图 4-9　使用计算出的 idle 值启动 IOS 的 CPU 占用

4.4 验证实例

当做完以上的工作，你会发现，如果每次运行设备都使用底层命令运行，相信你会抓狂。放心，EVE-NG 已为你最大程度地简化了操作，所以它可以使用 Web 界面管理，将设备节点轻松开机，后台自动执行上文所述的命令。

在 Lab 拓扑上新建两台 Dynamips 设备，并在 idle 值一栏填入刚才计算好的 idle 值，这样 EVE-NG 运行 c3725 的效率会更高，CPU 使用率会很低。

此时，EVE-NG 中 Dynamips 模拟下的 IOS 就能顺利作为节点来运行了，如图 4-10 所示。新建的两个 Dynamips（3725）节点已经能顺利运行了。

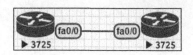

图 4-10　创建并启动节点

按照第 3 章所讲述的方法，通过终端即可管理这两台 3725 的 Dynamips 设备。

4.5 结语

本章主要介绍了如何导入 Dynamips 节点所要用的 IOS 镜像及如何计算最优的 idle 值。合适的 idle 值能保障 EVE-NG 运行大量的 Dynamips 设备，并且系统资源能降到最低，所以计算 idle 值非常重要。

细心的读者会发现，如果每次添加 Dynamips 设备时都需要输入 idle 值，就会很麻烦。其实我们可以通过修改 Dynamips 的默认 idle 值使操作变得简单，这涉及 EVE-NG 底层的配置文件。这部分内容会在底层原理篇讲述，详情见第 18 章。

第 5 章将给大家介绍如何导入 IOL 设备。IOL 设备在交换机上的特性支持更好，资源占用率也非常低，不需要 EVE-NG 有太多资源即可运行大量的 IOL 设备。

第5章 IOL 设备

5.1 IOL 镜像介绍

IOL（IOS on Linux）是 Cisco 路由器和交换机的操作系统，可以运行在基于 x86 平台的任意 Linux 发行版系统之上，有众多优点，比如支持交换机的高级特性、占用系统资源更少、启动更快等，所以它是模拟 Cisco 设备的最佳选择之一，同时它也是 EVE-NG 非常重要的核心组件之一。但是，IOL 系统确实存在较多的 bug，并且每个版本支持的高级特性都不同，某些高级特性只有特定的版本才支持，比如 PVLAN、Port Channel 等技术，所以需要不停地尝试、更换系统版本，才能找到适合自己的版本。

在 IOL 设备中，所有系统都运行在 x86 平台上，只有系统版本的区分，并没有设备平台的差异。一般情况下，IOL 的命名规则如下。

i86bin-linux-l3-adventerprisek9-15.4.1T.bin

- i86bin：x86 平台。
- linux：运行在 Linux 系统上。
- l3：Layer 3，支持三层功能。如果是 l2，则代表着 Layer 2，支持二层功能。
- adventerprisek9：IOS 特性。
- 15.4.1T：IOS 版本。
- bin：文件名后缀。

前文提到过，命名中包含 l2 的就是交换机，作为二层或三层交换机使用；包含 l3 的就是路由器，作为路由器使用，接口仅支持三层口，无二层功能。

5.2 导入 IOL 镜像

1. 获取 IOL 镜像

因为 IOL 仅是在 Cisco 内部或 VIRL 上使用，所以 Cisco 官方不提供镜像下载。

2. 上传 IOL 镜像

运行 IOL 所必需的两个文件：

- 以 bin 为后缀的 IOL 镜像文件；
- 以 iourc 为名的 license 文件。

其中 iourc 文件是通过名为 CiscoIOUKeygen.py 的工具自动生成的，所以我们将必需文件上传到 EVE-NG 中，如图 5-1 所示。

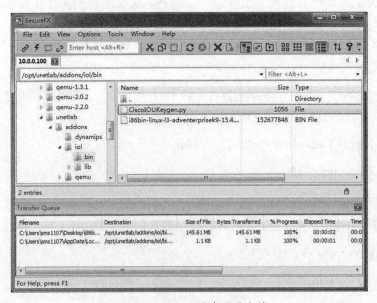

图 5-1　上传 IOL 设备所需文件

3. 生成 iourc 文件

iourc 是 IOL 运行时所必需的 license 文件。如果没有该文件，IOL 设备无法运行成功，所以需要生成 iourc 文件。在终端执行命令 "python CiscoIOUKeygen.py | grep -A 1 'license' > iourc"，如下所示。

```
root@eve-ng:~# cd /opt/unetlab/addons/iol/bin/
    //进入 IOL 设备的镜像目录
root@eve-ng:/opt/unetlab/addons/iol/bin# python CiscoIOUKeygen.py | grep -A 1 'license' > iourc
    //计算 iourc
root@eve-ng:/opt/unetlab/addons/iol/bin# ls
CiscoIOUKeygen.py  i86bin-linux-l3-adventerprisek9-15.4.1T.bin  iourc
//查看目录下所有文件，包含 CiscoIOUKeygen.py、iourc 文件、设备 bin 二进制文件
root@eve-ng:/opt/unetlab/addons/iol/bin#
```

EVE-NG 的主机名不同，计算的 iourc 也不同。使用 cat 命令查看 iourc 文件内容，其中 eve-ng 为 EVE-NG 的主机名，确保与 EVE-NG 的主机名一致，如下所示即为正常。

```
root@eve-ng:~# cat /opt/unetlab/addons/iol/bin/iourc
[license]
eve-ng = 972f30267ef51616;
oot@eve-ng:~#
```

4. 修正权限

与 Dynamips 一样，执行命令，修正权限。

```
root@eve-ng:~# /opt/unetlab/wrappers/unl_wrapper -a fixpermissions
    //修正权限的命令
root@eve-ng:~#
```

5.3 运行 IOL 镜像

在完成以上操作之后，可以通过命令行测试一下该镜像是否能成功启动，如

下所示。

```
root@eve-ng:~# cd /opt/unetlab/addons/iol/bin/
    //进入到 IOL 设备目录
root@eve-ng:/opt/unetlab/addons/iol/bin# touch NETMAP
    //生成 NETMAP 文件
root@eve-ng:/opt/unetlab/addons/iol/bin# LD_LIBRARY_PATH=/opt/unetlab/addons/iol/lib /opt/unetlab/addons/iol/bin/i86bin-linux-l3-adventerprisek9-15.4.1T.bin 1
    //运行 IOL 设备，如果正常的话，会看到 IOL 的启动过程
*******************************************************************
IOS On Unix - Cisco Systems confidential, internal use only
Under no circumstances is this software to be provided to any
non Cisco staff or customers.  To do so is likely to result
in disciplinary action. Please refer to the IOU Usage policy at
wwwin-iou.cisco.com for more information.
*******************************************************************


              Restricted Rights Legend

Use, duplication, or disclosure by the Government is
subject to restrictions as set forth in subparagraph
(c) of the Commercial Computer Software - Restricted
Rights clause at FAR sec. 52.227-19 and subparagraph
(c) (1) (ii) of the Rights in Technical Data and Computer
Software clause at DFARS sec. 252.227-7013.
           cisco Systems, Inc.
           170 West Tasman Drive
           San Jose, California 95134-1706
Cisco IOS Software, Linux Software (I86BI_LINUX-ADVENTERPRISEK9-M),
Version 15.4(1)T, DEVELOPMENT TEST SOFTWARE
Copyright (c) 1986-2013 by Cisco Systems, Inc.
Compiled Sat 23-Nov-13 03:28 by prod_rel_team


This product contains cryptographic features and is subject to United
```

```
States and local country laws governing import, export, transfer and
use. Delivery of Cisco cryptographic products does not imply
third-party authority to import, export, distribute or use encryption.
Importers, exporters, distributors and users are responsible for
compliance with U.S. and local country laws. By using this product you
agree to comply with applicable laws and regulations. If you are unable
to comply with U.S. and local laws, return this product immediately.

If you require further assistance please contact us by sending email to
export@cisco.com.

Linux Unix (Intel-x86) processor with 104952K bytes of memory.
Processor board ID 1
8 Ethernet interfaces
8 Serial interfaces
64K bytes of NVRAM.

         --- System Configuration Dialog ---

Would you like to enter the initial configuration dialog? [yes/no]:
% Please answer 'yes' or 'no'.
Would you like to enter the initial configuration dialog? [yes/no]: no
*Oct  4 13:10:59.283: %IP-5-WEBINST_KILL: Terminating DNS process
*Oct  4 13:11:00.367: %SYS-5-RESTART: System restarted -
...
...
...
Cisco IOS Software, Linux Software (I86BI_LINUX-ADVENTERPRISEK9-M),
Version 15.4(1)T, DEVELOPMENT TEST SOFTWARE
   Copyright (c) 1986-2013 by Cisco Systems, Inc.
   Compiled Sat 23-Nov-13 03:28 by prod_rel_team
  *Oct  4 13:11:00.367: %SNMP-5-COLDSTART: SNMP agent on host Router is
undergoing a cold start
    *Oct  4 13:11:00.378: %CRYPTO-6-ISAKMP_ON_OFF: ISAKMP is OFF
```

```
*Oct  4 13:11:00.378: %CRYPTO-6-GDOI_ON_OFF: GDOI is OFF
Router>
Router>en
Router#
```

验证完以后，可以通过 Ubuntu 的 kill 命令停止刚才运行的 IOL 设备。再开启一个终端，输入"ps aux | grep iol"命令查找到 IOL 设备的进程号，执行命令"kill <进程号>"，如下所示。

```
root@eve-ng:/opt/unetlab/addons/iol/bin# ps aux | grep iol
    //查找 IOL 设备的进程号，28599 即为进程号
root     28599  2.0  3.4 266712 211132 pts/0    S+   16:09   0:13 /opt/unetlab/addons/iol/bin/i86bin-linux-l3-adventerprisek9-15.4.1T.bin 1
root     30268  0.0  0.0  16580   2064 pts/1    S+   16:20   0:00 grep --color=auto iol
root@eve-ng:/opt/unetlab/addons/iol/bin# kill 28599
    //关闭进程
root@eve-ng:/opt/unetlab/addons/iol/bin#
```

确认 IOL 设备的 bin 文件可以正常运行后，清理一下刚才运行设备时产生的临时文件，再次进入到 /opt/unetlab/addons/iol/bin/ 目录下，把刚才运行的 IOL 设备文件删掉。

```
root@eve-ng:~# cd /opt/unetlab/addons/iol/bin/
    //进入 IOL 设备镜像目录
root@eve-ng:/opt/unetlab/addons/iol/bin# ls
    //查看当前目录下的所有文件
1                 i86bin-linux-l3-adventerprisek9-15.4.1T.bin   NETMAP
CiscoIOUKeygen.py  iourc                                        nvram_00001
root@eve-ng:/opt/unetlab/addons/iol/bin# rm 1
root@eve-ng:/opt/unetlab/addons/iol/bin# rm NETMAP
root@eve-ng:/opt/unetlab/addons/iol/bin# rm nvram_00001
root@eve-ng:/opt/unetlab/addons/iol/bin#
    //将产生的文件删除
```

5.4 验证实例

如果刚才测试的 IOL 设备能够正常运行,那么在 Web 界面上也可以正常运行,我们来添加两台 IOL 设备,测试一下。

如图 5-2 所示,添加 IOL 设备,模板选择 IOL。

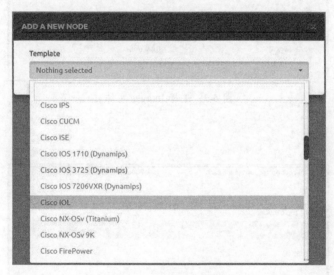

图 5-2 选择 IOL 模板

在 Images 栏中,可以选择使用哪一个 bin 镜像。如果有多个 IOL 镜像被上传,这里会显示所有的 IOL 镜像。我们选择刚才上传的镜像,如图 5-3 所示。在 Ethernet portgroups 与 Serial portgroups 后面的括号中能看到 "4 int each",意思是填写的数字是接口组,每一个接口组有 4 个接口,如图 5-4 所示。

添加两台 IOL 设备后,将设备开机,并将两个设备的 e0/0 接口连接起来,如图 5-5 所示。

使用 HTML5 连接到 IOL 设备,并做一些测试配置,比如设置设备主机名,配置 e0/0 的接口 IP 地址,当接口 up 起来后,互相 ping 对方的接口 IP 地址,验证是否能够 ping 通,如图 5-6 所示。

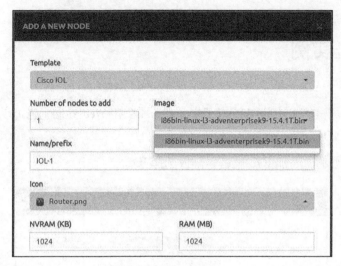

图 5-3 选择 Images 文件

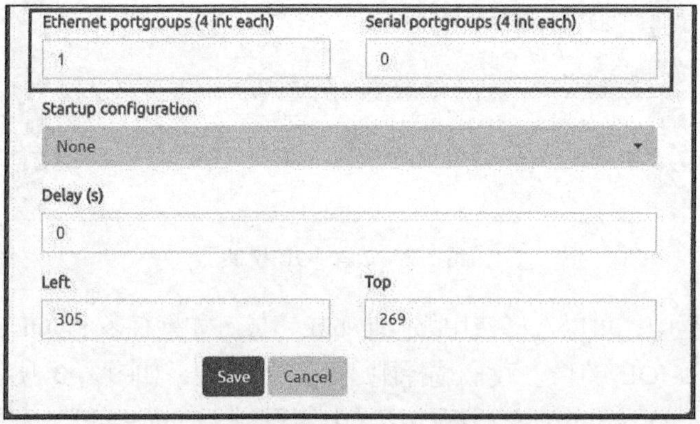

图 5-4 指定网口数量

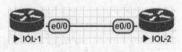

图 5-5 测试拓扑

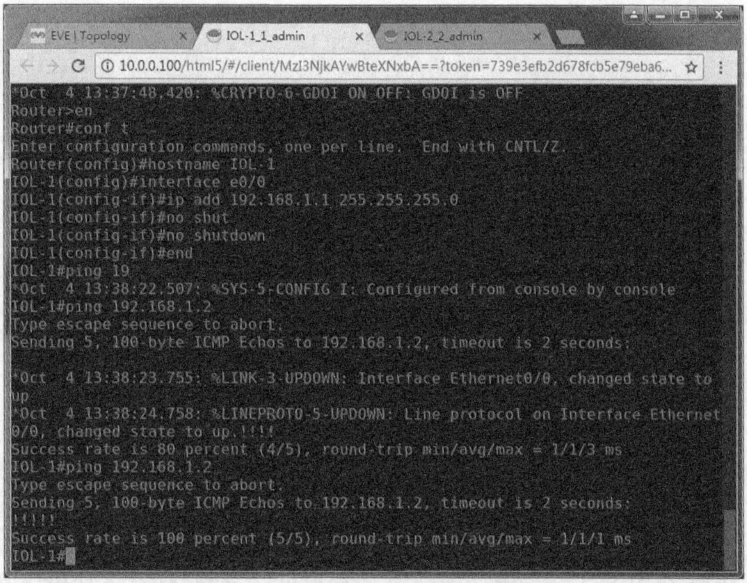

图 5-6 IOL 测试

5.5 结语

本章介绍了如何上传以及如何使用 IOL 设备，其中 iourc 的计算以及权限修复非常重要，千万不能忽略，请特别注意这两个地方。

笔者特别建议读者使用 IOL 设备模拟 Cisco 的二、三层设备。从设备运行效率、二层技术特性的支持等多个方面，IOL 都比 Dynamips 更有优势，甚至可以完全取代 Dynamips 设备。

第 6 章 QEMU 设备

6.1 QEMU 介绍

QEMU 也是 EVE-NG 三大组件之一，具有举足轻重的地位，它可以帮助 EVE-NG 运行更多的虚拟设备，完成更复杂的实验。本章旨在讲解如何将 QEMU 类型的系统镜像在 EVE-NG 环境中运行。

随着 KVM 与 QEMU 越来越稳定、越来越易用，越来越多的设备厂商开始开发并释放出适配在 KVM 环境的系统，甚至能适配 OpenStack 环境。这是一个非常好的发展方向，EVE-NG 可以借助 qcow2 镜像运行更多厂商、更多种类的操作系统，同时也丰富了 EVE-NG 的可玩性。

EVE-NG 中支持 QEMU 镜像文件，要求其后缀名为 qcow2。该文件本质上是一个操作系统的虚拟硬盘文件，类似于 VMware 的 vmdk 文件、Hyper-V 的 vhd 文件。当然，也可以通过自己动手制作镜像，本书会在后文介绍如何制作。

6.2 导入 QEMU 镜像

1. 获取 QEMU 镜像

有些厂商提供 qcow2 镜像的下载，该格式的镜像主要应用在 KVM/QEMU 或者云的环境中，EVE-NG 底层使用的就是 QEMU，所以该镜像也适用于 EVE-NG。用户可以在相应的厂商官网中查找 qcow2 的镜像下载,例如 ASAv 就可以在官网上下载到。同样也可以在互联网上搜索,EVE-NG 的爱好者会把自己制作好的 qcow2 镜像放在互联网上分享。

2. 上传 QEMU 镜像

制作好的 QEMU 镜像是以 qcow2 为后缀的文件,只要把该文件放入指定的目录内,即可被 EVE-NG 识别。本书以 Cisco 的 IOSv 设备为例。

思科官方习惯在设备名称后面加字母 v,用来命名虚拟化版本的设备,比如 IOSv、ASAv、Nexus 1000v、Nexus 9000v 等。不言而喻,IOSv 即虚拟化版本的 Cisco IOS。

IOSv 包含两种,分别以 vios 和 viosl2 为前缀命名。大家普遍认为,带 l2 的就是二层设备,不带 l2 的就是三层设备。然而实际情况并不是这样,l2 代表有二层功能,比如二层交换机和三层交换机;无 l2 代表无二层功能,即路由器。

首先使用 SecureFX 连接 EVE-NG,将镜像文件上传到 /opt/unetlab/addons/qemu/vios-15.5.3M 目录下,如图 6-1 所示。

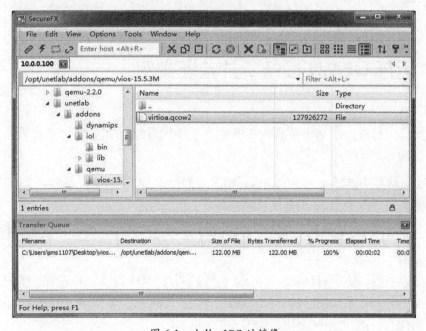

图 6-1　上传 vIOS 的镜像

/opt/unetlab/addons/qemu 目录下可能不存在 vios-15.5.3M 目录，手动创建即可。关于目录及文件名称的规则，请参照 EVE-NG 官方网站给出的命名规则，此处的解释如下。

- "vios" 为目录名的固定前缀，不能改为其他名，L2 镜像则以 "viosl2" 为前缀。
- "15.5.3M" 是系统版本号，可根据镜像版本手动更改。
- "virtioa.qcow2" 是 vios 及 viosl2 镜像的固定名字。

> **注意**：EVE-NG 的底层已经规定了大部分镜像的命名规则。在没有完全了解 EVE-NG 的情况下，请依照已经规定好的规则设置。

3. 修正权限

与 Dynamips 和 IOL 一样，每上传一次镜像，就要修复一下权限。

```
root@eve-ng:~# /opt/unetlab/wrappers/unl_wrapper -a fixpermissions
    //执行该命令，修复权限
root@eve-ng:~#
```

6.3 运行 QEMU 设备，并验证实例

上传完镜像后，在 Web 界面的 Lab 画布上添加两台 vIOS 设备，选择设备节点的模板，如图 6-2 所示。

在 Image 栏中选择要运行的镜像，如图 6-3 所示。如果上传了多个 vIOS 的镜像文件，该处会显示多个 vIOS 设备的镜像名称。

添加两个 vIOS 设备后，将它们的 Gi0/0 接口连接起来，并开启设备，如图 6-4 所示。

启动设备后，使用 HTML5 console 连接到两台 vIOS 设备，并设置一些配置，比如设置主机名，配置 Gi0/0 接口的 IP 地址，当接口 up 后，互相 ping 对端 IP 地址，测试两个 vIOS 设备能否正常通信，如图 6-5 所示。

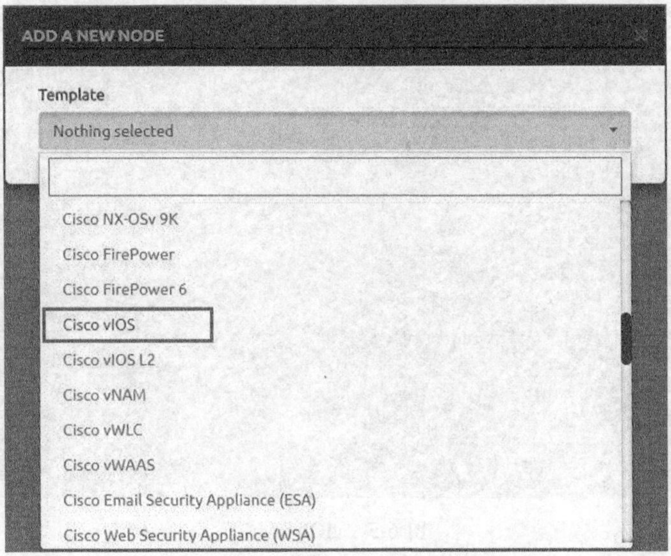

6.3 运行 QEMU 设备，并验证实例

图 6-2 选择 vIOS 模板

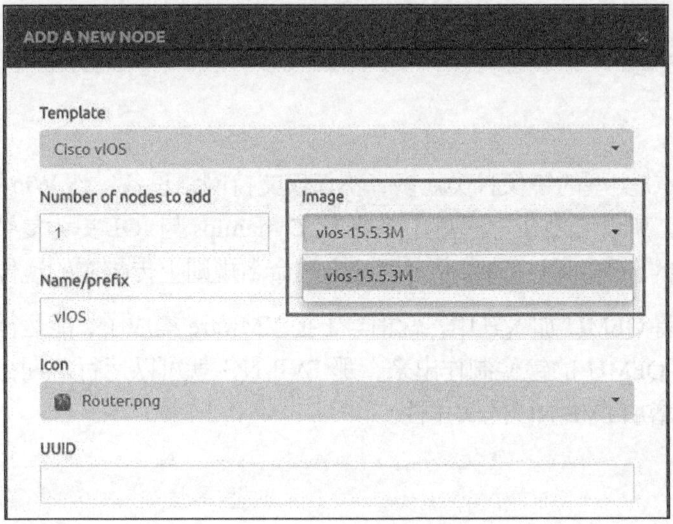

图 6-3 选择 Image

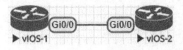

图 6-4 测试拓扑

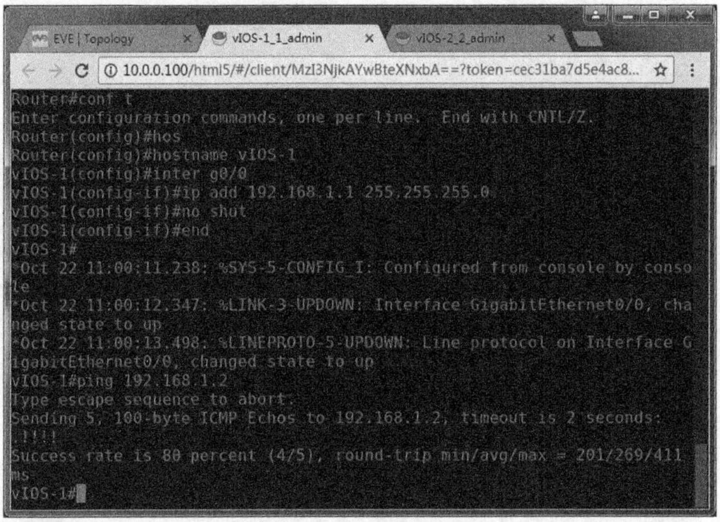

图 6-5 vIOS 测试

6.4 结语

因为 QEMU 类型的镜像种类众多，不仅仅支持网络设备，连 Windows、Linux 主机都可以支持，所以 QEMU 类型的镜像相比 Dynamips 与 IOL 更为复杂一些，涉及目录和镜像文件的名字问题，请参照官网给出的命名规则上传相应的镜像。

EVE-NG 将 QEMU 加入其中，就相当于把 VMware 集成了，能运行千千万万的镜像，只要能将 QEMU 的镜像制作出来，那 EVE-NG 就可以运行。期待各位读者能多多动手制作，增加 EVE-NG 的实用性。

第7章 集成客户端软件包

7.1 概述

EVE-NG 最大的特色就是借助 HTML5 实现了去客户端化，不需要安装任何终端即可操作 EVE-NG 中的虚拟设备，这无疑是传统网络设备模拟器难以匹敌的。

但是 HTML5 目前能够实现的功能也仅仅是管理设备，如果你已经按照前文的介绍熟练操作 EVE-NG 平台，可能会发现 HTML5 无法实现链路上的抓包功能。当然，可能会在今后的迭代版本支持这个功能，但是目前还不支持。大部分的技术人员已经习惯了使用本地终端软件去管理设备，可能很难适应这种新型的管理方式，那么我们如何实现本地软件管理虚拟设备呢？

不用担心，这样简单的需求，EVE-NG 一定可以做到。本章将为你详细讲解如何让 EVE-NG 关联到本地的终端软件，比如 SecureCRT 等终端软件、VNC、Wireshark 抓包工具。

7.2 工具介绍

7.2.1 SecureCRT/Xshell

1. SecureCRT

SecureCRT 是一款支持 SSH（SSH1 和 SSH2）的收费的终端仿真程序，同时支持 Telnet 和 Rlogin 等多种协议，用于连接 Windows、UNIX、Linux 和 VMS 的理想工具，也可以通过使用内含的 VCP 命令行程序进行加密文件的传输。

它的主要特点如下所示。

- 广泛的终端仿真：VT100、VT102、VT220、ANSI、SCO ANSI、Xterm、Wyse 50/60 和 Linux console 仿真（带有 ANSI 颜色）。
- 优秀的会话管理特性：新的带标签的用户界面和 Activator 托盘工具，将桌面的杂乱最小化。会话设置可以保存在命名的会话中。
- 协议支持：支持 SSH1、SSH2、Telnet、RLogin、Serial 和 TAPI 协议。
- Secure Shell：Secure Shell 加密登录和会话数据，包括以下支持。
  - 端口转发使 TCP/IP 数据更安全。
  - 口令、公钥、键盘交互和 Kerberos 验证。
  - AES、Twofish、Blowfish、3DES、RC4 和 DES 加密。
  - X11 转发。
- 文件传输工具：VCP 和 VSFTP 命令行公用程序让使用 SFTP 的文件传输更加安全。
- 脚本支持：支持 VBScript 和 JScript 脚本语言。

2. Xshell

Xshell 也是一个强大的安全终端模拟软件，它支持 SSH1、SSH2 以及 Microsoft Windows 平台的 Telnet 协议，对商业用户收费，对个人、教育用户完全免费。

Xshell 的主要特点如下。

- 终端仿真：支持 VT100、VT220、VT320、XTERM、Linux、SCOANSI、ANSI 终端。
- 协议支持：支持 SSH1、SSH2 SFTP、Telnet、远程登录命令和协议。
- 脚本支持：支持 Javascript、Python 和 VB 脚本。
- 安全特性如下：
  - RSA 和 DSA 公共密钥、密码和键盘交互认证方法；
  - RSA 和 DSA 密钥生成向导和导入/导出功能；

- SSH 身份验证代理转发使用 Xagent 实用程序；
- MIT Kerberos 认证；
- AES128/192/256、3 DES、BLOWFISH、CAST128 ARCFOUR 和 RIJNDAEL 加密方法；
- SHA1、MD5、SHA1 - 96、MD5 - 96 和 RIPEMD160 MAC 算法；
- zlib 压缩等。

● 端口转发：
- TCP / IP 和 X11 转发；
- 动态端口转发。

● 本地命令：
- 本地命令，如开放、SSH、Telnet 和远程登录命令；
- 本地 Windows 命令，如 ping、ipconfig、netstat 和 nslookup；
- 本地提示，同时连接到一个远程主机；
- 运行 Windows 命令。

7.2.2 VNC

VNC（Virtual Network Computing）是虚拟网络计算机的缩写。VNC 是一款优秀的远程控制工具软件，是由著名的 AT&T 的欧洲研究实验室开发的。VNC 是基于 UNIX 和 Linux 操作系统的免费的开源软件，远程控制能力强大，高效实用，其性能可以和 Windows 和 MAC 中的任何远程控制软件媲美。

7.2.3 Wireshark

Wireshark 是一个网络封包分析软件，其前身是 Ethereal，是目前非常流行的软件之一。网络封包分析软件的功能是抓取网络封包、显示网络封包的详细结构，以供技术人员分析。Wireshark 可以非常直观地显示数据包的内容，适用范围非常广，比如计算机网络原理和网络安全的教学、网络安全检测、恶意代码的捕获分析、网络用户的行为检测等场景中。网络工程师也经常把它当作技术排错的最后一种手段，也是杀手铜,可见它在网络技术领域的重要性。Wireshark 可在 Windows、Linux 和 macOS 系统上运行,是日常工作和学习必不可少的工具。

它是一个开源代码的免费软件,可自由下载并使用。此软件原名为 Ethereal,于 1998 年由美国 Gerald Combs 首创研发,2006 年 5 月改名为 Wireshark。至今已由来自世界各国的众多网络专家和软件开发人员参与此软件的完善和维护。

7.3 集成 SecureCRT/Xshell、VNC 和 Wireshark

7.3.1 安装官方客户端集成软件包

EVE-NG 官方已经提供了一个客户端集成软件包,里面包含了 PuTTY、Ultravnc 和 Wireshark 软件,只要安装这个集成软件包,并且导入相应的注册表文件,就能将这些软件包中的对应软件和相应的协议关联,从而实现用客户端工具管理 EVE-NG 中 Lab 拓扑上的设备。

首先从官网下载名为 EVE-NG-Win-Client-Pack.exe 的 Windows 版客户端集成包。然后双击打开,屏幕界面如图 7-1 所示。从安装提示可以看到,如果安装了 UltraVNC 和 Wireshark 的话,请不要更改软件安装目录。如果要更改安装目录,需要修改 reg 注册表文件与 bat 脚本文件,相对来说更为麻烦。

在 Windows 操作系统中,合理地管理、规划文件和盘符非常重要。一般情况下,64 位软件的安装目录默认在系统盘的 Program Files 文件夹中,例如 C:\Program Files;而 32 位软件的安装目录默认在系统盘的 Program Files (x86)文件夹中,例如 C:\Program Files (x86)。安装软件时完全没有必要更改软件的安装目录,默认安装的好处是在不需要更改安装路径的情况下,就能做到系统盘与数据盘完全分开。这样的话,今后管理软件文件、管理数据文件、清理系统,甚至备份与恢复系统都非常方便。所以建议将软件都安装在系统盘中,默认即可。

看到如图 7-1 所示的界面后,单击 Next,屏幕界面如图 7-2 所示,能看到如下选项。

7.3 集成 SecureCRT/Xshell、VNC 和 Wireshark

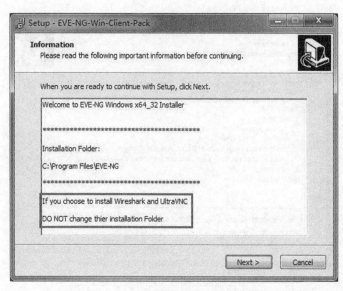

图 7-1 客户端软件包安装步骤 1

- plink 0.68：和 PuTTY 绑定在一起，用来提供 PuTTY 自动化登录功能。
- putty 0.68：轻量级的远程终端软件，无任何安全隐患，一直备受喜爱。
- ultravnc_wrapper.bat：bat 脚本文件，提供了 EVE-NG 连接虚拟设备的自动化。
- wireshark_wrapper.bat：bat 脚本文件，提供了 EVE-NG 关联 wireshark 软件的自动化。
- Modify Windows registry for putty, ultravnc and wireshark：修改 PuTTY、UltraVNC 和 Wireshark 注册表文件。
- Save on Disk crt, putty, ultravnc and wireshark .reg files：将 PuTTY、UltraVNC 和 Wireshark 注册表文件保存到磁盘。
- Wireshark 2.2.5 x64：Wireshark 抓包软件。
- UltraVNC 1.2.12 x64：UltraVNC 虚拟网络控制台工具。

为了方便用户使用，开发人员已经将一部分选项设置为必选项，只有 Wireshark 与 UltraVNC 是可选项。如果想开启 EVE-NG 的全部功能，请务必将 Wireshark 与 UltraVNC 勾选，然后再开始安装。

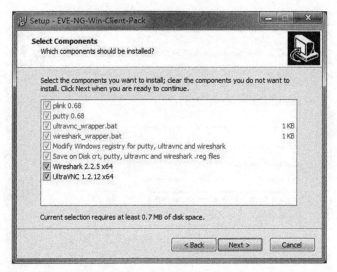

图 7-2　客户端程序包安装步骤 2

接下来会弹出一个安装 UltraVNC 的对话框，如图 7-3 所示，勾选 "I accept the agreement" 单选框，单击 Next。

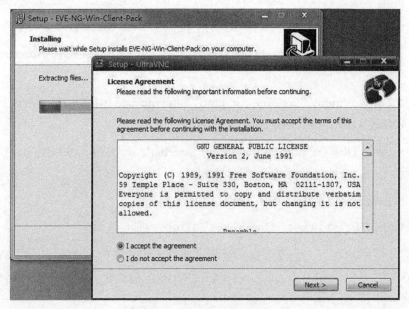

图 7-3　UltraVNC 安装步骤 1

在过程中，选择 UltraVNC 安装的组件，默认有 3 种。

- UltraVNC Server：是 VNC 服务端组件。已经安装 UltraVNC 服务端的主机，可以让其他主机通过 VNC 软件连接到该主机。
- UltraVNC Viewer：是连接其他主机的 VNC 客户端。
- UltraVNC Repeater：与 UltraVNC Server 是套件，允许多个客户机连接 VNC 服务器的同一个端口。

一般情况下，用到的组件只有 UltraVNC Viewer 一个，所以只勾选 UltraVNC Viewer 即可，如图 7-4 所示。当然，3 个组件全部安装也是可以的。

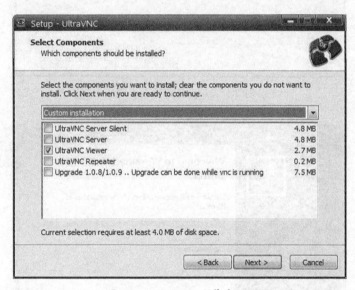

图 7-4　UltraVNC 安装步骤 2

接着软件要求设置"是否在桌面上生成图标"和"是否关联 .vnc 后缀文件到 UltraVNC Viewer 软件"，如图 7-5 所示。一般情况下，我们用不到这两个选项，所以不勾选。

然后依次单击 Next，直到安装完 UltraVNC 为止。之后会弹出 Wireshark 的安装对话框，如图 7-6 所示。所有的选项设置都保持默认，单击若干次 Next 按钮后，提示安装 WinPcap 4.1.3，一定要勾选此项，没有 WinPcap，Wireshark 不能正常抓包，如图 7-7 所示。

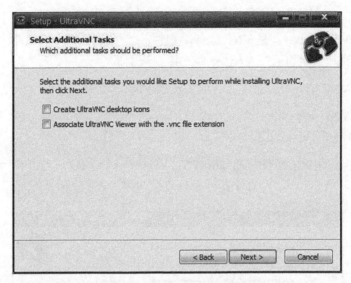

图 7-5　UltraVNC 安装步骤 3

图 7-6　Wireshark 安装步骤 1

勾选 WinPcap 相关选项后，单击 Next。紧接着会提示是否安装 USBPcap，该组件用于抓取 USB 网卡的数据包。如果用户的网络中有 USB 网卡，建议安装；如果没有，可以不勾选。单击 Install 开始安装，如图 7-8 所示。

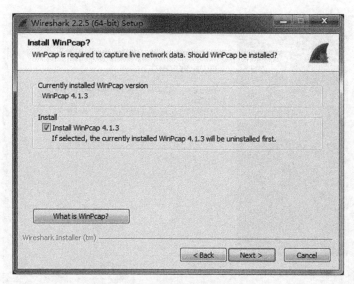

图 7-7　Wireshark 安装步骤 2

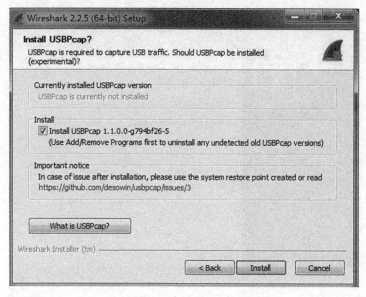

图 7-8　勾选 USBPcap

接下来弹出的是 WinPcap 的安装对话框，如图 7-9 所示。

后面所有的项目保持默认设置，一直单击 Next，直到提示安装完成后单击 Finish 即可完成 WinPcap 的安装，如图 7-10 所示。

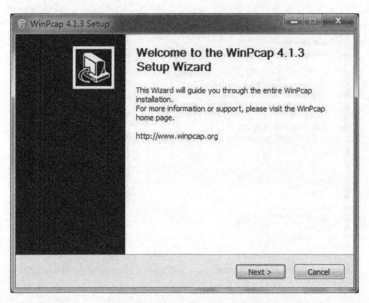

图 7-9　WinPcap 安装步骤 1

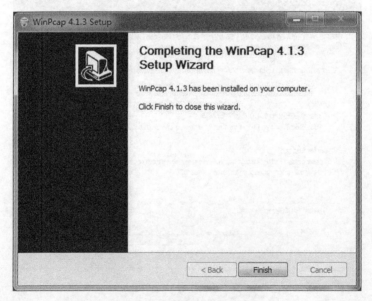

图 7-10　WinPcap 安装步骤 2

紧接着软件会自动继续完成 Wireshark 剩余部分的安装，等待片刻，Wireshark 便安装完成了，如图 7-11 和图 7-12 所示。

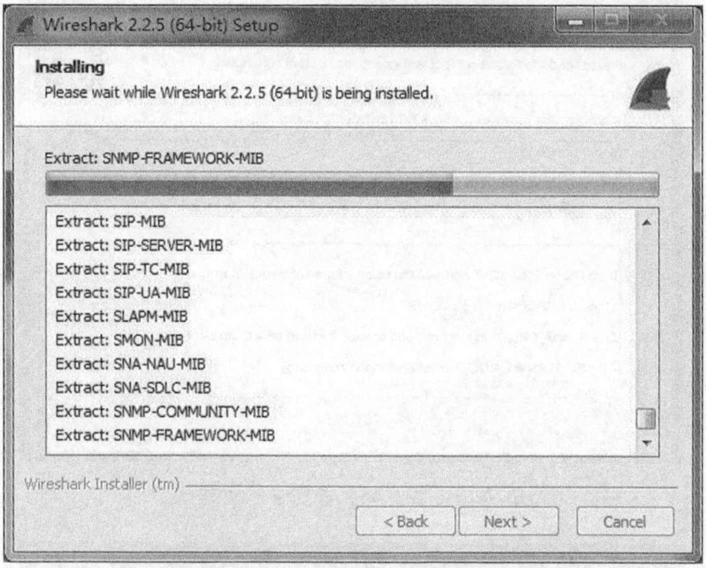

7.3 集成 SecureCRT/Xshell、VNC 和 Wireshark

图 7-11 Wireshark 安装过程

图 7-12 Wireshark 安装完成

UltraVNC 和 Wireshark 等文件安装完毕后，此时会回到软件包的安装界面，最后分别单击 Next 和 Finish，即完成整个软件包的安装，如图 7-13 与图 7-14 所示。

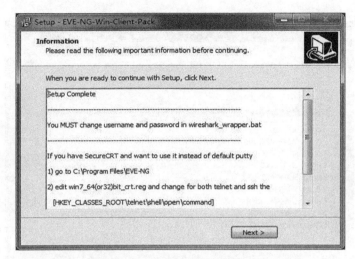

图 7-13　客户端软件包安装步骤 3

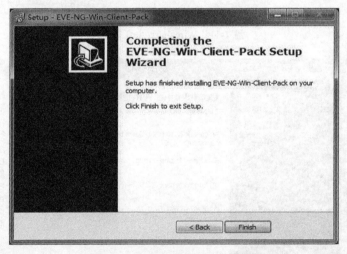

图 7-14　客户端软件包安装步骤 4

7.3.2　集成 SecureCRT/Xshell

　　默认情况下软件包已经将一些协议和软件包中的对应软件做了关联，其中系统的 Telnet 和 SSH 协议关联到了 Putty 软件；VNC 协议关联到了 UltraVNC 软件；抓包软件则关联到了 Wireshark 软件。可以根据个人的使用习惯自定义关联程序，常用的终端软件有 SecureCRT 和 Xshell，本书就以这两款软件为例。

协议和软件的关联是通过注册表实现的，而导入注册表文件可以快速修改注册表，达到协议和软件关联的目的。在软件集成包安装完后，安装目录下有 4 个相关注册表文件，如图 7-15 所示，在默认的安装目录 C:\Program Files\EVE-NG 中，它们的作用如下所示。

- win7_64bit_crt.reg：将 Telnet 协议和 SecureCRT 关联。
- win7_64bit_putty.reg：将 Telnet 协议和 PuTTY 软件关联。
- win7_64bit_ultravnc.reg：将 VNC 协议和 UltraVNC 软件关联。
- win7_64bit_wireshark.reg：将抓包软件和 Wireshark 关联。

图 7-15　客户端软件包安装目录

大多数设备的终端连接协议都会用到 Telnet 协议，EVE-NG 系统默认使用 PuTTY 连接设备进行管理。如要修改 Telnet 协议的关联软件，可以双击相应的注册表文件，并导入到 Windows 注册表中。

1. 关联 SecureCRT 软件

双击 win7_64bit_crt.reg 文件，将文件内容导入注册表，可以将 Telnet 协议和 SecureCRT 软件关联，如图 7-16 所示。导入成功后，如图 7-17 所示。

导入完成后，验证一下新导入的注册表是否起作用。首先使用 Native Console 的方式登录 EVE-NG 的 Web 管理界面，如图 7-18 所示。

图 7-16 导入 SecureCRT 注册表

图 7-17 SecureCRT 注册表导入成功

图 7-18 使用 Native Console 登录 EVE-NG

在拓扑上单击设备节点时，会提示使用 Telnet 协议连接，每种浏览器的提示可能不同，Chrome 浏览器的提示如图 7-19 所示。单击"打开 URL:Telnet Protocol"后，自动打开 SecureCRT 软件并跳转到设备终端进行管理，如图 7-20 所示。

图 7-19　单击设备 VPC 提示 Telnet Protocol

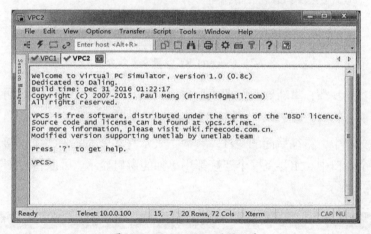

图 7-20　SecureCRT 连接设备

如果在你导入注册表后，单击设备未出现如上提示，那么很可能是 reg 注册表文件中有错误。如果你碰到这样的情况，可以打开注册表文件检查内容是否正确，如图 7-21 所示。

从中可以看到，这个注册表文件是将 Telnet、SSH 协议和 SecureCRT 关联，其中包含 SecureCRT 软件的路径，请确保与用户计算机的 SecureCRT 路径一致，这里推荐大家使用 SecureCRT 官方的安装版。

一般情况下，SecureCRT 安装的默认路径是"C:\Program Files\VanDyke Software\Clients\SecureCRT.exe"，与 reg 文件中的路径不符，所以我们需要手动修改。需要注意的是，目录中间必须用"\\"双反斜杠连接，如"C:\\Program Files\\VanDyke Software\\Clients\\SecureCRT.exe\"，修改正确后，保存退出。

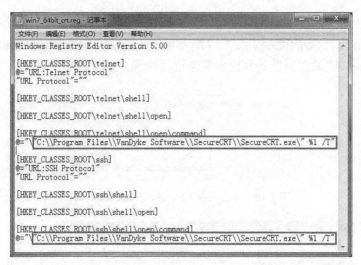

图 7-21　SecureCRT 注册表文件内容

重复刚才的步骤，重新导入注册表后再次测试。导入注册表的操作可重复执行。假如导入错了，将 reg 文件修改正确，再导入一次即可。

注册表文件中，路径后面的"/T"参数，表示有多个 SecureCRT 连接以标签的形式合并在一个窗口中。如要将每个连接都用单独的窗口显示，可以将"/T"参数去掉，效果如图 7-22 所示。

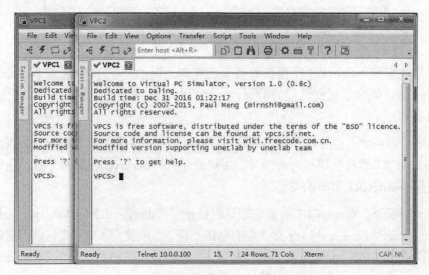

图 7-22　SecureCRT 多窗口

2. 关联 Xshell 软件

对于 Xshell 软件，EVE-NG 官方并没有提供相应的注册表文件，所以需要自己手动编辑并关联。做法很简单，复制一份 win7_64bit_crt.reg 文件，并重命名为 win7_64bit_xshell.reg。编辑注册表文件，将 Xshell 路径修改为 "C:\\Program Files (x86)\\NetSarang\\Xshell 5\\Xshell.exe\"，如图 7-23 所示。

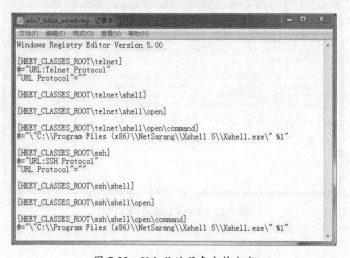

图 7-23 Xshell 注册表文件内容

然后双击这个注册表文件并导入注册表，此时单击 VPC1 将会启动 Xshell 连接到 VPC1，如图 7-24 所示。

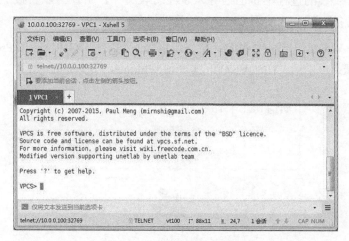

图 7-24 Xshell 登录到 VPC1

3. 关联 PuTTY 软件

既然关联了 SecureCRT 或者 Xshell 软件后，那么如何修改回原来的 PuTTY 终端软件呢？同样双击 win7_64bit_putty.reg，将 Telnet 协议和 PuTTY 软件关联，这样就修改为用 PuTTY 连接设备，如图 7-25 所示。

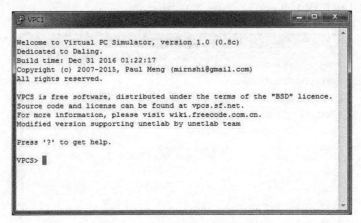

图 7-25 PuTTY 连接到 VPC1

7.3.3 集成 UltraVNC

在安装 EVE-NG 集成客户客户端软件包时，已经安装了 UltraVNC 作为 VNC 的客户端软件，在安装的过程中也已经导入了注册表文件，所以可以直接连接使用 VNC 协议管理的设备，默认就使用 UltraVNC 管理设备。

新建一个 Windows 节点并开启，单击后可以看到"打开 URL:VNC Protocol"按钮，如图 7-26 所示。单击后，UltraVNC 就连接到 Windows 7 的桌面，如图 7-27 所示。

图 7-26 单击 Windows 7 设备

7.3 集成 SecureCRT/Xshell、VNC 和 Wireshark

图 7-27　UltraVNC 连接到 Windows 7 节点

对于 VNC 软件和 Wireshark 软件，系统调用软件的过程如下。

1. 单击设备后，在 Windows 系统中查找注册表，找到 VNC 协议关联的 ultravnc_wrapper.bat 或 wireshark_wrapper.bat 脚本，如图 7-28 所示。

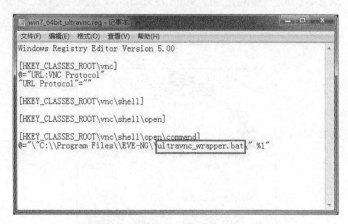

图 7-28　UltraVNC 的注册表文件

2. bat 脚本里定义了使用哪个 VNC 软件去连接设备，如图 7-29 所示。

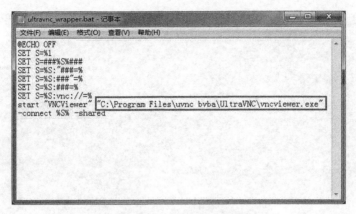

图 7-29　UltraVNC 的 bat 脚本

　　如果要更改 EVE-NG 关联的 VNC 的软件，可以修改 ultravnc_wrapper.bat 文件，将路径改为你想使用的 VNC 客户端路径。具体的操作方法可以参考上一节关联 Xshell 的方法。

7.3.4　集成 Wireshark

　　安装集成的软件包时已经导入了注册表，将 Capture 按钮与 Wireshark 软件关联。如图 7-30 所示，单击设备 VPC1 的 Capture 菜单，会弹出一个命令行窗口。第一次抓包会要求缓存 EVE-NG 服务器的密钥，如图 7-31 所示，此时只需在命令行窗口输入 y 同意缓存即可。紧接着 Wireshark 就会启动并对 VPC1 的 eth0 接口开始进行抓包，如图 7-32 所示。

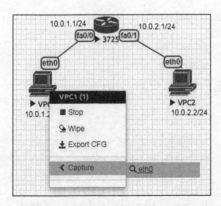

图 7-30　对 VPC1 的 eth0 接口抓包

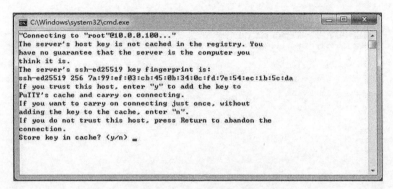

图 7-31 确认缓存密钥

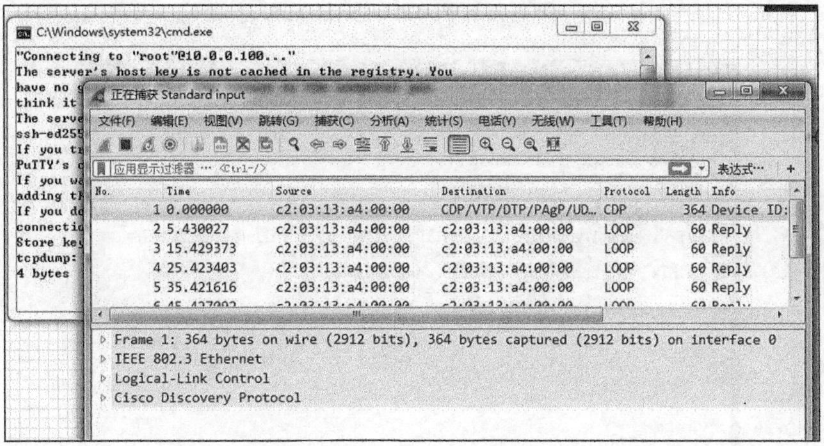

图 7-32 开始对 eth0 口抓包

如果你修改过 EVE-NG 的 root 用户密码，那么在调用 Wireshark 软件抓包时会提示 "Access denied"，如图 7-33 所示。这是因为 wireshark_wrapper.bat 文件中定义的用户名和密码与 EVE-NG 服务器的密码不符，如图 7-34 所示。

脚本中对我们来说最重要的是第 2 行和第 3 行，它们分别是登录 EVE-NG 服务器所要用的用户名和密码。如果你修改过 EVE-NG 的密码的话，切记修改成正确的密码，否则将会导致 Wireshark 不能登录 EVE-NG 进行抓包。

脚本的最后一行则是具体的抓包命令，调用 plink 自动化登录 EVE-NG 并执行 tcpdump 抓包，抓到的包是标准的输出流。这些输出流可以被抓包工具获取，这时 Wireshark 通过数据管道获取到抓包数据后，经过分析并处理，可将抓到的数据包实时转换为人们容易查看并理解的形式。

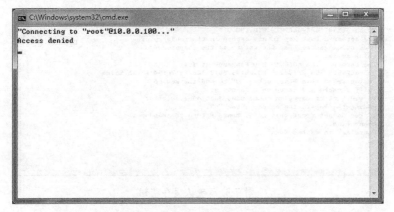

图 7-33 Wireshark 连接失败

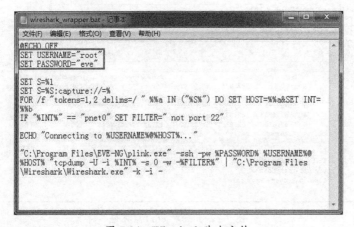

图 7-34 Wireshark 脚本文件

7.4 结语

本章介绍了 EVE-NG 的客户端关联常用软件包，分别对 Telnet、VNC、抓包工具的关联做了讲解，旨在介绍方法，所以可用的软件绝不限于这几种。

有兴趣的读者可以根据本章介绍的方法，自己尝试关联其他工具。只要注册表编辑正确，即可关联成功。

第 8 章
VPCS 的使用

8.1 VPCS 介绍

本章将会介绍 EVE-NG 唯一一个默认集成的并且不需要手动导入的设备，这就是 VPCS。

VPCS（Virtual PC Simulator，虚拟 PC 模拟器）并不是一台传统的 PC。它只是一个可以运行在 Linux 和 Windows 上的程序，占用的 CPU 和内存极少。它可以支持少量的有关网络方面的命令，主要用于测试网络。它的最大优势就是可以使用最小的资源代价模拟 PC，所以也广受好评。

为了更好地讲解 VPCS，本章以一个小小的实验为中心，逐步讲解并演示 VPCS 的所有命令及使用方法。

8.2 创建 VPCS 节点

前面已经介绍了如何创建设备节点，在 Template 模板中可以看到 VPCS 节点，所以此处不再赘述。我们在 EVE-NG 的 Lab 拓扑中直接添加两个 VPCS 节点来学习命令，如图 8-1 和图 8-2 所示。

再添加一个 IOL 三层设备，并将两个 VPCS 节点都连接上来，如图 8-3 所示。图上所标注的 IP 地址是我们给设备各个接口配置的 IP 地址。如果 VPCS 节点需要使用 DHCP 获取地址的话，那么路由器除了配置接口 IP 地址，还需要配置 DHCP 服务，给 192.168.1.0/24 和 192.168.2.0/24 网段自动分配 IP 地址。

第 8 章
VPCS 的使用

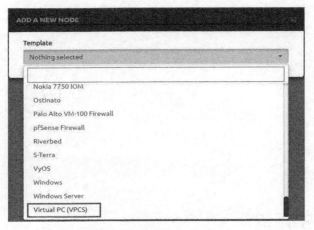

图 8-1 选择 VPCS 模板

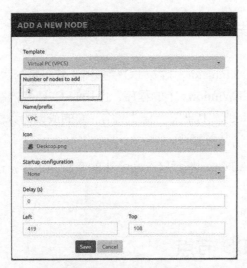

图 8-2 新建 2 个 VPCS 节点

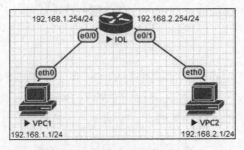

图 8-3 新建 IOL 设备并连线

8.3 VPCS 命令

首先单击 VPC1 登录，如图 8-4 所示。可以输入"？"或者"help"来查看 VPCS 可以使用的命令。

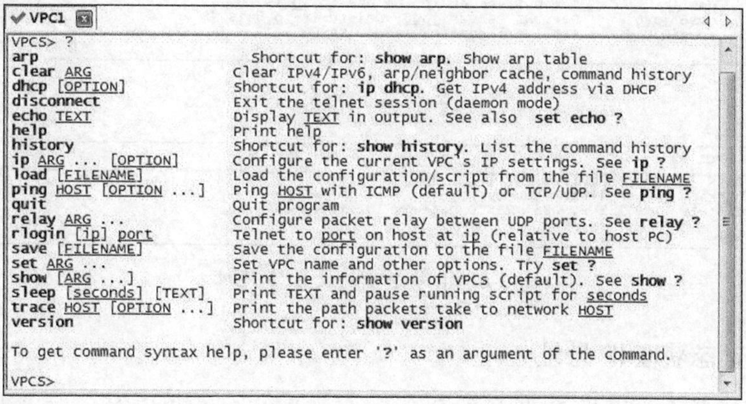

```
VPCS> ?
arp                           Shortcut for: show arp. Show arp table
clear ARG                     Clear IPv4/IPv6, arp/neighbor cache, command history
dhcp [OPTION]                 Shortcut for: ip dhcp. Get IPv4 address via DHCP
disconnect                    Exit the telnet session (daemon mode)
echo TEXT                     Display TEXT in output. See also set echo ?
help                          Print help
history                       Shortcut for: show history. List the command history
ip ARG ... [OPTION]           Configure the current VPC's IP settings. See ip ?
load [FILENAME]               Load the configuration/script from the file FILENAME
ping HOST [OPTION ...]        Ping HOST with ICMP (default) or TCP/UDP. See ping ?
quit                          Quit program
relay ARG ...                 Configure packet relay between UDP ports. See relay ?
rlogin [ip] port              Telnet to port on host at ip (relative to host PC)
save [FILENAME]               Save the configuration to the file FILENAME
set ARG ...                   Set VPC name and other options. Try set ?
show [ARG ...]                Print the information of VPCs (default). See show ?
sleep [seconds] [TEXT]        Print TEXT and pause running script for seconds
trace HOST [OPTION ...]       Print the path packets take to network HOST
version                       Shortcut for: show version

To get command syntax help, please enter '?' as an argument of the command.

VPCS>
```

图 8-4　登录 VPC1 并查看可用命令

8.3.1　ip 命令

1. 手动设置 IP 地址

想要 VPCS 能够和其他节点通信，首先要给它配置一个 IP 地址，所以这里就先来看第一个命令 ip。

输入"ip ？"可以看到 ip 命令的使用帮助如图 8-5 所示。从图中可以看到 VPCS 支持 ip [mask] [gateway] 和 ip [gateway] [mask] 两种格式，并且 mask 可以写为 x.x.x.x 形式和 /x 形式，mask 和 gateway 都可以省略，mask 省略时候对于 IPv4 来说默认为 /24，对于 IPv6 则是 /64。

如图 8-6 所示，使用命令为 VPC1 分配了 192.168.1.1 这样的 IP 地址，掩码是 255.255.255.0，网关是 192.168.1.254。

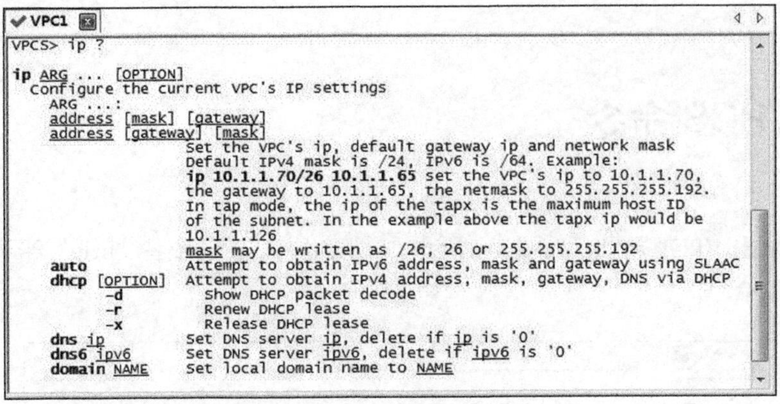

```
VPC1
VPCS> ip ?
ip ARG ... [OPTION]
  configure the current VPC's IP settings
  ARG ...:
    address [mask] [gateway]
    address [gateway] [mask]
                    Set the VPC's ip, default gateway ip and network mask
                    Default IPv4 mask is /24, IPv6 is /64. Example:
                    ip 10.1.1.70/26 10.1.1.65 set the VPC's ip to 10.1.1.70,
                    the gateway to 10.1.1.65, the netmask to 255.255.255.192.
                    In tap mode, the ip of the tapx is the maximum host ID
                    of the subnet. In the example above the tapx ip would be
                    10.1.1.126
                    mask may be written as /26, 26 or 255.255.255.192
    auto            Attempt to obtain IPv6 address, mask and gateway using SLAAC
    dhcp [OPTION]   Attempt to obtain IPv4 address, mask, gateway, DNS via DHCP
         -d             Show DHCP packet decode
         -r             Renew DHCP lease
         -x             Release DHCP lease
    dns ip          Set DNS server ip, delete if ip is '0'
    dns6 ipv6       Set DNS server ipv6, delete if ipv6 is '0'
    domain NAME     Set local domain name to NAME
```

图 8-5 ip 命令

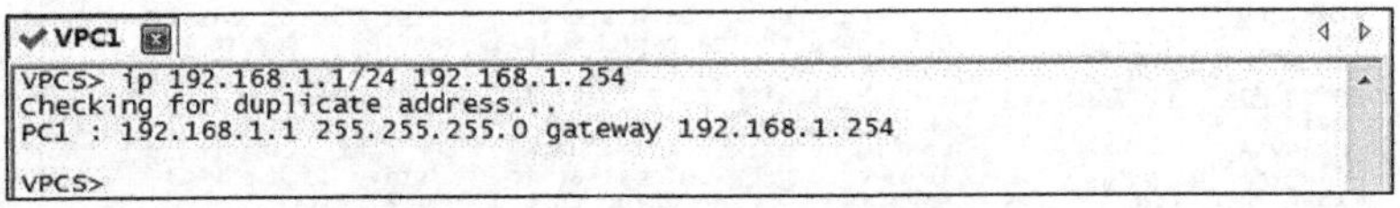

```
VPC1
VPCS> ip 192.168.1.1/24 192.168.1.254
Checking for duplicate address...
PC1 : 192.168.1.1 255.255.255.0 gateway 192.168.1.254
VPCS>
```

图 8-6 ip 命令手动设置 IP 地址

2．DHCP 动态获取 IP 地址

从 DHCP 服务器获取 IP 地址的命令是"ip dhcp"，也可以简写为"dhcp"。dhcp 命令可以支持的参数，如图 8-7 所示。

- -d：将 DHCP 获取 IP 地址过程所收发的数据包用详细信息的形式来显示出来。
- -r：更新 IP 地址。
- -x：释放 IP 地址。

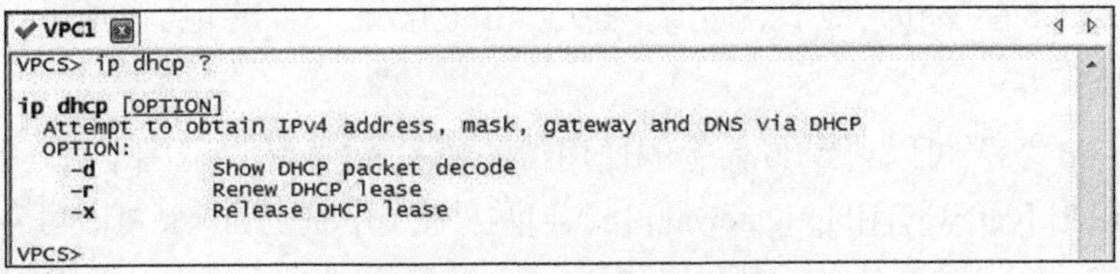

```
VPC1
VPCS> ip dhcp ?
ip dhcp [OPTION]
   Attempt to obtain IPv4 address, mask, gateway and DNS via DHCP
   OPTION:
      -d          Show DHCP packet decode
      -r          Renew DHCP lease
      -x          Release DHCP lease
VPCS>
```

图 8-7 ip dhcp（dhcp）命令

首先如图 8-8 所示，用 ip dhcp 命令获取 IP 地址。注意获取的过程中"DORA"代表 DHCP 的 4 种报文，分别是 discover、offer、request 和 ack 报文。

DHCP 报文详细的交互过程可以通过添加"-d"参数查看，如图 8-9 和图 8-10 所示。

```
VPCS> ip dhcp ?
ip dhcp [OPTION]
  Attempt to obtain IPv4 address, mask, gateway and DNS via DHCP
  OPTION:
     -d         Show DHCP packet decode
     -r         Renew DHCP lease
     -x         Release DHCP lease

VPCS> clear ip
IPv4 address/mask, gateway, DNS, and DHCP cleared

VPCS> ip dhcp
DDORA IP 192.168.1.1/24 GW 192.168.1.254

VPCS>
```

图 8-8 ip dhcp 命令获取 IP 地址

```
VPCS> dhcp -d
opcode: 1 (REQUEST)
Client IP Address: 0.0.0.0
Your IP Address: 0.0.0.0
Server IP Address: 0.0.0.0
Gateway IP Address: 0.0.0.0
Client MAC Address: 00:50:79:66:68:01
Option 53: Message Type = Discover
Option 12: Host Name = VPCS1
Option 61: Client Identifier = Hardware Type=Ethernet MAC Address = 00:50:79:66:
68:01

opcode: 2 (REPLY)
Client IP Address: 0.0.0.0
Your IP Address: 192.168.1.1
Server IP Address: 0.0.0.0
Gateway IP Address: 0.0.0.0
Client MAC Address: 00:50:79:66:68:01
Option 53: Message Type = offer
Option 54: DHCP Server = 192.168.1.254
Option 51: Lease Time = 86343
Option 58: Renewal Time = 43171
Option 59: Rebinding Time = 75544
Option 1: Subnet Mask = 255.255.255.0
Option 3: Router = 192.168.1.254
Option 6: DNS Server = 114.114.114.114
```

图 8-9 查看获取 IP 地址过程中的交互

```
Opcode: 1 (REQUEST)
Client IP Address: 192.168.1.1
Your IP Address: 0.0.0.0
Server IP Address: 0.0.0.0
Gateway IP Address: 0.0.0.0
Client MAC Address: 00:50:79:66:68:01
Option 53: Message Type = Request
Option 54: DHCP Server = 192.168.1.254
Option 50: Requested IP Address = 192.168.1.1
Option 61: Client Identifier = Hardware Type=Ethernet MAC Address = 00:50:79:66:
68:01
Option 12: Host Name = VPCS1

opcode: 2 (REPLY)
Client IP Address: 192.168.1.1
Your IP Address: 192.168.1.1
Server IP Address: 0.0.0.0
Gateway IP Address: 0.0.0.0
Client MAC Address: 00:50:79:66:68:01
Option 53: Message Type = Ack
Option 54: DHCP Server = 192.168.1.254
Option 51: Lease Time = 86400
Option 58: Renewal Time = 43200
Option 59: Rebinding Time = 75600
Option 1: Subnet Mask = 255.255.255.0
Option 3: Router = 192.168.1.254
Option 6: DNS Server = 114.114.114.114

 IP 192.168.1.1/24 GW 192.168.1.254

VPCS>
```

图 8-10 查看获取 IP 地址过程中的交互

如图 8-11 所示，用 "dhcp -x" 命令释放 IP 地址后，VPCS 变为无可用 IP 地址的状态。

```
VPC1
VPCS> dhcp -x
VPCS> show ip
NAME         : VPCS[1]
IP/MASK      : 0.0.0.0/0
GATEWAY      : 0.0.0.0
DNS          : 114.114.114.114
DHCP SERVER  : 192.168.1.254
DHCP LEASE   : 86205, 86400/43200/75600
MAC          : 00:50:79:66:68:01
LPORT        : 20000
RHOST:PORT   : 127.0.0.1:30000
MTU          : 1500
VPCS>
```

图 8-11　释放 IP 地址演示

最后再用 "dhcp –r" 命令续租 IP 地址，如图 8-12 所示。

```
VPC1
VPCS> dhcp -r
DDORA IP 192.168.1.1/24 GW 192.168.1.254
VPCS>
```

图 8-12　续租 IP 地址演示

8.3.2　show 命令

当 VPCS 得到 IP 地址后，习惯性查看一下 IP 地址或者相关信息，这就需要 show 命令。如图 8-13 所示，使用 "show ？" 查看 show 命令的相关信息。

```
VPC1
VPCS> show ?
show [ARG]
    Show information for ARG
    ARG:
        arp             Show arp table
        dump            Show dump flags
        echo            Show the status of the echo flag. See set echo ?
        history         List the command history
        ip [all]        Show IPv4 details
                        Shows VPC Name, IP address, mask, gateway, DNS, MAC,
                        lport, rhost:rport and MTU
        ipv6 [all]      Show IPv6 details
                        Shows VPC Name, IPv6 addresses/mask, gateway, MAC,
                        lport, rhost:rport and MTU
        version         Show the version information
    Notes:
    1. If no parameter is given, the key information of the current VPC will be
       displayed
    2. If 'all' parameter is given for ip/ipv6 a reduced view in tablular
       format will be displayed.
VPCS>
```

图 8-13　show 命令

1. show ip

这个命令查看当前分配的 IP 地址及其相关信息，比如掩码、网关、DNS 和 MTU 等，如图 8-14 所示。

```
✔ VPC1
VPCS> show ip
NAME            : VPCS[1]
IP/MASK         : 192.168.1.1/24
GATEWAY         : 192.168.1.254
DNS             : 114.114.114.114
DHCP SERVER     : 192.168.1.254
DHCP LEASE      : 86318, 86400/43200/75600
MAC             : 00:50:79:66:68:01
LPORT           : 20000
RHOST:PORT      : 127.0.0.1:30000
MTU             : 1500
VPCS>
```

图 8-14 show ip 命令

"show ip all" 这个命令也是查看 IP 地址的，以其他的形式呈现出来，如图 8-15 所示。

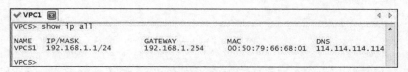

```
✔ VPC1
VPCS> show ip all

NAME    IP/MASK             GATEWAY         MAC                 DNS
VPCS1   192.168.1.1/24      192.168.1.254   00:50:79:66:68:01   114.114.114.114
VPCS>
```

图 8-15 show ip all 命令

2. show arp

该命令用于查看 arp 缓存表，因为现在没有和任何其他节点通信，所以 arp 表为空，如图 8-16 所示。

```
✔ VPC1
VPCS> show arp
arp table is empty
VPCS>
```

图 8-16 show arp 缓存表为空

接下来 ping 一下网关（IOL 设备），如图 8-17 所示，通信正常。

```
✔ VPC1
VPCS> ping 192.168.1.254

84 bytes from 192.168.1.254 icmp_seq=1 ttl=255 time=1.090 ms
84 bytes from 192.168.1.254 icmp_seq=2 ttl=255 time=0.779 ms
84 bytes from 192.168.1.254 icmp_seq=3 ttl=255 time=2.165 ms
84 bytes from 192.168.1.254 icmp_seq=4 ttl=255 time=0.915 ms
84 bytes from 192.168.1.254 icmp_seq=5 ttl=255 time=0.775 ms
```

图 8-17 ping 网关

再来查看就发现已经有了对方的 arp 缓存项，如图 8-18 所示。

图 8-18　show arp 缓存表为网关的 MAC-IP

3. show history

这个命令主要是用来查看以前执行过的命令，如图 8-19 所示，show history 可以简写为 history 或 hist。

图 8-19　history 命令

clear 可以清除历史命令记录（后面会详细介绍）。如图 8-20 所示，可以看到执行 clear hist 之后历史纪录已经被清空，只有一条刚执行的命令记录。

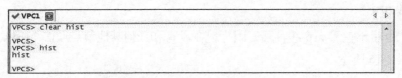

图 8-20　clear history 命令

4. show version

这条命令可以简写为 verison，可用于查看 VPCS 的版本，如图 8-21 所示。

图 8-21　show version

8.3.3 save、clear 和 load 命令

1. save

对 VPCS 设置完配置之后，必须保存配置，否则关机后所有配置会消失。save 命令就是用来保存配置到文件的命令，后面可以跟一个要保存的文件名。不提供文件名参数的话会默认命名为 startup.vpc。如图 8-22 所示，save 命令把 VPC1 的配置保存到 vpcs1.vpc。

```
VPCS> save vpcs1
Saving startup configuration to vpcs1.vpc
. done
VPCS>
```

图 8-22　保存 VPC1 配置到文件

2. clear

clear 命令的作用是清空当前配置，即 running config，清空的是内存中的配置。如果之前保存过配置的话，还可以通过 load 命令将保存的配置加载到内存中。接下来分别介绍如何使用。

首先用 clear 命令清除配置，相关的语法帮助可以通过 "clear ？" 查看，如图 8-23 所示，可以清除的内容包括 ip、arp、neighbor 和 history。

```
VPCS> clear ?
clear ip|ipv6|arp|neighbor|hist
    Clear ip/ipv6 address, arp/neighbor table, command history.
VPCS>
```

图 8-23　clear 可以清除的内容

以清空 IP 地址为例，如图 8-24 所示，执行 clear ip 命令后，再查看 IP 地址相关的配置，这时 IP 地址已经清空。

```
VPCS> clear ip
IPv4 address/mask, gateway, DNS, and DHCP cleared
VPCS> show ip

NAME        : VPCS[1]
IP/MASK     : 0.0.0.0/0
GATEWAY     : 0.0.0.0
DNS         :
MAC         : 00:50:79:66:68:01
LPORT       : 20000
RHOST:PORT  : 127.0.0.1:30000
MTU         : 1500

VPCS>
```

图 8-24　清除并查看 IP 地址及其相关配置

3. load

现在将之前保存的配置文件载入到内存中。如图 8-25 所示，用 load vpcs1 命令导入配置，VPCS 会逐条执行配置文件内的命令，从而实现恢复配置。执行完毕可以看到 IP 地址已经恢复了。

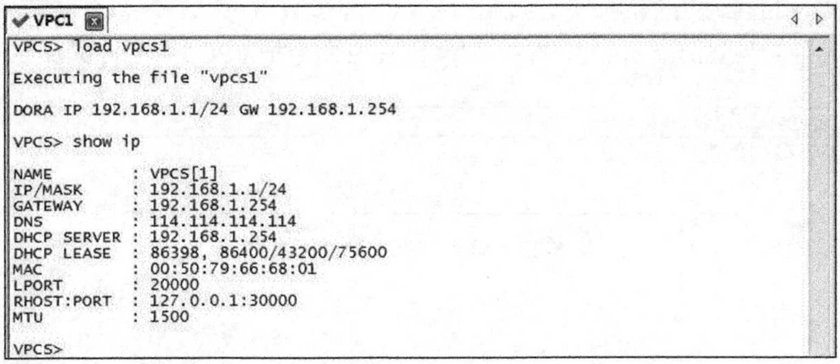

```
VPCS> load vpcs1
Executing the file "vpcs1"
DORA IP 192.168.1.1/24 GW 192.168.1.254

VPCS> show ip

NAME            : VPCS[1]
IP/MASK         : 192.168.1.1/24
GATEWAY         : 192.168.1.254
DNS             : 114.114.114.114
DHCP SERVER     : 192.168.1.254
DHCP LEASE      : 86398, 86400/43200/75600
MAC             : 00:50:79:66:68:01
LPORT           : 20000
RHOST:PORT      : 127.0.0.1:30000
MTU             : 1500

VPCS>
```

图 8-25 从保存的 vpcs1 文件恢复 VPC1 配置

8.3.4 set 命令

set 命令与 VPCS 的设置有关，它可以设置一些 VPCS 的参数。如图 8-26 所示，用 set 命令可以设置的参数有 dump、echo、mtu 和 pcname 等。其中与端口和远程 IP 地址有关的参数有 3 个，分别是 lport、rport 和 rhost。一般情况下，不需要设置这 3 个参数。另外 EVE-NG 中的 VPCS 运行在 TAP 模式，不是 UDP 模式，所以可以忽略这 3 个参数。如果想深入地了解 VPCS，请查阅 VPCS 的官方说明。

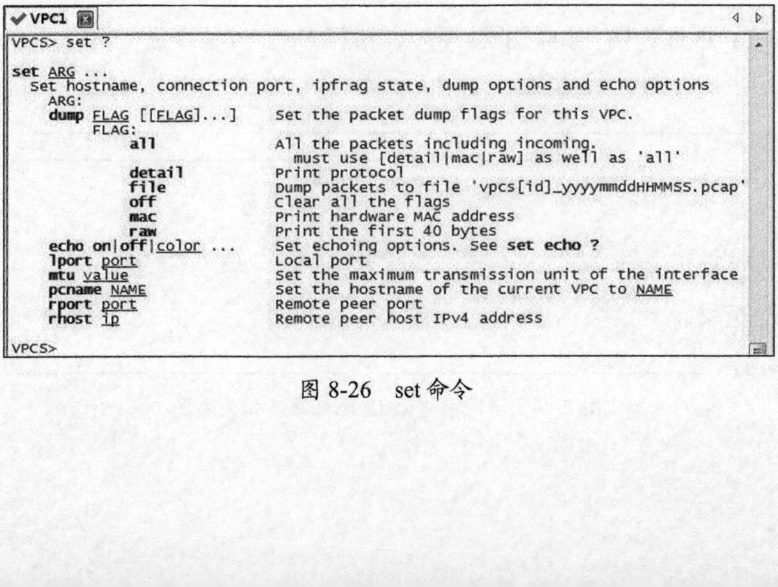

```
VPCS> set ?
set ARG ...
  Set hostname, connection port, ipfrag state, dump options and echo options
  ARG:
    dump FLAG [[FLAG]...]    Set the packet dump flags for this VPC.
         FLAG:
             all             All the packets including incoming.
                               must use [detail|mac|raw] as well 'all'
             detail          Print protocol
             file            Dump packets to file 'vpcs[id]_yyyymmddHHMMSS.pcap'
             off             Clear all the flags
             mac             Print hardware MAC address
             raw             Print the first 40 bytes
    echo on|off|color ...    Set echoing options. See set echo ?
    lport port               Local port
    mtu value                Set the maximum transmission unit of the interface
    pcname NAME              Set the hostname of the current VPC to NAME
    rport port               Remote peer port
    rhost ip                 Remote peer host IPv4 address
VPCS>
```

图 8-26 set 命令

1. dump 参数

dump 参数的主要作用是设置抓取数据包的参数。

- all：表示要抓取流入流出的所有数据包。
- detail：表示显示详细的协议信息。
- file：用来指定将抓包存储为文件。
- off：表示关闭抓包。
- mac：显示 mac 地址。
- raw：将抓到的包的前 40 个字节以二进制的方式显示出来。

其中 all、detail、file、off、mac 和 raw 参数可以同时使用。如图 8-27 所示，设置抓取所有的包，并显示详细的协议信息。

```
VPC1
VPCS> set dump detail all

dump flags: detail all

VPCS>
```

图 8-27 设置 dump 参数

然后 ping 192.168.1.254，可以看到收发的包的详细信息被显示出来了，如图 8-28 所示。

```
VPC1
VPCS> ping 192.168.1.254


0049.280728
ARP, OpCode: 1 (Request)
Ether Address: 00:50:79:66:68:01 -> Broadcast
Who has 192.168.1.254? Tell 192.168.1.1

0049.281480
ARP, OpCode: 2 (Reply)
Ether Address: aa:bb:cc:00:30:00 -> 00:50:79:66:68:01
192.168.1.254 is at aa:bb:cc:00:30:00

0049.282675
IPv4, id: b079, length: 84, ttl: 64, sum: 45e0
Address: 192.168.1.1 -> 192.168.1.254
Proto: icmp, type: 8, code: 0
Desc: Echo

0049.283359
IPv4, id: b079, length: 84, ttl: 255, sum: 86df
Address: 192.168.1.254 -> 192.168.1.1
Proto: icmp, type: 0, code: 0
Desc: Echo reply
```

图 8-28 按照 dump 参数显示抓到的包

当然，可以设置更多参数，如图 8-29 所示。

第 8 章
VPCS 的使用

```
VPC1
VPCS> set dump all detail mac raw
dump flags: mac raw detail all
VPCS>
```

图 8-29 设置 dump 参数

抓到的包中显示了更详细的信息，如图 8-30 所示，前 40 个字节以二进制的形式被显示出来。这个功能虽然没有专业的抓包软件强大，但是对于分析简单的数据包排除故障还是非常有用的。

图 8-30 按照 dump 参数显示抓到的包

为了避免在后面的学习中被实时收发的数据包干扰，可以关闭 dump 抓包，如图 8-31 所示。

```
VPC1
VPCS> set dump off
dump flags: (none)
VPCS>
```

图 8-31 设置 dump 参数为 off 关闭抓包

2．echo 参数

set echo 主要是设置命令回显的一些相关选项，回显可以开启或者关闭，也可以设置或者清除前景、背景色，如图 8-32 所示。

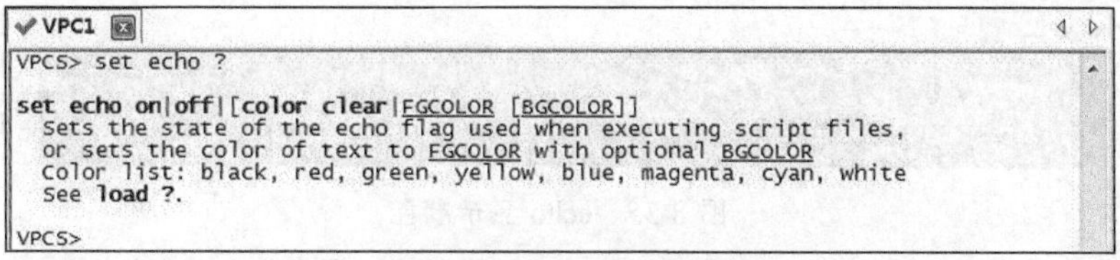

```
✓VPC1
VPCS> set echo ?
set echo on|off|[color clear|FGCOLOR [BGCOLOR]]
  Sets the state of the echo flag used when executing script files,
  or sets the color of text to FGCOLOR with optional BGCOLOR
  Color list: black, red, green, yellow, blue, magenta, cyan, white
  See load ?.
VPCS>
```

图 8-32 set echo 命令

设置回显的颜色，前景为红色，背景为黄色，然后 echo xxx 为显示的效果。但是此时是看不到效果的，如图 8-33 所示。因为在终端的参数中未设置显示颜色，如果想显示颜色，需要在终端软件中勾选 ANSI Color，如图 8-34 所示。

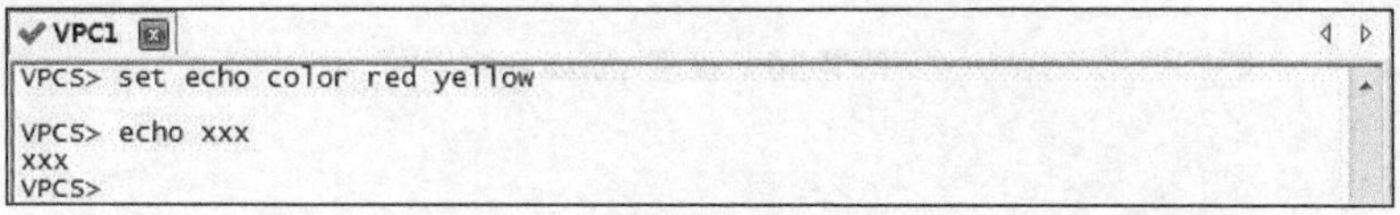

```
✓VPC1
VPCS> set echo color red yellow
VPCS> echo xxx
xxx
VPCS>
```

图 8-33 设置并查看回显效果

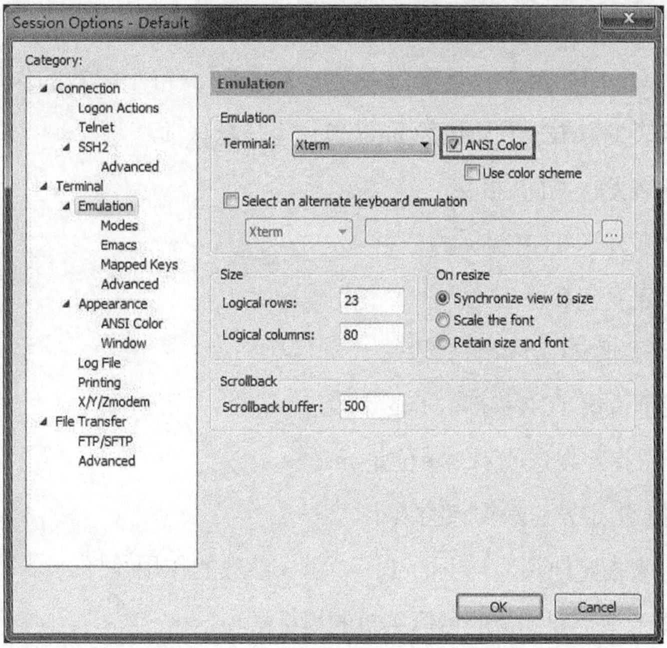

图 8-34 设置 ANSI Color 显示颜色

再次执行"echo xxx"命令，此时就可以正常显示颜色了，如图 8-35 所示。

图 8-35 echo 显示颜色

3. pcname 参数

VPCS 也可以更名，命令如图 8-36 所示，我们将 VPCS 改名为 pc-1 了。

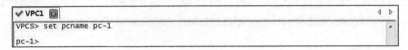

图 8-36 设置 pcname

8.3.5 ping 和 trace 命令

1. ping

ping 命令是常用的命令，其参数如图 8-37 所示。每个参数的作用如下所示。

- -1：代表发送 ICMP 协议的 ping 包，也是默认项。
- -2：代表发送 UDP 报文。
- -3：代表发送 TCP 报文。
- -c：代表发包数量。
- -D：代表报文中不允许分段。
- -f：用于设置 TCP 头部的 flag 字段。
- -i：用于指定发送间隔，单位是 ms。
- -l：用来指定发送数据包的大小。
- -p：用来指定协议，与上面-1、-2 和-3 参数的作用一样。
- -P：用于指定要测试的目的主机的目标端口。
- -s：用于设定发送测试包的端口。
- -T：用来指定 ttl，默认是 64。

- -t 表示持续发包，直到按下 Ctrl+C 组合键为止。
- -w 用于设置超时时间。

```
✓ VPC1
pc-1> ping ?
ping HOST [OPTION ...]
Ping the network HOST. HOST can be an ip address or name
  options:
   -1              ICMP mode, default
   -2              UDP mode
   -3              TCP mode
   -c count        Packet count, default 5
   -D              Set the Don't Fragment bit
   -f FLAG         Tcp header FLAG |C|E|U|A|P|R|S|F|
                               bits |7 6 5 4 3 2 1 0|
   -i ms           Wait ms milliseconds between sending each packet
   -l size         Data size
   -P protocol     Use IP protocol in ping packets
                     1 - ICMP (default), 17 - UDP, 6 - TCP
   -p port         Destination port
   -s port         Source port
   -T ttl          Set ttl, default 64
   -t              Send packets until interrupted by Ctrl+C
   -w ms           wait ms milliseconds to receive the response
  Notes: 1. Using names requires DNS to be set.
         2. Use Ctrl+C to stop the command.
pc-1>
```

图 8-37　ping 命令

默认情况下，如果不指定任何参数，则会发送 ICMP 数据包，如图 8-38 所示。

```
✓ VPC1
pc-1> ping 192.168.1.254
84 bytes from 192.168.1.254 icmp_seq=1 ttl=255 time=0.973 ms
84 bytes from 192.168.1.254 icmp_seq=2 ttl=255 time=1.427 ms
84 bytes from 192.168.1.254 icmp_seq=3 ttl=255 time=2.231 ms
84 bytes from 192.168.1.254 icmp_seq=4 ttl=255 time=0.702 ms
84 bytes from 192.168.1.254 icmp_seq=5 ttl=255 time=0.360 ms
pc-1>
```

图 8-38　ICMP 协议的 ping

在 VPCS 中，ping 命令除了检测网络连通性，还可以检测端口。在其他操作系统中，可以利用 telnet 命令检测 TCP 端口是否开放，也可以利用 nmap 工具测试 UDP 端口是否开放，而 VPCS 只用 ping 命令就可以完成检测，请看具体做法。

如图 8-39 所示，指定发送 udp 数据包（-2）、3 个数据包（-c 3），用来探测目的主机的 23 端口（-p 23）。从返回的消息中可以看到，目的地不可达（destination port unreachable），这说明在连通性上，VPC1 可以与目的主机（192.168.1.254）连通，但目的主机的 UDP 23 端口没有开放。

接下来将协议换成 TCP 协议。如图 8-40 所示，指定发送 TCP 数据包（-3）、3 个数据包（-c 3），用来探测目的主机的 23（-p 23）端口。可以看到返回消息中 Connect 与 SendData 过程是可以通的，这说明 VPC1 能与目的主机连通，并且目的主机的 TCP 23 端口已经开放。

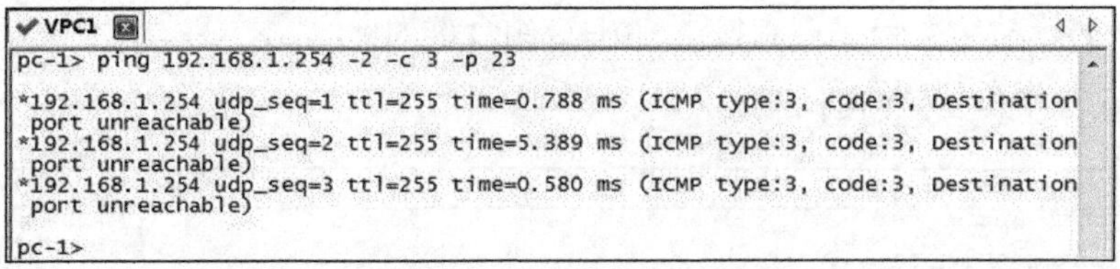

```
✓VPC1
pc-1> ping 192.168.1.254 -2 -c 3 -p 23
*192.168.1.254 udp_seq=1 ttl=255 time=0.788 ms (ICMP type:3, code:3, Destination
 port unreachable)
*192.168.1.254 udp_seq=2 ttl=255 time=5.389 ms (ICMP type:3, code:3, Destination
 port unreachable)
*192.168.1.254 udp_seq=3 ttl=255 time=0.580 ms (ICMP type:3, code:3, Destination
 port unreachable)
pc-1>
```

图 8-39 UDP 协议的 ping

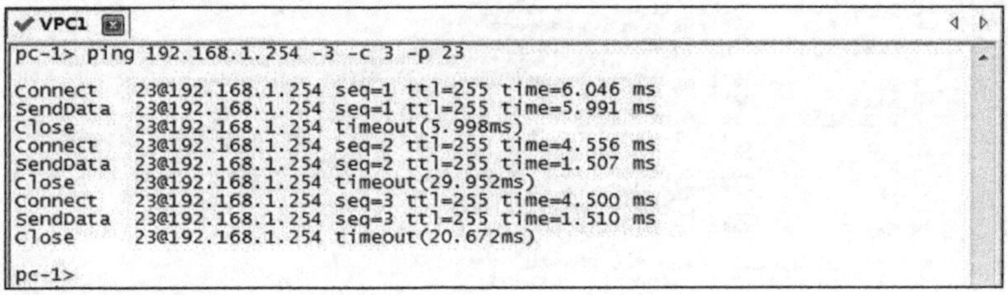

```
✓VPC1
pc-1> ping 192.168.1.254 -3 -c 3 -p 23
Connect   23@192.168.1.254 seq=1 ttl=255 time=6.046 ms
SendData  23@192.168.1.254 seq=1 ttl=255 time=5.991 ms
Close     23@192.168.1.254 timeout(5.998ms)
Connect   23@192.168.1.254 seq=2 ttl=255 time=4.556 ms
SendData  23@192.168.1.254 seq=2 ttl=255 time=1.507 ms
Close     23@192.168.1.254 timeout(29.952ms)
Connect   23@192.168.1.254 seq=3 ttl=255 time=4.500 ms
SendData  23@192.168.1.254 seq=3 ttl=255 time=1.510 ms
Close     23@192.168.1.254 timeout(20.672ms)
pc-1>
```

图 8-40 TCP 协议的 ping

2. trace

trace 命令用来跟踪到目的主机所需要经过的路径，它的参数非常简单，包含设置协议的-P 参数和用于设置 TTL 的-m 参数，如图 8-41 所示。需要注意的是，如果不设置-P 参数，trace 默认使用 UDP 协议。

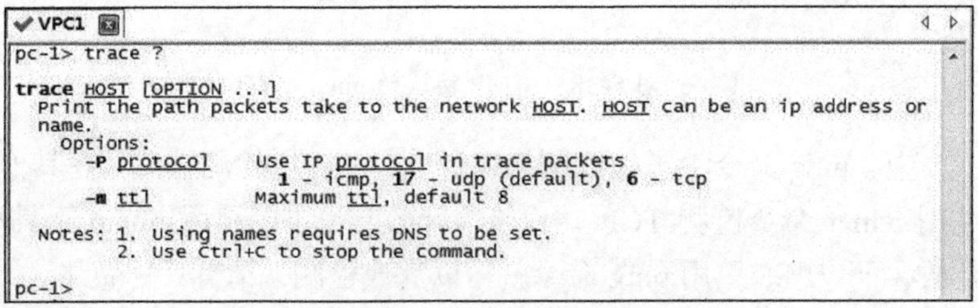

```
✓VPC1
pc-1> trace ?
trace HOST [OPTION ...]
  Print the path packets take to the network HOST. HOST can be an ip address or
  name.
  Options:
    -P protocol    Use IP protocol in trace packets
                   1 - icmp, 17 - udp (default), 6 - tcp
    -m ttl         Maximum ttl, default 8
  Notes: 1. Using names requires DNS to be set.
         2. Use Ctrl+C to stop the command.
pc-1>
```

图 8-41 trace 命令

如图 8-42 所示，执行 trace 192.168.2.1 命令，跟踪从 VPC1 到 VPC2 的路由，从返回的结果可以看到沿路经过两跳设备，途径 192.168.1.254（IOL 设备）。

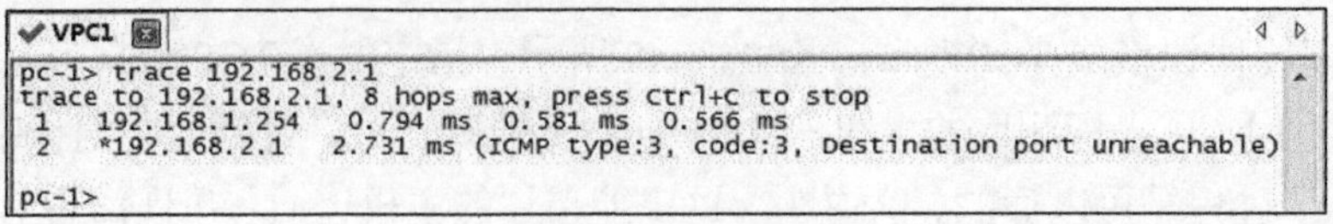

```
✓VPC1
pc-1> trace 192.168.2.1
trace to 192.168.2.1, 8 hops max, press Ctrl+C to stop
 1   192.168.1.254   0.794 ms  0.581 ms  0.566 ms
 2  *192.168.2.1    2.731 ms (ICMP type:3, code:3, Destination port unreachable)
pc-1>
```

图 8-42 trace 测试

8.3.6 其余命令

1. rlogin

这个命令的作用是连接到其他设备的终端界面，使用方法如图 8-43 所示，这里需要输入的 IP 地址和端口必须是 EVE-NG 本机的 IP 地址和端口。

```
pc-1> rlogin ?
rlogin [ip] port
  Telnet to port at ip (default 127.0.0.1) relative to host PC.
  To attach to the console of a virtual router running on port 2000 of this
  host PC, use rlogin 2000
  To telnet to the port 2004 of a remote host 10.1.1.1, use
  rlogin 10.1.1.1 2004
pc-1>
```

图 8-43　rlogin 命令用法

在使用终端软件连接 VPCS 或 EVE-NG 中的虚拟设备时，都是 Telnet 到 EVE-NG 管理地址的某一个 TCP 端口，第一个添加的设备节点的端口号是 32769，第二个节点为 32770，第 3 个节点就是 32771，以此类推。既然需要 EVE-NG 的管理地址和端口，所以使用 rlogin 命令时，用 rlogin 加端口号即可。如图 8-44 所示，使用 rlogin 命令，使 VPC1 连接到 VPC2 上。如果想要操作成功，必须注意一个前提，那就是 VPC2 上没有任何远程终端可以连接上。

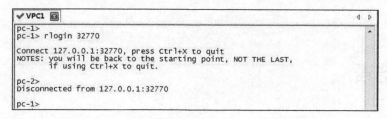

```
pc-1>
pc-1> rlogin 32770
Connect 127.0.0.1:32770, press Ctrl+X to quit
NOTES: you will be back to the starting point, NOT THE LAST,
       if using Ctrl+X to quit.

pc-2>
Disconnected from 127.0.0.1:32770
pc-1>
```

图 8-44　rlogin 命令演示

因为在使用 EVE-NG 时，很少会注意到每个设备节点的端口号，所以 rlogin 命令的使用价值不大，笔者不推荐 rlogin 命令。

2. disconnect

此命令用于断开和节点的 Telnet 连接，如图 8-45 所示。

3. quit

此命令用于关闭 VPCS，如图 8-46 所示。

第 8 章
VPCS 的使用

图 8-45 disconnect 命令

图 8-46 quit 命令

运行 quit 之后，可以看到 VPC1 已经关闭，如图 8-47 所示。

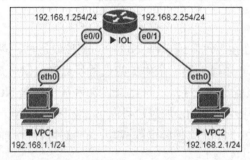

图 8-47 quit 命令关闭 VPC1

8.4 结语

至此已经将 VPCS 的使用方法介绍完毕，虽然它并不如真实的 PC 那么强大，但也足以满足网络的简单测试需求。这对于常用的网络测试来说，开启一台 PC 太过于耗费内存和 CPU 资源，而 VPCS 则正好在满足了网络测试的同时也降低了硬件资源的消耗，可谓一举两得。

第 9 章 物理网络与虚拟网络结合

9.1 网络结合介绍

随着虚拟化技术的不断发展，必然会有传统的物理网络与虚拟网络结合使用的需求，例如虚拟化软件 VMware Workstation、VirtualBox，服务器虚拟化系统 VMware vSphere、XenServer、KVM，都涉及物理网络与虚拟网络结合使用。

在 EVE-NG 中，网络结合也是必不可少的一部分。因为 EVE-NG 虚拟的所有设备均在操作系统内的虚拟网络中，如果要将这些虚拟设备连接到 EVE-NG 之外的网络，必须将虚拟设备的网络与物理网络连通，这也是经常用到的一个功能。在 1.3.2 节中，有提到过 EVE-NG 支持与真实网络交互的功能。

作为 EVE-NG 的核心特性之一，不管在哪种平台、哪种环境下，它都可以通过非常简便的操作实现我们想要的效果。EVE-NG 的桥接本身不复杂，但是运行 EVE-NG 的环境复杂了，那么物理网络与虚拟网络结合时也就变得复杂了，所以本章的学习内容要求读者对多平台、多环境以及网络技术都有一定的了解，才可能理解其中的奥妙，这也是网络结合这种玩法的迷人与独特之处，也是 EVE-NG 的魅力所在。

那么在学习本章内容时，你需要有一定的基础知识，本章 9.2 节与 9.3 节着重讲解基础知识，9.4 节、9.5 节、9.6 节讲解在不同平台和不同环境下的结合方法。

首先提到一个概念，什么是桥接技术？在网络结合中最核心的技术就是桥接技术，它可以将两个或多个网卡（物理网卡或虚拟网卡）在逻辑层面上接入到同一个局域网中。这样的话，EVE-NG 中的虚拟设备就可以借助自身的物理网卡去访问真实的物理网络。

9.2 EVE-NG 的网桥

在 Lab 拓扑画布中添加 Network 对象时有多种可选项，包含 Bridge、Management（Cloud0）、Cloud1、Cloud2、…、Cloud9，如图 9-1 所示。呈现给我们的名称分为两大类，一类是 Bridge，另一类是 Cloud。这些对象在底层都显示为虚拟网桥，每一类都有不同的用途，这些是 EVE-NG 底层预设的。

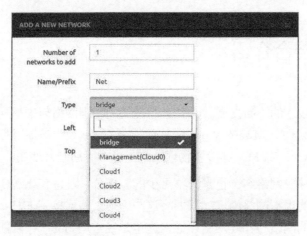

图 9-1　网络节点类型

- Bridge：仅作用在 EVE-NG 的 Lab 内部，为节点对象互联互通，充当"傻瓜"交换机。

- Management（Cloud0）：桥接到 EVE-NG 的第 1 块网卡中，即管理 IP 桥接的网卡。

- Cloud1：桥接到 EVE-NG 的第 2 块网卡中。

- Cloud2：桥接到 EVE-NG 的第 3 块网卡中。

以此类推，Cloud9 即桥接到 EVE-NG 的第 10 块网卡中。因为 VMware Workstation 中的虚拟机最多只允许增加 10 块虚拟网卡，所以 EVE-NG 的 Cloud 节点预设到 Cloud9。通常情况下，很少会用到这么多的网卡。

如上所述，Cloud 节点与网卡的对应关系已在 EVE-NG 中预设，所以只要将虚拟设备节点的网卡连接到 Management（Cloud0）中，那么该节点对象就会被自动桥接到

EVE-NG 的第一块网卡上。如果还有复杂的需求，让 Cloud1 到 Cloud9 也能够与外界通信，那么只需要增加 EVE-NG 的网卡就可以了，这就需要在 VMware Workstation 中操作，请看下一节的介绍。

9.3 虚拟机软件内置的网络类型

在 VMware Workstation 中增加网卡，首先得学会虚拟机软件默认的虚拟网络类型。

在个人版虚拟化软件逐步普及的过程中，各大软件也形成了固定的模式，将虚拟网络分成 3 种类型，如下所示。

- Bridge（桥接模式）：默认使用 VMnet0 虚拟网卡。
- NAT（网络地址转换模式）：默认使用 VMnet8 虚拟网卡。
- Host-Only（主机模式）：默认使用 VMnet1 虚拟网卡。

默认情况下，在安装虚拟机软件时，自动安装 VMnet 虚拟网卡，每一个网卡都提供虚拟交换机的功能。所以，连接到同一个虚拟网卡的所有主机、宿主机之间，均可以互相通信。这 3 种类型的区别是连接的方式不同，作用也不同。

9.3.1 Bridge

Bridge 模式，即桥接模式。VMnet0 虚拟网卡默认属于桥接模式，该模式下的网络架构可以理解为将宿主机、虚拟机都连接到 VMnet0 上，也就是虚拟机直连到物理网络，与宿主机在同一网段，在用户看来，虚拟机与宿主机都连到了物理网络中，并且都可以访问物理网络，如图 9-2 所示。

9.3.2 NAT

NAT 模式，即地址转换模式。VMnet8 虚拟网卡默认属于 NAT 模式。该网络下默认打开 DHCP 和 NAT 服务，这是由宿主机的系统服务提供。只有在服务启动的情况下，这两个功能才生效，如图 9-3 所示。该模式的特点是连接到该模式的所有虚拟机在访问物理网络时,源地址都会被翻译为宿主机的物理网卡 IP 地址,并从物理网卡发送出去,这样的话,这些虚拟机就都可以访问物理网络了,拓扑如图 9-4 所示。

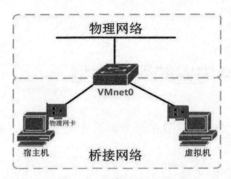

图 9-2　VMnet0 桥接模式架构

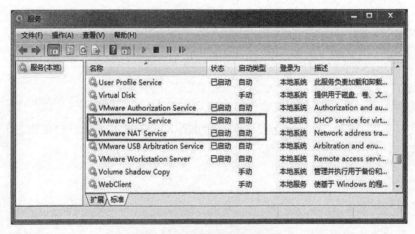

图 9-3　DHCP 与 NAT 服务

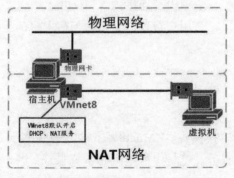

图 9-4　VMnet8 NAT 模式架构

用户可以在软件中开启或关闭 DHCP 服务，也可以单击"DHCP 设置"按钮设置 DHCP 地址段和租期，如图 9-5 和图 9-6 所示。

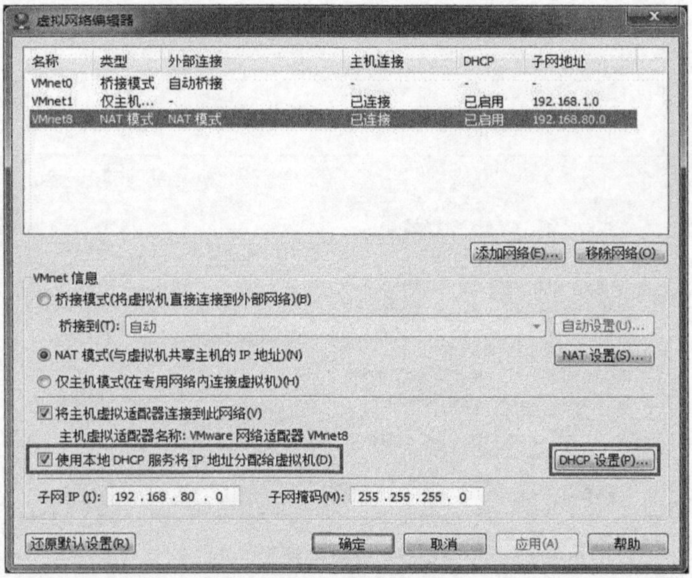

图 9-5 开启或关闭 DHCP 服务

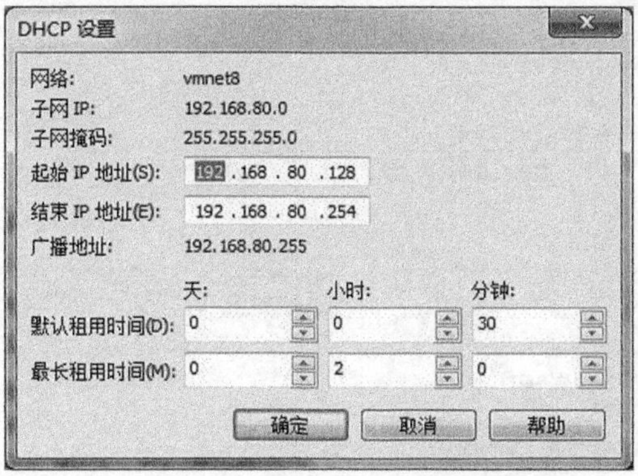

图 9-6 设置 DHCP 服务

由于 NAT 模式下 VMnet8 隐藏在物理网络的后端，如果想让物理网络能访问 NAT 模式下的虚拟机，需要在宿主机上设置端口转换，我们可以通过 VMware 虚拟机软件编辑端口映射，单击"NAT 设置"按钮进入到 NAT 设置对话框，再单击"添加"按钮，即可设置端口转换功能。如图 9-7 和图 9-8 所示。

第 9 章
物理网络与虚拟网络结合

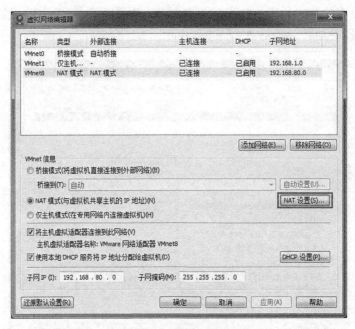

图 9-7 NAT 设置

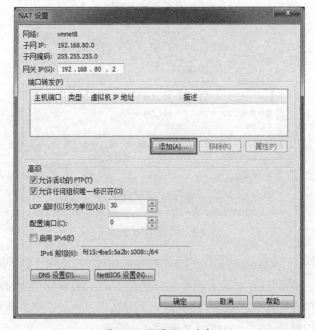

图 9-8 设置端口映射

细心的朋友会发现，网关 IP 地址是"192.168.80.2"，主机位为什么不是"1"？因为在默认情况下，"192.168.80.1"被宿主机的 VMnet8 虚拟网卡占用了。所以如果虚拟机使用 NAT 模式，并且虚拟机需要设置成静态 IP 地址时，一定要将网关地址设置为"192.168.80.2"，否则虚拟机不能访问物理网络，这也是用户经常犯的错误。

9.3.3 Host-Only

Host-Only 模式，即主机模式。VMnet1 默认属于 Host-Only 模式，连接到该模式下的所有虚拟机包含宿主机均可以互相通信，但虚拟机不能访问物理网络。也就是说，在 Host-Only 模式下，只有 DHCP 功能，无 NAT 功能，物理网络与虚拟网络是完全隔离的，如图 9-9 所示。

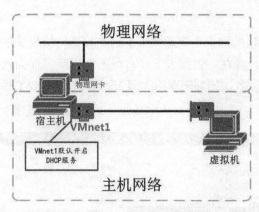

图 9-9　VMnet1 Host-Only 模式架构

9.4　VMware Workstation 环境下的桥接

了解了 VMware Workstation 的虚拟网络后，我们再想办法让 EVE-NG 中的虚拟设备可以访问物理网络。如何做呢？接下来我们一步一步地分析。

EVE-NG 是 VMware Workstation 下的虚拟机，而 EVE-NG 中还会运行各种各样的虚拟设备，这是两个层次，即两层虚拟化，如图 9-10 所示。

这涉及逻辑架构，分级思考能帮助我们理解，所以先将一层虚拟化网络设置完成，再设置二层虚拟化网络。请看下面的逐步剖析与实际操作。

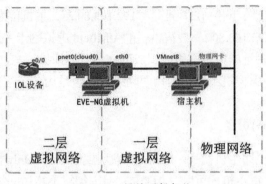

图 9-10　桥接逻辑架构

9.4.1　增加网卡

因为 EVE-NG 默认的网卡（管理网卡）是连接到桥接模式的，在实际工作中，将管理网络与业务网络合并在一张网卡上，有点不合规范，那么就新增加一个网卡，专门为 EVE-NG 中虚拟设备访问外部网络的网卡。将它连入 NAT 模式，即连接 VMnet8，如图 9-11 所示。

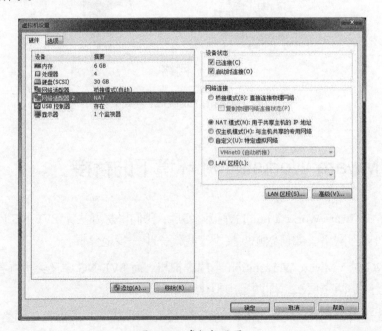

图 9-11　虚拟机设置

对于宿主机来说，这张网卡是虚拟网卡。对于 EVE-NG 虚拟机来说，这张网卡又是物理网卡。即便所有网卡都是虚拟的，但针对的对象不同，网卡的角色也不同。想清楚逻辑、分清楚角色，非常有利于今后的学习。

在你的环境中，需要桥接的网卡可能不是 NAT，可能是一个物理网卡或其他的虚拟网卡，如 VMnet2、VMnet3 等。同样原理，将这个网卡分配给 EVE-NG 虚拟机即可。这样一层虚拟化的虚拟网络就已配置完成。

9.4.2 EVE-NG 的桥接

增加网卡后的 EVE-NG 在系统中能看到第二块网卡，即 eth1，如图 9-12 所示。

```
root@eve-ng:~# ifconfig
eth0      Link encap:Ethernet  HWaddr 00:50:56:31:70:a5
          UP BROADCAST RUNNING MULTICAST  MTU:1500  Metric:1
          RX packets:74 errors:0 dropped:0 overruns:0 frame:0
          TX packets:74 errors:0 dropped:0 overruns:0 carrier:0
          collisions:0 txqueuelen:1000
          RX bytes:12076 (12.0 KB)  TX bytes:10745 (10.7 KB)

eth1      Link encap:Ethernet  HWaddr 00:0c:29:c7:a7:f4
          UP BROADCAST RUNNING MULTICAST  MTU:1500  Metric:1
          RX packets:128 errors:0 dropped:0 overruns:0 frame:0
          TX packets:8 errors:0 dropped:0 overruns:0 carrier:0
          collisions:0 txqueuelen:1000
          RX bytes:19475 (19.4 KB)  TX bytes:648 (648.0 B)
```

图 9-12　eth1 网卡

第二块网卡 eth1 在 EVE-NG 底层对应的是 Cloud1，那么该网卡默认被连接到 Cloud1 中。在 Lab 拓扑画布上添加一个 Cloud1，并设置名字为 Cloud1，如图 9-13 所示。

图 9-13　创建 Cloud1 网络节点

再创建一个虚拟设备，将接口连接到 Cloud1 上，这里以 IOL 设备为例，如图 9-14 所示。

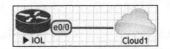

图 9-14　桥接测试拓扑

9.4.3　桥接验证

此时只要将 IOL 的 e0/0 接口配置成和宿主机的 VMnet8 在同一个网段，即可 ping 通宿主机的 VMnet8 的 IP 地址。演示环境中宿主机的 VMnet8 网卡 IP 地址是 192.168.80.1，如图 9-15 所示。

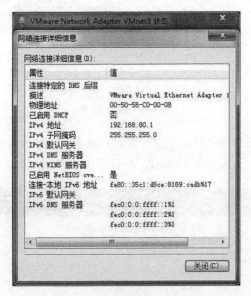

图 9-15　VMnet8 网卡 IP 地址

将 IOL 设备连接 Cloud1 的接口 e0/0 设置 IP 地址为 192.168.80.10，ping VMnet8 网卡 IP 地址，测试网络连通性，如图 9-16 所示，输出结果证明，两者可以互相通信。

如果 IOL 设备需要访问因特网，那么增加一条默认路由，再指定一个域名服务器即可，再次测试，如图 9-17 所示。

```
IOL#conf t
Enter configuration commands, one per line.  End with CNTL/Z.
Router(config)#hos
Router(config)#hostname IOL
IOL(config)#inter e0/0
IOL(config-if)#ip add 192.168.80.10 255.255.255.0
IOL(config-if)#no shut
IOL(config-if)#no shutdown
IOL(config-if)#end
IOL#ping 192.1
*Oct  5 09:04:51.979: %SYS-5-CONFIG_I: Configured from console by console
IOL#ping 192.168.80.1
Type escape sequence to abort.
Sending 5, 100-byte ICMP Echos to 192.168.80.1, timeout is 2 seconds:
.!!!!
Success rate is 80 percent (4/5), round-trip min/avg/max = 5/5/6 ms
IOL#
```

图 9-16　ping VMnet8 的 IP 地址

```
IOL#conf t
Enter configuration commands, one per line.  End with CNTL/Z.
IOL(config)#ip route 0.0.0.0 0.0.0.0 192.168.80.2
IOL(config)#ip name-server 114.114.114.114
IOL(config)#end
IOL#ping
*Oct  5 09:10:45.331: %SYS-5-CONFIG_I: Configured from console by console
IOL#ping www.baidu.com
Type escape sequence to abort.
Sending 5, 100-byte ICMP Echos to 61.135.169.125, timeout is 2 seconds:
!!!!!
Success rate is 100 percent (5/5), round-trip min/avg/max = 53/59/70 ms
IOL#
```

图 9-17　因特网的 ping 测试

网关为什么是 192.168.80.2

前文已经讲解过，这个是在 VMware Workstation 的虚拟网络编辑器中查看的，默认网关 IP 地址的主机位为 2，如果还不清楚，请回到 9.3.2 节复习一下。

9.5　VMware vSphere 环境下的桥接

因为 VMware Workstation 与 VMware vSphere 环境针对的客户群体不一样，它们是两套不同的环境，所以在虚拟网络部分差距也非常大。而 vSphere 的每个版本也有细微差别，在桥接部分中，具体的操作步骤有所不同，但原理和思路都一样。

在安装 EVE-NG 时，vmnic0 给 EVE-NG 管理网卡使用，为了与管理网络分开，那么我们就用 vmnic1 给 EVE-NG 桥接使用，让 EVE-NG 中的虚拟设备通过 vmnic1 访问外部网络。架构如图 9-18 所示。

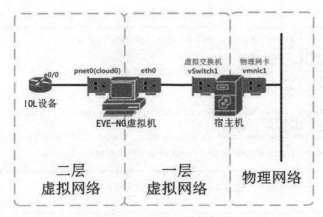

图 9-18　vSphere 桥接架构

同样道理，先处理一层虚拟化网络，再处理二层虚拟化网络。物理网卡在 vSphere 环境中被识别为 vmnic1，如图 9-19 所示。

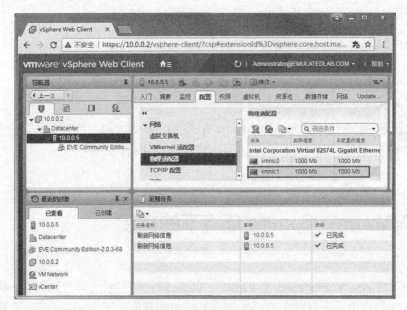

图 9-19　vmnic1 网卡

9.5.1　创建 vSphere 标准交换机

vSphere 环境中虚拟交换机不会自动创建，所以需要手动创建 vSwitch1，并关联

vmnic1 物理网卡，操作步骤如下。

单击运行 EVE-NG 的 ESXi 服务器后，会跳转到 ESXi 界面，单击"配置"选项卡，找到左侧"虚拟交换机"选项，在虚拟交换机配置界面的上方有许多快捷按钮，其中第一个就是"添加主机网络"按钮，如图 9-20 所示。

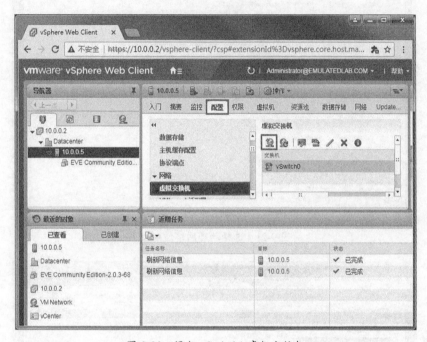

图 9-20 添加 vSwitch1 虚拟交换机

弹出"添加网络"界面后，能看到 3 种类型。

- VMKernel 网络适配器：为 VMware 高级特性使用的网络，如 vSphere vMotion 热迁移、Fault Tolerance 容错等。
- 物理网络适配器：创建 vSwitch 虚拟交换机。
- 标准交换机的虚拟端口组：在 vSwitch 上创建端口组，类似于划分 vlan、trunk。

首先创建 vSwitch 虚拟交换机，跟着步骤依次选择相应选项，选择新加网络，连接类型选择物理网络适配器，然后单击"下一步"，如图 9-21 所示。

为新加网络分配虚拟交换机，因为环境中没有新的虚拟交换机，所以要选择"新建标准交换机"选项，如图 9-22 所示。

第 9 章
物理网络与虚拟网络结合

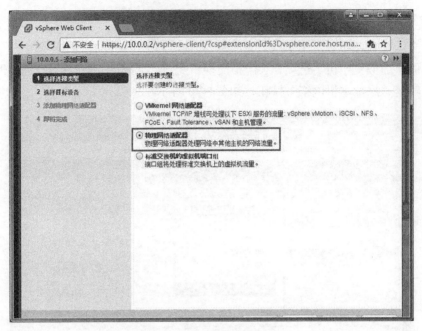

图 9-21 选择物理网络适配器

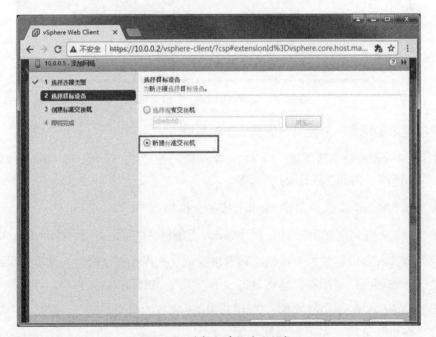

图 9-22 选择新建标准交换机

单击"下一步"后，提示选择使用的物理适配器，因为 vmnic1 适配器还未激活，所以需要按"+"号将 vmnic 加入到活动适配器中，如图 9-23 和图 9-24 所示。

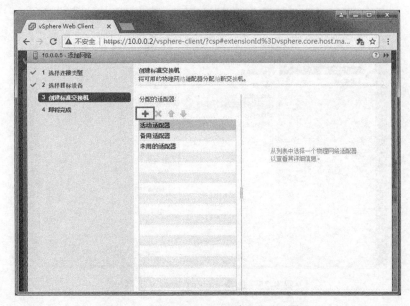

图 9-23 将 vmnic1 加入到活动适配器 1

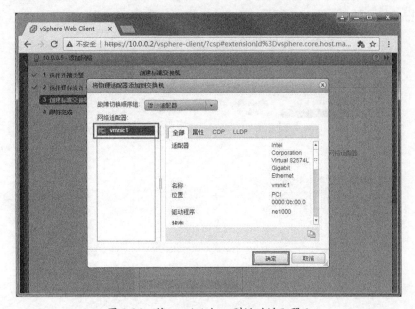

图 9-24 将 vmnic1 加入到活动适配器 2

单击"确定"后，vmnic1 网卡就已经添加到活动适配器的分类中，选中 vmnic1，然后单击"下一步"，如图 9-25 所示。

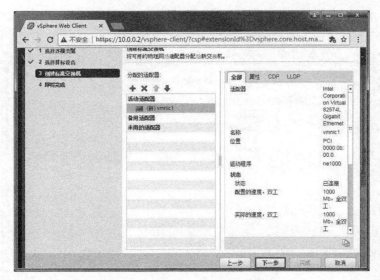

图 9-25　选择 vmnic1 网络适配器

紧接着看到的是即将完成的界面，确认标准交换机与分配的适配器信息都正确后，单击"完成"，如图 9-26 所示。

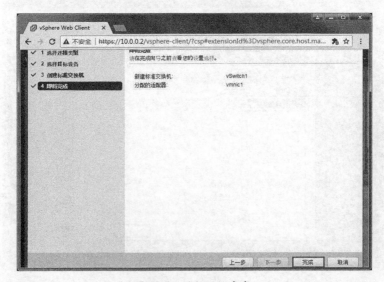

图 9-26　添加网络完成

9.5.2 添加网络

上一小节创建的是 vSwitch1 虚拟交换机,但是上面目前还没有端口,下面在 vSwitch1 上添加网络端口组,选中 vSwitch1,然后单击按钮"添加主机网络",如图 9-27 所示。

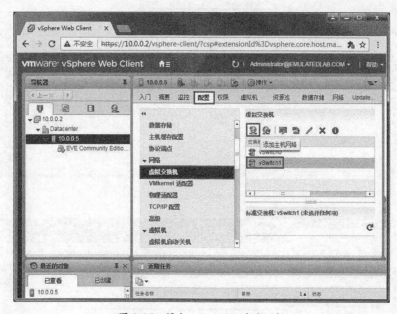

图 9-27 添加 vSwitch1 的端口组

弹出"添加网络"界面后,这次选择"标准交换机的虚拟机端口组",如图 9-28 所示。

选择需要添加虚拟机端口组的虚拟交换机,所以选择刚才创建的 vSwitch1,如图 9-29 所示。

接着要求填写网络的类型,即 VLAN ID。此处的 VLAN ID 与物理网络中的 VLAN ID 意思一样,只是配置的说法不一样。以网络技术中的名词解释这里的 VLAN ID,如下所述。

- 无(0):即不打 vlan 标签。
- 数字(1~4094):即相应的 vlan 标签。

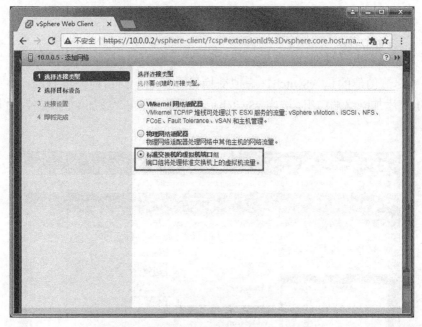

图 9-28　添加标准交换机的虚拟机端口组

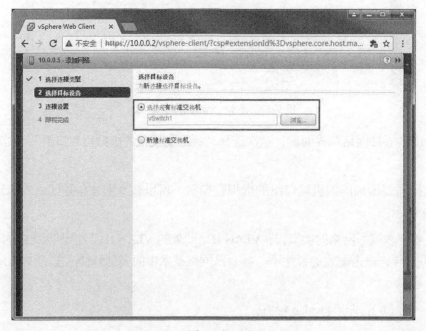

图 9-29　选择现有标准交换机

- 全部（4095）：即 trunk 模式。

这里的 VLAN 配置需要与物理交换机联合配置，有大致如下几种情况。

- 物理交换机使用三层接口，则 vSwitch 上不需要打标签，即填无（0）。
- 物理交换机接口使用 trunk 模式，则 vSwitch 需要打标签，即填数字，数字范围是 1～4094。在这种情况下，该 VLAN ID 必须在物理交换机上存在，且物理交换机的 trunk 接口允许相应的 VLAN 通过。
- 物理交换机使用 access 模式，则 vSwitch 有两种做法：
  > vSwitch 不需要打标签，即填无（0），这时的 vSwitch 相当于一个"傻瓜"交换机；
  > vSwitch 作为 trunk 口，则填全部（4095），那么 EVE-NG 中的虚拟设备就必须具备打标签的功能，且标签要与物理交换机的 access 口一致，这样虚拟设备才能直接与物理网络通信。

综上所述，我们可以把 vSwitch 当作一个物理交换机使用，只要网络层面上逻辑正确，都可以实现想要的效果。

本文旨在演示效果实现的过程，所以选择一个最容易理解的方案，那么就以不打标签为例。其中物理交换机的三层接口 IP 地址为 192.168.10.254，即网关。如图 9-30 所示，填写网络标签为"192.168.10.0/24"，建议使用网段或者用途作为标识，当网络数量增多时，也可以快速识别网段。

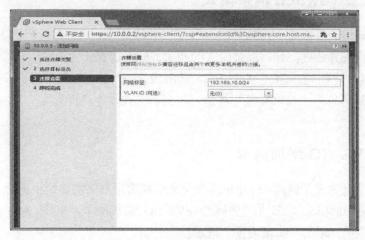

图 9-30　配置端口组信息

单击"下一步"后，即可看到刚才添加的虚拟机端口组，确认无误后，单击"完成"，如图 9-31 所示。

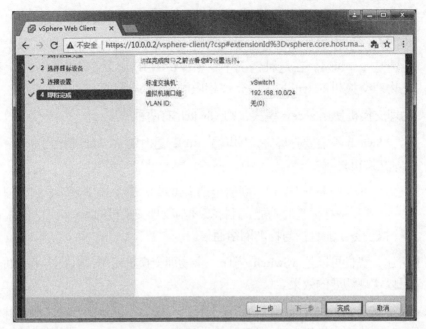

图 9-31　虚拟机端口组添加完成

9.5.3　设置 vSwitch 混杂模式

开启 vSwitch1 虚拟交换机的混杂模式，关于混杂模式的内容已经在第 2 章 EVE-NG 安装指南中详细介绍过。开启混杂模式的网卡，能够接收任何流量，包含抵达该网卡的流量和穿越该网卡的流量。如图 9-32 和图 9-33 所示，单击"虚拟交换机"下的"vSwitch1"后再单击"编辑设置"按钮，将混杂模式改为"接受"。

9.5.4　EVE-NG 增加网卡

前面几节已完成了创建 vSwitch 虚拟交换机和虚拟网络端口组，但是 EVE-NG 虚拟机并没有添加网卡，本节讲解如何给 EVE-NG 添加网卡。如图 9-34 所示，右键 EVE-NG 虚拟机，单击"编辑设置"选项。

9.5 VMware vSphere 环境下的桥接 | 215

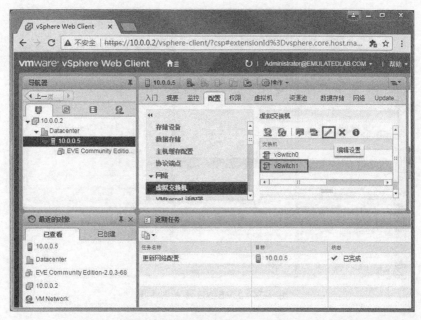

图 9-32 开启 vSwitch1 的混杂模式 1

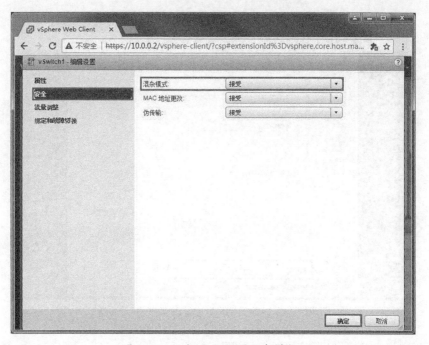

图 9-33 开启 vSwitch 的混杂模式 2

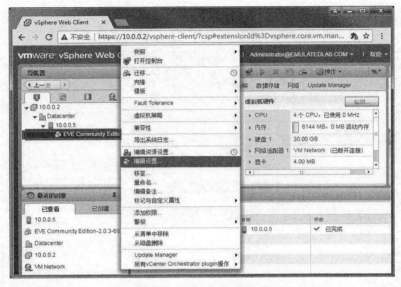

图 9-34 EVE-NG 添加网卡 1

在 EVE-NG 的硬件配置界面中,单击界面底部"新设备"按钮,如图 9-35 所示。

图 9-35 EVE-NG 添加网卡 2

在弹出框中单击"网络"按钮,如图 9-36 所示。

9.5 VMware vSphere 环境下的桥接 | 217

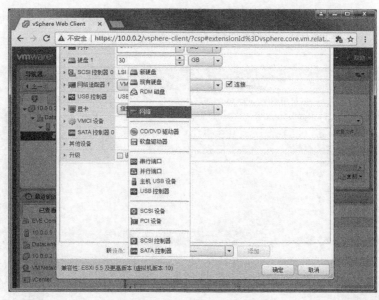

图 9-36 EVE-NG 添加网卡 3

单击"确定"后，其实并没有添加成功，只是选择了添加新设备的类型，还需要再单击"添加"按钮，注意别落下这一步，如图 9-37 所示。

图 9-37 EVE-NG 添加网卡 4

这时，网卡添加成功了，将该网卡连接到 192.168.10.0/24 这个网络，并单击"确定"按钮，如图 9-38 所示。

图 9-38　EVE-NG 添加网卡 5

这时网卡驱动器就被添加成功了，到此为止，一层虚拟化网络已经配置完成，接下来对 EVE-NG 中的二层虚拟化网络做配置。与 VMware Workstation 环境类似，打开 Web 界面的 Lab 拓扑画布，添加网络对象，类型选为 Cloud1，如图 9-39 所示。

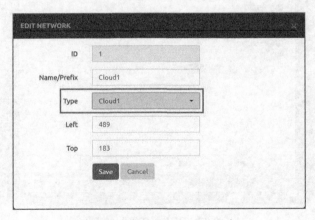

图 9-39　添加 Cloud1 网络对象

再创建一个 EVE-NG 虚拟设备，以 IOL 为例，将 e0/0 接口连接到 Cloud1 上，如图 9-40 所示。

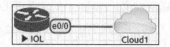

图 9-40　VMware vSphere 环境桥接测试拓扑

9.5.5　桥接验证

连接到 IOL 设备上，将 e0/0 接口 IP 地址配置为 192.168.10.10，ping 物理交换机上的网关为 192.168.10.254，确认能够正常通信，如图 9-41 所示。

```
Router#
*Oct 10 15:25:54.869: %SYS-5-CONFIG_I: Configured from console by console
Router#conf t
Enter configuration commands, one per line.  End with CNTL/Z.
Router(config)#hostname IOL
IOL(config)#inter e0/0
IOL(config-if)#ip add 192.168.10.10 255.255.255.0
IOL(config-if)#no shut
IOL(config-if)#end
IOL#ping 192
*Oct 10 15:26:16.963: %SYS-5-CONFIG_I: Configured from console by console
IOL#ping 192.168.10.254
Type escape sequence to abort.
Sending 5, 100-byte ICMP Echos to 192.168.10.254, timeout is 2 seconds:
.!!!!
Success rate is 80 percent (4/5), round-trip min/avg/max = 1/1/2 ms
IOL#
```

图 9-41　测试 ping 物理交换机网关

9.6　桥接物理网卡

桥接物理网卡与桥接虚拟网卡类似，将一块物理网卡直接分配给 EVE-NG 使用。在 VMware Workstation 与 VMware vSphere 中的操作一样，但原理不一样。

1. VMware Workstation

设置一个网卡将其改为桥接模式，比如 VMnet1，并且桥接到物理网卡上。将 VMnet1 网卡分配给 EVE-NG，那么 EVE-NG 识别到的网卡就直接桥接到物理网卡上了。

2. VMware vSphere

桥接方式取决于网卡类型，如果是 PCIE 网卡，会被直接识别为 vmnic 网卡，那么与前文介绍的方法一样。如果是 USB 网卡，那么将 USB 设备加载到 EVE-NG 虚拟机中，这时 EVE-NG 识别的网卡是直通到物理网卡上的，所以可以被 EVE-NG 识别到。

本节以 VMware Workstation 为例，讲解如何将物理网卡桥接到 EVE-NG 中。首先准备一个 USB 网卡，将它连入到物理网络中，如图 9-42 所示。

图 9-42 测试 ping 物理交换机网关

在 VMware Workstation 中，将 VMnet1 改为桥接模式，如图 9-43 所示。当然，新建一个虚拟网卡 VMnet2、VMnet3 等任何一个都可以，只要把虚拟网卡改为桥接模式，并桥接到相应的物理网卡即可。这里有一个需要注意的地方，VMnet0 默认桥接到自动，相当于系统从所有物理网卡中自动选择桥接对象，那么 VMnet1 等其他桥接类型的虚拟网卡就不能改为桥接模式。所以，需要将 VMnet0 手动桥接到其他网卡上。

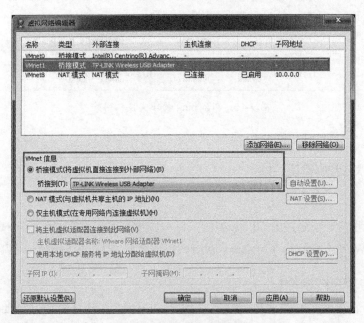

图 9-43 VMnet1 桥接模式

然后配置 EVE-NG 的网卡。新建一个网络适配器，选择自定义，虚拟网络设置为"VMnet1（桥接模式）"，如图 9-44 所示。

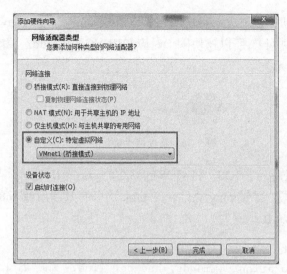

图 9-44　新加网络适配器设置为 VMnet1

此时 EVE-NG 的硬件资源如图 9-45 所示。

图 9-45　EVE-NG 的硬件资源

将 EVE-NG 开机，并创建一个虚拟设备节点和 Cloud 类型的 Network，因为 VMnet1 是 EVE-NG 的第 3 块网卡，所以这块网卡对应 EVE-NG 的 Cloud2，将虚拟设备与 Cloud2 相连，如图 9-46 所示。

图 9-46　物理网卡桥接拓扑

用 SecureCRT 连接到 vIOS，将 vIOS 的 Gi0/0 口配置 IP 地址，与 TP Link 网卡 IP 地址在同一个地址段，并做 ping 测试，TP Link 网卡的 IP 为 192.168.0.100，vIOS 的 IP 地址设置为 192.168.0.10，网关为 192.168.0.1，如下所示。

```
Router#conf t
Enter configuration commands, one per line. End with CNTL/Z.
Router(config)#hostname vIOS
vIOS(config)#interface g0/0
vIOS(config-if)#ip add 192.168.0.10 255.255.255.0
vIOS(config-if)#no shutdown
vIOS(config-if)#exit
vIOS(config)#ip route 0.0.0.0 0.0.0.0 192.168.0.1
vIOS(config)#end
vIOS#
vIOS#ping 192.168.0.100
Type escape sequence to abort.
Sending 5, 100-byte ICMP Echos to 192.168.0.100, timeout is 2 seconds:
.!!!!
Success rate is 80 percent (4/5), round-trip min/avg/max = 1/2/3 ms
vIOS#ping 192.168.0.1
Type escape sequence to abort.
Sending 5, 100-byte ICMP Echos to 192.168.0.1, timeout is 2 seconds:
!!!!!
Success rate is 100 percent (5/5), round-trip min/avg/max = 3/9/18 ms
vIOS#
vIOS#show arp
Protocol  Address          Age (min)  Hardware Addr   Type   Interface
```

```
Internet  192.168.0.1    0  dcfe.1887.f283  ARPA  GigabitEthernet0/0
Internet  192.168.0.10   -  5000.0001.0000  ARPA  GigabitEthernet0/0
Internet  192.168.0.100  1  3c46.d842.61a2  ARPA  GigabitEthernet0/0
vIOS#
```

此时，vIOS 与 TP Link 网卡在同一个网段，并且都可以 ping 通网关 192.168.0.1，证明桥接成功。

9.7 结语

怎么样？有没有感受到网络结合的强大与魅力？无论怎样桥接，只要技术逻辑正确，就可以实现。你可能不会马上理解，在多次尝试和实践后，便能完全了解它、掌控它，并玩转它。

实现网络结合的关键点是多层桥接的逻辑性，无论在哪种环境中，都能促成 EVE-NG 与外界的网络结合。EVE-NG 本身的桥接不复杂，复杂的是 EVE-NG 适配在各种各样的环境后，依然能桥接自如。所以 EVE-NG 的这一点非常强大，它可以与其他多种环境或者物理设备融合起来，能帮助我们完成多种多样的环境设计，也增加了 EVE-NG 的实用性。

生命不息，折腾不止，赶快动手实践吧！

第 10 章 EVE-NG 资源扩容

10.1 EVE-NG 硬件资源简介

在 EVE-NG 中，资源最为重要。如果资源不够，就无法发挥 EVE-NG 更强大的功能。在使用 EVE-NG 时，我们最为关心的就是 4 种资源：CPU、内存、网卡和硬盘。

不管 EVE-NG 在什么环境中运行，内存、CPU、网络适配器的扩容都非常容易。如果是物理机的话，直接添加硬件即可；如果是虚拟机中，在虚拟机软件中给 EVE-NG 添加虚拟资源即可。但是硬盘的扩容就较难操作，因为 EVE-NG 在安装时，默认情况下，磁盘使用 LVM 管理。

在大多数情况下，都会选用将 EVE-NG 的 OVA 文件导入到 VMware Workstation 等虚拟机软件中，默认资源如图 10-1 所示。

可以看到硬盘大小为 30GB，当硬盘被上传的镜像占满时，EVE-NG 就无法正常使用了。所以，这对于使用 QEMU 虚拟设备的用户来说，容量远远不够。建议各位用户，多注意 EVE-NG 所在分区的磁盘空间。

在进行硬盘和 Swap 的扩容时，一定要了解 LVM，这涉及使用 LVM 管理新增硬盘，并为 EVE-NG 的目录扩容。

图 10-1　EVE-NG 默认的硬件资源

10.2　LVM

每个 Linux 系统管理员在安装 Linux 系统时，很难精确地预估和分配各个硬盘分区的容量，因为要考虑当前某个分区需要的容量，并且预估该分区今后可能需要的容量的最大值。如果预估不准确，后期的维护成本非常高，比如当某个分区空间不足时，需要备份整个系统，清空磁盘数据，重新对硬盘分区，格式化分区，然后将备份的数据恢复到新分区，这样的操作既复杂又耗时。

虽然如上方案可行，并且可以借助如 Partition Magic 动态调整磁盘的工具完成，但是如果有新增硬盘的需求时，就需要重新引导系统才能实现，对于生产环境的关键的服务器来说，停机是绝对不允许的。另外，对于跨越多个硬盘驱动器的文件系统来说，传统的方案就不能解决问题。

所以，在零停机的情况下，如何灵活自如地调整文件系统的大小呢？答案是逻辑卷管理机制。在使用本地磁盘时，Linux 系统下的逻辑盘卷管理就是一个比较好的解决方案，它可以很方便地实现文件系统跨越不同磁盘和分区。

10.2.1 LVM 介绍

通过 LVM（Logical Volume Manager）可以实现存储空间的抽象化并在上面建立虚拟分区，可以更简便地扩大和缩小分区，还可以在增删分区时无需担心某个硬盘上没有足够的连续空间。LVM 是建立在硬盘和分区之上的一个逻辑层，用来提高磁盘分区管理的灵活性。

如图 10-2 所示，LVM 是在磁盘分区和文件系统之间添加的一个逻辑层，将物理磁盘组合成一个大的逻辑磁盘，在上面划分逻辑分区，并创建文件系统，再挂载到目录下。

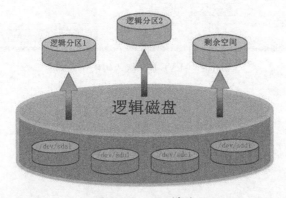

图 10-2　LVM 模型

10.2.2 基本组成

LVM 的基本术语和主要组成部分如下。

- 物理存储介质（PSM，Physical Storage Media）：指物理存储设备，如/dev/hda、/dev/sda 等，甚至是建立在 RAID 阵列技术上/dev/sda。

10.2 LVM

- 物理卷（PV，Physical Volume）：指可以在上面创建卷组的媒介，可以是硬盘分区，也可以是完整的硬盘，或者回环文件。物理卷包含一个特殊的 header（头部），剩余部分被切割为一块块物理区域（Physical Extends）。物理卷是 LVM 最基本的承载物，任何逻辑卷和卷组都依靠物理卷而建立。
- 卷组（VG，Volume Group）：卷组是将物理卷组合后的一块管理单元，建立在物理卷之上，由一个或多个物理卷 PV 组成，可以被看作是非 LVM 系统中的一块物理磁盘，在上面能创建一个或多个 LV（Logical Volume）。
- 逻辑卷（LV，Logical Volume）：逻辑卷是建立在卷组上的虚拟分区，由物理区域（Physical Extends）组成，可以被看作是物理磁盘的分区，能创建文件系统并挂载到目录下。
- 物理区域（PE，Physical Extent）：物理区域是物理卷中可用于分配的最小存储单元，默认大小为 4MB，可根据实际情况在创建物理卷时指定，一旦确定便不能更改。同一卷组中，所有物理卷的物理区域大小一致。
- 逻辑区域（LE，Logical Extent）：逻辑区域是逻辑卷中可用于分配的最小存储单元，逻辑区域的大小取决于逻辑卷所在卷组中的物理区域大小。在同一卷组中，逻辑区域大小与物理区域大小相同，并且一一对应。

PV、VG、LV 三者之间的关系，如图 10-3 所示。

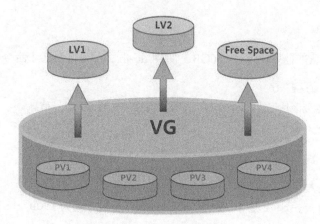

图 10-3　LVM 抽象模型

10.2.3　LVM 的优缺点

与传统的硬盘分区管理相比，LVM 更富有弹性：

- 使用卷组，使众多硬盘空间看起来像是一个大硬盘；
- 使用逻辑卷，可以创建跨越众多硬盘空间的分区；
- 可以创建小的逻辑卷，在空间不足时再动态调整大小；
- 调整逻辑卷大小时，可以不用考虑逻辑卷在硬盘的位置，不用担心没有可用的连续空间；
- 可以在线对逻辑卷、卷组进行创建、删除、调整大小等操作，LVM 上的文件系统也需要调整大小，某些文件系统也支持这样的在线操作；
- 无需重新启动服务，就可以将服务中用到的逻辑卷在线或动态迁移到其他硬盘上；
- 允许创建快照，可以保存文件系统的备份，同时使服务的下线时间降低到最小。

LVM 的优点不容质疑，但缺点也非常致命。如果物理磁盘损坏，很可能导致数据丢失。通常情况下，LVM 需要与 RAID 配合使用来保证数据安全。

根目录自动扩容

EVE-NG 默认的磁盘大小为 30GB，使用 df –h 命令和 fdisk –l 命令查看。

```
root@eve-ng:~# df -h
    //显示磁盘分区使用情况，-h 参数：以可读性较高的方式显示信息
Filesystem                    Size    Used    Avail   Use%   Mounted on
udev                          2.9G    0       2.9G    0%     /dev
tmpfs                         597M    14M     584M    3%     /run
/dev/mapper/eve--ng--vg-root  24G     3.0G    19G     14%    /
    //eve-ng-vg-root 是 LV，被挂载到/根目录，可用空间为 19GB
tmpfs                         3.0G    0       3.0G    0%     /dev/shm
tmpfs                         5.0M    0       5.0M    0%     /run/lock
tmpfs                         3.0G    0       3.0G    0%     /sys/fs/cgroup
/dev/sda1                     472M    143M    305M    32%    /boot
```

```
root@eve-ng:~#
root@eve-ng:~# fdisk -l
    //fdisk 分区工具显示所有磁盘以及磁盘分区，-l 参数：即所有磁盘
Disk /dev/sda: 30 GiB, 32212254720 bytes, 62914560 sectors
Units: sectors of 1 * 512 = 512 bytes
Sector size (logical/physical): 512 bytes / 512 bytes
I/O size (minimum/optimal): 512 bytes / 512 bytes
Disklabel type: dos
Disk identifier: 0x94fa5649


Device     Boot   Start      End      Sectors   Size  Id  Type
/dev/sda1  *       2048    999423      997376   487M  83  Linux
/dev/sda2       1001470  62912511    61911042  29.5G   5  Extended
/dev/sda5       1001472  62912511    61911040  29.5G  8e  Linux LVM
    //sda 磁盘只有 30GiB，并且分为三个分区
Disk /dev/mapper/eve--ng--vg-root: 23.5 GiB, 25253904384 bytes, 49324032 sectors
Units: sectors of 1 * 512 = 512 bytes
Sector size (logical/physical): 512 bytes / 512 bytes
I/O size (minimum/optimal): 512 bytes / 512 bytes
    //eve-ng-vg-root：逻辑卷
Disk /dev/mapper/eve--ng--vg-swap_1: 6 GiB, 6442450944 bytes, 12582912 sectors
Units: sectors of 1 * 512 = 512 bytes
Sector size (logical/physical): 512 bytes / 512 bytes
I/O size (minimum/optimal): 512 bytes / 512 bytes
    //eve-ng-vg-swap_1：逻辑卷
```

如上显示能够看出，sda1 分区挂载到/boot 目录，sda2 为扩展分区，sda5 为 sda2 扩展分区中的一个分区。

运行 lsblk 命令，可以查看到所有可用块设备的信息、分区结构和类型、挂载点等。pvs、pvscan、pvdisplay 命令可以查看当前系统的物理卷信息。vgdiskplay 命令可以查看当前的 VG 信息。lvdiskplay 命令可以查看当前的 LV 信息。执行结果如下。

第 10 章
EVE-NG 资源扩容

```
root@eve-ng:~# lsblk（查看所有可用块设备的信息）
NAME                    MAJ:MIN   RM   SIZE    RO   TYPE   MOUNTPOINT
fd0                     2:0       1    4K      0    disk
sda                     8:0       0    500G    0    disk
|-sda1                  8:1       0    487M    0    part   /boot
|-sda2                  8:2       0    1K      0    part
`-sda5                  8:5       0    29.5G   0    part
  |-eve--ng--vg-root    252:0     0    23.5G   0    lvm    /
  `-eve--ng-vg-swap_1   252:1     0    6G      0    lvm    [SWAP]
root@eve-ng:~#
root@eve-ng:~# pvs（查看当前系统的物理卷信息）
  PV         VG         Fmt   Attr   PSize    PFree
  /dev/sda5  eve-ng-vg  lvm2  a--    29.52g   0
root@eve-ng:~#
root@eve-ng:~# pvscan（查看当前系统的物理卷信息）
  PV /dev/sda5   VG eve-ng-vg    lvm2 [29.52 GiB / 0    free]
  Total: 1 [29.52 GiB] / in use: 1 [29.52 GiB] / in no VG: 0 [0    ]
root@eve-ng:~#
root@eve-ng:~# pvdisplay（查看当前系统的物理卷信息）
  --- Physical volume ---
  PV Name               /dev/sda5（PV 名字）
  VG Name               eve-ng-vg（VG 名字）
        //由此可看出，sda5 分区被加入到 eve-ng-vg 卷组中
  PV Size               29.52 GiB / not usable 2.00 MiB
  Allocatable           yes (but full)
  PE Size               4.00 MiB
  Total PE              7557（PE 总数）
  Free PE               0
  Allocated PE          7557（已分配的 PE）
  PV UUID               8CnVw5-q3b8-dqti-UoeM-d5Wg-xi0r-hR6Ct2
root@eve-ng:~#
root@eve-ng:~# vgdisplay（显示当前系统 VG 的信息）
  --- Volume group ---
```

```
VG Name                 eve-ng-vg （卷组名字）
System ID
Format                  lvm2
Metadata Areas          1
Metadata Sequence No    3
VG Access               read/write
VG Status               resizable
MAX LV                  0
Cur LV                  2
Open LV                 2
Max PV                  0
Cur PV                  1
Act PV                  1
VG Size                 29.52 GiB （卷组大小）
PE Size                 4.00 MiB （PE 大小）
Total PE                7557
Alloc PE / Size         7557 / 29.52 GiB
Free  PE / Size         0 / 0
VG UUID                 RAfj0r-fDwi-oPHM-WzTI-IrX9-OdLM-JQeoyz （卷组的 UUID）
root@eve-ng:~#
root@eve-ng:~# lvdisplay （显示当前系统 LV 的信息）
   //有两个逻辑卷，分别为 root 卷与 swap_1 卷
   --- Logical volume ---
   LV Path                 /dev/eve-ng-vg/root （逻辑卷路径）
   LV Name                 root （逻辑卷名称）
   VG Name                 eve-ng-vg （所属的 VG 名称）
      //由此可看出，root 逻辑卷是在 eve-ng-vg 卷组上创建的
   LV UUID                 CxNG4X-3jtX-9Lbf-WfIp-eMAl-Y2wL-Qxg4sL
   LV Write Access         read/write
   LV Creation host, time eve-ng, 2017-04-11 02:53:43 +0300
   LV Status               available
   # open                  1
   LV Size                 23.52 GiB （逻辑卷大小）
```

```
Current LE              6021
Segments                1
Allocation              inherit
Read ahead sectors      auto
- currently set to      256
Block device            252:0

--- Logical volume ---
LV Path                 /dev/eve-ng-vg/swap_1
LV Name                 swap_1（逻辑卷名称）
VG Name                 eve-ng-vg
LV UUID                 3JJj36-MU70-hMAc-ZY7S-9pcK-R1uw-3Szevc
LV Write Access         read/write
LV Creation host, time eve-ng, 2017-04-11 02:53:43 +0300
LV Status               available
# open                  2
LV Size                 6.00 GiB  （逻辑卷大小）
Current LE              1536
Segments                1
Allocation              inherit
Read ahead sectors      auto
- currently set to      256
Block device            252:1
```

查看到所需信息之后，不难看出当前的 LVM 结构，最重要的信息是 sda5 被加入到名为 eve-ng-vg 卷组中，该卷组又被划分为两个逻辑卷，root 卷为 23.5GB 和 swap_1 卷为 6GB。因为 EVE-NG 的目录为/opt/unetlab/，而根目录被挂载到 eve-ng-vg 卷组中的 root 逻辑卷上。

所以，我们的扩容需求就是对 root 逻辑卷扩容。在底层，EVE-NG 默认支持将新增加的硬盘扩容到 LVM 中，所以只需要增加一块硬盘即可。

下面将 EVE-NG 关机，在 VMware Workstation 给 EVE-NG 新增加一块硬盘，如图 10-4 所示。

图 10-4 EVE-NG 增加硬盘

启动 EVE-NG 后,再次执行 df-h,查看分区使用情况,发现该磁盘自动扩容到 root 逻辑卷中。

```
root@eve-ng:~# df -h
Filesystem                    Size  Used  Avail Use% Mounted on
udev                          2.9G     0  2.9G   0%  /dev
tmpfs                         597M   14M  584M   3%  /run
/dev/mapper/eve--ng--vg-root  516G  3.1G  491G   1%  /
tmpfs                         3.0G     0  3.0G   0%  /dev/shm
tmpfs                         5.0M     0  5.0M   0%  /run/lock
tmpfs                         3.0G     0  3.0G   0%  /sys/fs/cgroup
/dev/sda1                     472M  143M  305M  32%  /boot
root@eve-ng:~#
```

以此类推,新增加的硬盘都会自动扩容到 EVE-NG 的根目录中。

10.3 根目录手动扩容

自动扩容只能用于新增加的硬盘上,那如何在只增加原有硬盘大小不增加新硬盘的情况下扩容呢?这必须用手动扩容,请看下面的讲解和具体操作。

首先,增加原有硬盘空间到 500GB。选择硬盘后单击"扩展"按钮,输入扩容后的硬盘大小,单击"扩展"完成硬盘空间扩容,如图 10-5~图 10-7 所示。

图 10-5 扩展 EVE-NG 原有硬盘 1

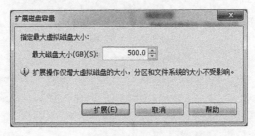

图 10-6 扩展 EVE-NG 原有硬盘 2

10.3 根目录手动扩容

图 10-7 扩展 EVE-NG 原有硬盘 3

通过 fdisk -l 命令能看到 sda 硬盘已变为 500GB，但/根目录还是 24GB，下面再运用 LVM 将新增的容量扩充到根目录。首先将新增的容量单独划分到一个分区。fdisk 分区工具的使用方法如表 10-1 所示。

表 10-1 fdisk 分区工具的使用方法

命令	用途
p	显示分区表
n	增加一个新的分区
d	删除一个分区
w	写入分区表到硬盘
q	退出分区工具
m	使用帮助

具体操作如下。

```
root@eve-ng:~# fdisk -l
    //显示所有磁盘分区信息
Disk /dev/sda: 500 GiB, 536870912000 bytes, 1048576000 sectors
Units: sectors of 1 * 512 = 512 bytes
Sector size (logical/physical): 512 bytes / 512 bytes
I/O size (minimum/optimal): 512 bytes / 512 bytes
Disklabel type: dos
Disk identifier: 0x94fa5649


Device     Boot   Start      End       Sectors   Size   Id   Type
/dev/sda1  *      2048       999423    997376    487M   83   Linux
/dev/sda2         1001470    62912511  61911042  29.5G  5    Extended
/dev/sda5         1001472    62912511  61911040  29.5G  8e   Linux LVM

Disk /dev/mapper/eve--ng--vg-root: 23.5 GiB, 25253904384 bytes, 49324032 sectors
Units: sectors of 1 * 512 = 512 bytes
Sector size (logical/physical): 512 bytes / 512 bytes
I/O size (minimum/optimal): 512 bytes / 512 bytes

Disk /dev/mapper/eve--ng--vg-swap_1: 6 GiB, 6442450944 bytes, 12582912 sectors
Units: sectors of 1 * 512 = 512 bytes
Sector size (logical/physical): 512 bytes / 512 bytes
I/O size (minimum/optimal): 512 bytes / 512 bytes
root@eve-ng:~# df -h
Filesystem                     Size   Used   Avail   Use%   Mounted on
udev                           2.9G   0      2.9G    0%     /dev
tmpfs                          597M   14M    584M    3%     /run
/dev/mapper/eve--ng--vg-root   24G    3.0G   19G     14%    /
tmpfs                          3.0G   0      3.0G    0%     /dev/shm
tmpfs                          5.0M   0      5.0M    0%     /run/lock
tmpfs                          3.0G   0      3.0G    0%     /sys/fs/cgroup
/dev/sda1                      472M   143M   305M    32%    /boot
root@eve-ng:~#
```

将新增加的 470GB 磁盘空间，单独划分为一个分区，如下所示。

root@eve-ng:~# **fdisk /dev/sda**
　　//使用 fdisk 工具对 sda 磁盘操作
Welcome to fdisk (util-linux 2.27.1).
Changes will remain in memory only, until you decide to write them.
Be careful before using the write command.

Command (m for help): **p**　　//显示分区表
Disk /dev/sda: 500 GiB, 536870912000 bytes, 1048576000 sectors
Units: sectors of 1 * 512 = 512 bytes
Sector size (logical/physical): 512 bytes / 512 bytes
I/O size (minimum/optimal): 512 bytes / 512 bytes
Disklabel type: dos
Disk identifier: 0x94fa5649

Device	Boot	Start	End	Sectors	Size	Id	Type
/dev/sda1	*	2048	999423	997376	487M	83	Linux
/dev/sda2		1001470	62912511	61911042	29.5G	5	Extended
/dev/sda5		1001472	62912511	61911040	29.5G	8e	Linux LVM

Command (m for help): **n**　　//创建新分区
Partition type
   p   primary (1 primary, 1 extended, 2 free)
   l   logical (numbered from 5)
Select (default p): **p**　　　　　　　　　//创建主分区
Partition number (3,4, default 3): **3**　　//分区号
First sector (999424-1048575999, default 999424): **62912512**
//输入 sda2 的 end sector +1
Last sector, +sectors or +size{K,M,G,T,P} (62912512-1048575999, default 1048575999): **1048575999**
　　//输入最后一个数字
Created a new partition 3 of type 'Linux' and of size 470 GiB.

Command (m for help): **p**　　//显示分区表

```
Disk /dev/sda: 500 GiB, 536870912000 bytes, 1048576000 sectors
Units: sectors of 1 * 512 = 512 bytes
Sector size (logical/physical): 512 bytes / 512 bytes
I/O size (minimum/optimal): 512 bytes / 512 bytes
Disklabel type: dos
Disk identifier: 0x94fa5649

Device     Boot    Start         End    Sectors   Size  Id  Type
/dev/sda1    *      2048      999423     997376   487M  83  Linux
/dev/sda2        1001470    62912511   61911042  29.5G   5  Extended
/dev/sda3       62912512  1048575999  985663488   470G  83  Linux
/dev/sda5        1001472    62912511   61911040  29.5G  8e  Linux LVM

Partition table entries are not in disk order.

Command (m for help): w      //保存退出
The partition table has been altered.
Calling ioctl() to re-read partition table.
Re-reading the partition table failed.: Device or resource busy

The kernel still uses the old table. The new table will be used at the
next reboot or after you run partprobe(8) or kpartx(8).

root@eve-ng:~# reboot         //重启后生效
```

退出 fdisk 工具后，需要重启 EVE-NG，分区表才能生效。接下来，将 sda3 分区加入到 eve-ng-vg 这个卷组中，如下所示。

```
root@eve-ng:~# vgdisplay      //显示卷组信息
  --- Volume group ---
  VG Name               eve-ng-vg
  System ID
  Format                lvm2
  Metadata Areas        1
  Metadata Sequence No  3
  VG Access             read/write
```

```
  VG Status               resizable
  MAX LV                  0
  Cur LV                  2
  Open LV                 2
  Max PV                  0
  Cur PV                  1
  Act PV                  1
  VG Size                 29.52 GiB  //卷组的初始大小
  PE Size                 4.00 MiB
  Total PE                7557
  Alloc PE / Size         7557 / 29.52 GiB
  Free  PE / Size         0 / 0
  VG UUID                 RAfj0r-fDwi-oPHM-WzTI-IrX9-OdLM-JQeoyz

root@eve-ng:~# vgextend eve-ng-vg /dev/sda3
//将 sda3 分区扩容到 eve-ng-vg 卷组中
  Physical volume "/dev/sda3" successfully created
  Volume group "eve-ng-vg" successfully extended
root@eve-ng:~# vgdisplay       //再次显示卷组信息，可以发现新增的 470GB 已经增加了
  --- Volume group ---
  VG Name                 eve-ng-vg
  System ID
  Format                  lvm2
  Metadata Areas          2
  Metadata Sequence No    4
  VG Access               read/write
  VG Status               resizable
  MAX LV                  0
  Cur LV                  2
  Open LV                 2
  Max PV                  0
  Cur PV                  2
  Act PV                  2
  VG Size                 499.52 GiB   //卷组容量增大
  PE Size                 4.00 MiB
```

```
Total PE              127877
Alloc PE / Size       7557 / 29.52 GiB
Free  PE / Size       120320 / 470.00 GiB
VG UUID               RAfj0r-fDwi-oPHM-WzTI-IrX9-OdLM-JQeoyz

root@eve-ng:~#
```

扩容完 VG 后，再扩容 root 逻辑卷。将新增加 470GB 空间分成两部分，其中 412GB 扩容到 root 逻辑卷中，剩下的 58GB 留给下一节扩容到 Swap 分区。

```
root@eve-ng:~# lvdisplay /dev/eve-ng-vg/root  //显示 root 逻辑卷信息
  --- Logical volume ---
  LV Path                /dev/eve-ng-vg/root
  LV Name                root
  VG Name                eve-ng-vg
  LV UUID                CxNG4X-3jtX-9Lbf-WfIp-eMAl-Y2wL-Qxg4sL
  LV Write Access        read/write
  LV Creation host, time eve-ng, 2017-04-11 02:53:43 +0300
  LV Status              available
  # open                 1
  LV Size                23.52 GiB  //逻辑卷初始大小
  Current LE             6021
  Segments               1
  Allocation             inherit
  Read ahead sectors     auto
  - currently set to     256
  Block device           252:0

root@eve-ng:~# lvextend -L +412G /dev/eve-ng-vg/root    //给 root 逻辑卷
增加 412GB 空间
  Size of logical volume eve-ng-vg/root changed from 23.52 GiB (6021 extents) to 435.52 GiB (111493 extents).
  Logical volume root successfully resized.

root@eve-ng:~# lvdisplay /dev/eve-ng-vg/root //再次显示 root 逻辑卷大小
  --- Logical volume ---
```

```
LV Path                /dev/eve-ng-vg/root
LV Name                root
VG Name                eve-ng-vg
LV UUID                CxNG4X-3jtX-9Lbf-WfIp-eMAl-Y2wL-Qxg4sL
LV Write Access        read/write
LV Creation host, time eve-ng, 2017-04-11 02:53:43 +0300
LV Status              available
# open                 1
LV Size                435.52 GiB      //已经增加了412GB
Current LE             111493
Segments               2
Allocation             inherit
Read ahead sectors     auto
- currently set to     256
Block device           252:0

root@eve-ng:~# df -h   //显示分区使用情况,发现412GB并没有加进去
Filesystem                   Size   Used   Avail  Use%  Mounted on
udev                         2.9G   0      2.9G   0%    /dev
tmpfs                        597M   14M    584M   3%    /run
/dev/mapper/eve--ng--vg-root 24G    3.0G   19G    14%   /
tmpfs                        3.0G   0      3.0G   0%    /dev/shm
tmpfs                        5.0M   0      5.0M   0%    /run/lock
tmpfs                        3.0G   0      3.0G   0%    /sys/fs/cgroup
/dev/sda1                    472M   143M   305M   32%   /boot
root@eve-ng:~#
```

这时可以看到,root逻辑卷的大小已经增加了412GB,但是文件系统的大小还没变,所以需要重新调整文件系统的大小,如下所示。

```
root@eve-ng:~# resize2fs /dev/eve-ng-vg/root
    //重新调整root逻辑卷的文件系统大小
resize2fs 1.42.13 (17-May-2015)
Filesystem at /dev/eve-ng-vg/root is mounted on /; on-line resizing required
old_desc_blocks = 2, new_desc_blocks = 28
The filesystem on /dev/eve-ng-vg/root is now 114168832 (4k) blocks long.
```

```
root@eve-ng:~# df -h         //再次显示分区使用情况
Filesystem                  Size    Used   Avail   Use%   Mounted on
udev                        2.9G       0    2.9G     0%   /dev
tmpfs                       597M     14M    584M     3%   /run
/dev/mapper/eve--ng--vg-root 429G    2.3G   409G     1%   /
tmpfs                       3.0G       0    3.0G     0%   /dev/shm
tmpfs                       5.0M       0    5.0M     0%   /run/lock
tmpfs                       3.0G       0    3.0G     0%   /sys/fs/cgroup
/dev/sda1                   472M    112M    336M    25%   /boot
root@eve-ng:~#
```

再重新调整逻辑卷文件系统的大小后，容量增大到 429GB，证明扩容成功。

10.4　Swap 分区扩容

Swap 分区即交换区，当物理内存不够用时，需要将物理内存中的一部分空间释放出来，以供当前运行的程序使用，而使用的这些被释放内存的程序可能很久都没有运行，这些数据会被临时保存在 Swap 空间中，等到程序重新运行时，再从 Swap 空间中恢复到内存中继续使用。只有在物理内存空间不够时，才会进行 Swap 交换，我们将其俗称为"虚拟内存"。其实 Windows 操作系统也有虚拟内存，我们平时不太容易注意到它。那 Windows 的虚拟内存如何查看呢？如图 10-8 所示，打开路径为"计算机属性→高级系统设置→高级→性能设置→高级"，我们可以手动更改大小，或者关闭虚拟内存。

在默认情况下，Windows 的虚拟内存默认大小与物理内存大小一致，而 Linux 的 Swap 不一样，需要手动设置。但是在 Linux 中，虚拟内存对于 Web 服务的性能起到至关重要的作用。当然如果物理内存足够大的话，虚拟内存就不需要太大。总之，容量不需要太多，够用即可。

在 EVE-NG 中，可以利用 Swap 分区来做更多的事情。比如，你可能会碰到如下场景：

- 内存不够用；
- 硬盘为 SSD 闪存盘。

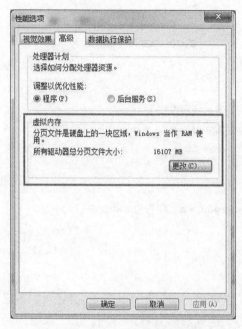

图 10-8　Windows 系统的虚拟内存

这样情况下，如果你的硬盘还有一部分空间没有使用，可以通过扩大 Swap 分区，将 SSD 的一部分空间作为虚拟内存使用。虽然达不到物理内存的读写速度，但是可以缓解物理内存不够用的尴尬情况。具体如何操作呢？请看下面介绍。

上一小节的操作，已将 470GB 中的 412GB 扩容到 root 逻辑卷中，本小节会将剩下的 58GB 空间扩容到 Swap 逻辑卷中，让 Swap 分区增大到 64GB。首先，可以使用 swapon -s 命令查看 Swap 分区大小，如下所示。

```
root@eve-ng:~# lvdisplay /dev/eve-ng-vg/swap_1    //查看 swap_1 逻辑卷的
大小，这个逻辑卷默认被挂载到 swap 使用
    --- Logical volume ---
    LV Path                /dev/eve-ng-vg/swap_1
    LV Name                swap_1
    VG Name                eve-ng-vg
    LV UUID                3JJj36-MU70-hMAc-ZY7S-9pcK-R1uw-3Szevc
    LV Write Access        read/write
    LV Creation host, time eve-ng, 2017-04-11 02:53:43 +0300
    LV Status              available
```

```
# open                  2
LV Size                 6.00 GiB        //原始大小 6GB
Current LE              1536
Segments                1
Allocation              inherit
Read ahead sectors      auto
- currently set to      256
Block device            252:1

root@eve-ng:~# swapon -s     //查看 swap 空间大小
Filename                Type            Size        Used    Priority
/dev/dm-1               partition       6291452     0       -1
root@eve-ng:~#
```

能看到 Swap 空间是 6GB，如果把 58GB 新增空间扩容进去，Swap 分区会变为 64GB，是 2 的整数次方，空间够大且数字合理。接下来看如何操作，如下所示。

```
root@eve-ng:~# swapoff /dev/eve-ng-vg/swap_1       //将 swap 分区卸载
root@eve-ng:~#
root@eve-ng:~# lvextend -l +100%FREE /dev/eve-ng-vg/swap_1
    //将剩余 58GB 空间全部增加到 swap_1 逻辑卷中
  Size of logical volume eve-ng-vg/swap_1 changed from 6.00 GiB (1536
extents) to 64.00 GiB (16384 extents).    //正好 64GB，2 的整数次方
  Logical volume swap_1 successfully resized.
root@eve-ng:~#
```

接着将 swap_1 逻辑卷格式化成 Swap 分区。

```
root@eve-ng:~# mkswap /dev/eve-ng-vg/swap_1
//将 swap_1 格式化成 swap 分区
mkswap: /dev/eve-ng-vg/swap_1: warning: wiping old swap signature.
Setting up swapspace version 1, size = 64 GiB (68719472640 bytes)
no label, UUID=464e0176-e7b3-4ae5-98ff-ca27fbb1b560
root@eve-ng:~#
```

再将 Swap 分区挂载。

```
root@eve-ng:~# swapon /dev/eve-ng-vg/swap_1     //将 swap_1 挂载
root@eve-ng:~#
```

再查看 Swap 空间状态，总空间变为 64GB。

```
root@eve-ng:~# swapon -s
Filename                Type       Size       Used    Priority
/dev/dm-1               partition  67108860   0       -1
root@eve-ng:~#
```

10.5 结语

本章详细介绍了常用的两个资源，其中增加硬盘空间可以增加存储镜像的容量，也可以增加保存 Lab 文件的数量，而增加 Swap 分区可以增加 EVE-NG 运行虚拟设备的数量。

每个磁盘的最多主分区数量和扩展分区数量综合不超过 4 个，最多 1 个扩展分区。其中 EVE-NG 的 boot 分区已经占用了一个，根分区和 Swap 分区都属于扩展分区下的 sda2 挂载的，又占用了一个，所以在原有的硬盘上扩展，最多只能再创建两个主分区。建议在扩展之前计算好分区规划。

如果使用 ISO 安装 EVE-NG，就不会出现此问题。因为在安装系统的过程中，可以设置分区大小，即使选择自动分区，系统也会根据磁盘大小调整分区大小。

第 11 章
EVE-NG 系统更新

本章讲解 EVE-NG 的一大亮点，即系统更新。在 GNS3 上，软件更新显得格外麻烦，尤其是有大版本更新时，可能会重新安装 GNS3 软件，这或许是很多用户所不能接受的。相比 GNS3 来说，EVE-NG 中的更新就显得非常方便，输入几条命令再等待片刻，即可完成。

11.1 EVE-NG 在线更新

在线更新，毋庸置疑要求 EVE-NG 连接到互联网中，并且能够访问到 EVE-NG 官网的源服务器。虽然在更新时不会出现什么问题，但还是提醒用户，强烈建议升级前做好备份，比如拓扑文件、镜像文件等。最好能定期做一下备份，这应该是任何一个 IT 从业人员都应该考虑到的地方。

在更新系统之前，先查看一下当前 EVE-NG 版本，如下所示，可以看到当前版本为 2.0.3-68。

```
root@eve-ng:~# dpkg -l eve-ng    //查看 EVE-NG 包的当前版本
Desired=Unknown/Install/Remove/Purge/Hold
| Status=Not/Inst/Conf-files/Unpacked/halF-conf/Half-inst/trig-aWait/Trig-pend
|/ Err?=(none)/Reinst-required (Status,Err: uppercase=bad)
||/ Name           Version        Architecture    Description
+++-==============-==============-===============-=========================
ii  eve-ng         2.0.3-68       amd64           A new generation software for net
root@eve-ng:~#
```

系统升级分下面两个步骤。

- 步骤 1：获得最新的软件包的列表，使用 apt-get update 命令完成。
- 步骤 2：使用 apt-get upgrade/dist-upgrade 完成，该命令的作用是如果软件包没有发布更新，就将其忽略；如果已发布了更新，就把包下载到计算机上，并安装。

由于包与包之间存在各种依赖关系，upgrade 只是简单地更新最新包，不考虑包的依赖关系，它不添加包，也不删除包。而 dist-upgrade 可以根据依赖关系的变化，添加包或删除包。小版本升级，一般情况不会涉及包的依赖关系，使用 apt-get upgrade 命令更新，很容易成功。但如果碰到更新不成功或者跨越版本较大时，建议使用 apt-get dist-upgrade 命令。具体的操作步骤如下。

```
root@eve-ng:~# apt-get update
Hit:1 http://us.archive.ubuntu.com/ubuntu xenial InRelease
Hit:2 http://us.archive.ubuntu.com/ubuntu xenial-updates InRelease
Hit:3 http://security.ubuntu.com/ubuntu xenial-security InRelease
Hit:4 http://www.eve-ng.net/repo xenial InRelease
Reading package lists... Done
root@eve-ng:~#
root@eve-ng:~# apt-get dist-upgrade -y
Reading package lists... Done
Building dependency tree
Reading state information... Done
Calculating upgrade... Done
The following packages were automatically installed and are no longer required:
    gconf-service gconf-service-backend gconf2 gconf2-common libavahi-glib1
    libbonobo2-0 libbonobo2-common libcanberra0 libgconf-2-4 libgnome-2-0
    libgnome2-common libgnomevfs2-0 libgnomevfs2-common libllvm3.8 liborbit-2-0
    libtdb1 linux-headers-4.4.0-62 linux-headers-4.4.0-62-generic
    linux-image-4.4.0-62-generic sound-theme-freedesktop
Use 'apt autoremove' to remove them.
The following NEW packages will be installed:
    cgroup-lite cgroup-tools libcgroup1 libllvm4.0 libnih-dbus1 libsensors4
    linux-headers-4.4.0-96 linux-headers-4.4.0-96-generic
```

```
    linux-headers-4.9.40-eve-ng-ukms+ linux-image-4.4.0-96-generic
    linux-image-4.9.40-eve-ng-ukms-2+ mountall
The following packages will be upgraded:
    apache2 apache2-bin apache2-data apache2-utils apparmor apt apt-utils
    ......
    xfsprogs
185 upgraded, 12 newly installed, 0 to remove and 0 not upgraded.
Need to get 348 MB of archives.
After this operation, 478 MB of additional disk space will be used.
Get:1 http://us.archive.ubuntu.com/ubuntu xenial-updates/main amd64
base-files amd64 9.4ubuntu4.5 [68.4 kB]
......         //等待片刻,其间会下载很多包
Fetched 34.8 MB in 3min 58s (157 kB/s)
Extracting templates from packages: 100%
Preconfiguring packages ...
(Reading database ... 12256 files and directories currently installed.)
Preparing to unpack .../base-files_9.4ubuntu4.5_amd64.deb ...
Unpacking base-files (9.4ubuntu4.5) over (9.4ubuntu4.4) ...
......
Setting up base-files (9.4ubuntu4.5) ...

Configuration file '/etc/issue'
 ==> Modified (by you or by a script) since installation.
 ==> Package distributor has shipped an updated version.
   What would you like to do about it ? Your options are:
    Y or I  : install the package maintainer's version
    N or O  : keep your currently-installed version
      D     : show the differences between the versions
      Z     : start a shell to examine the situation
 The default action is to keep your current version.
*** issue (Y/I/N/O/D/Z) [default=N] ? [回车] //如果碰到这种情况,默认即可
Installing new version of config file /etc/issue.net ...
Installing new version of config file /etc/lsb-release ...
Processing triggers for plymouth-theme-ubuntu-text (0.9.2-3ubuntu13.1) ...
......
```

```
done.
root@eve-ng:~# dpkg -l eve-ng        //再次查看 EVE-NG 包的版本
Desired=Unknown/Install/Remove/Purge/Hold
| Status=Not/Inst/Conf-files/Unpacked/halF-conf/Half-inst/trig-aWait/
Trig-pend
|/ Err?=(none)/Reinst-required (Status,Err: uppercase=bad)
||/ Name           Version         Architecture        Description
+++-==============-===============-===================-====================
ii  eve-ng         2.0.3-70        amd64               A new generation software for
```

再次打开 Web 管理界面，便能看到 EVE-NG 版本已经更新为 2.0.3-70，如图 11-1 所示。

图 11-1　EVE-NG 更新版本成功

在在线更新的过程中，涉及很多系统包的更新，你可能会发现速度较慢，这可能是因为网络质量不好。如果你的 EVE-NG 更新源从未更改过，那么更新系统包时连接的是 US（美国）的源服务器，所以较慢。当然，这也是可以解决的，通过更改源所在地可以提高更新速度。下面将美国的源改成中国的源，如下所示。

```
root@eve-ng:~# sed -i "s/us.archive/cn.archive/g" /etc/apt/sources.list
//替换us，改为cn
root@eve-ng:~#

root@eve-ng:~# apt-get update
Get:1 http://cn.archive.ubuntu.com/ubuntuxenial InRelease [247 kB]
Get:2 http://cn.archive.ubuntu.com/ubuntuxenial-updates InRelease [102 kB]
Get:3 http://cn.archive.ubuntu.com/ubuntu xenial/main amd64 Packages [1,201 kB]
Get:4 http://cn.archive.ubuntu.com/ubuntu xenial/main i386 Packages [1,196 kB]
Get:5 http://security.ubuntu.com/ubuntuxenial-security InRelease [102 kB]
Get:6 http://cn.archive.ubuntu.com/ubuntu xenial/main Translation-en [568 kB]
Get:7 http://cn.archive.ubuntu.com/ubuntu xenial/restricted amd64 Packages [8,344 B]
Get:8 http://cn.archive.ubuntu.com/ubuntu xenial/restricted i386 Packages [8,684 B]
Get:9 http://cn.archive.ubuntu.com/ubuntu xenial/restricted Translation-en [2,908 B]
Get:10 http://cn.archive.ubuntu.com/ubuntu xenial/universe amd64 Packages [7,532 kB]
Hit:11 http://www.eve-ng.net/repo xenial InRelease
Get:12 http://cn.archive.ubuntu.com/ubuntu xenial/universe i386 Packages [7,512 kB]
Get:13 http://cn.archive.ubuntu.com/ubuntu xenial/universe Translation-en [4,354 kB]
Get:14 http://cn.archive.ubuntu.com/ubuntu xenial/multiverse amd64 Packages [144 kB]
Get:15 http://cn.archive.ubuntu.com/ubuntu xenial/multiverse i386 Packages [140 kB]
Get:16 http://cn.archive.ubuntu.com/ubuntu xenial/multiverse Translation-en [106 kB]
Get:17 http://cn.archive.ubuntu.com/ubuntuxenial-updates/main amd64 Packages [527 kB]
Get:18 http://cn.archive.ubuntu.com/ubuntuxenial-updates/main i386 Packages [513 kB]
```

```
    Get:19 http://cn.archive.ubuntu.com/ubuntuxenial-updates/main Translation-en
[214 kB]
    Get:20 http://cn.archive.ubuntu.com/ubuntuxenial-updates/restricted amd64
Packages [7,776 B]
    Get:21 http://cn.archive.ubuntu.com/ubuntuxenial-updates/restricted i386
Packages [7,792 B]
    Get:22 http://cn.archive.ubuntu.com/ubuntuxenial-updates/restricted Translation-
en [2,548 B]
    Get:23 http://cn.archive.ubuntu.com/ubuntuxenial-updates/universe amd64
Packages [460 kB]
    Get:24 http://cn.archive.ubuntu.com/ubuntuxenial-updates/universe i386 Packages
[446 kB]
    Get:25 http://cn.archive.ubuntu.com/ubuntuxenial-updates/universe Translation-
en [180 kB]
    Get:26 http://cn.archive.ubuntu.com/ubuntuxenial-updates/multiverse amd64
Packages [8,916 B]
    Get:27 http://cn.archive.ubuntu.com/ubuntuxenial-updates/multiverse i386
Packages [7,712 B]
    Get:28 http://cn.archive.ubuntu.com/ubuntuxenial-updates/multiverse Translation-
en [4,136 B]
    Fetched 25.6 MB in 22s (1,125 kB/s)
    Reading package lists... Done
```

可以看到原本连接"us.archive.ubuntu.com"服务器已经变为连接"cn.archive.ubuntu.com"服务器。这时再运行"apt-get dist-upgrade"命令，速度会更快一点。

11.2 EVE-NG 离线更新

在使用 EVE-NG 时，网络环境可能非常复杂，甚至连不到因特网，即使在这样的离线环境下，EVE-NG 也可以通过安装 deb 包完成更新。

1. 获取 deb 更新包

虽然 EVE-NG 处于离线环境，但可以通过其他计算机或者笔记本下载 EVE-NG 更新包。更新包是名称以 deb 结尾的文件,可以从 EVE-NG 官网获取,也可以在互联网上搜索下载。

同样操作,先使用命令"dpkg –l eve-ng",查看 eve-ng 的当前版本,前文有过介绍,其次执行"dpkg -l | grep eve-ng"命令,查看 eve-ng 相关包的版本,如下所示。

```
root@eve-ng:~# dpkg -l | grep eve-ng （查看与已安装的 EVE-NG 相关包）
ii  eve-ng                          2.0.3-68
amd64           A new generation software for networking labs.
ii  eve-ng-dynamips                 2.0.2-2
amd64           Dynamips files for Eve-NG.
ii  eve-ng-guacamole                2.0.1-60
amd64           Guacamole for UNetLab/EVE-NG
ii  eve-ng-qemu                     2.0.2-16
amd64           QEMU files for Eve-NG.
ii  eve-ng-schema                   2.0.1-60
amd64           Database schema for UNetLab/EVE-NG
ii  eve-ng-vpcs                     1.0-eve-ng
amd64           vpcs Eve-NG compatible
ii  linux-headers-4.4.14-eve-ng-ukms+    4.4.14-eve-ng-ukms-brctl
amd64           Header files related to Linux kernel, specifically,
ii  linux-image-4.4.14-eve-ng-ukms+      4.4.14-eve-ng-ukms-brctl
amd64           Linux kernel binary image for version 4.4.14-eve-ng-ukms+
root@eve-ng:~#
```

目前能看到与 eve-ng 有关的有 eve-ng、eve-ng-dynamips、eve-ng-guacamole、eve-ng-qemu、eve-ng-schema、eve-ng-vpcs、linux-headers-4.4.14-eve-ng-ukms+、linux-image-4.4.14-eve-ng-ukms+ 8 个包。在每次新版本发布时,并不是每个包都有所更新,所以我们需要对比当前包的版本与官网的 deb 更新包的版本,查看有哪些包需要更新,将其下载下来。

2. 上传 deb 更新包

将需要更新的 deb 包上传到 EVE-NG 的 root 目录中,如图 11-2 和图 11-3 所示。

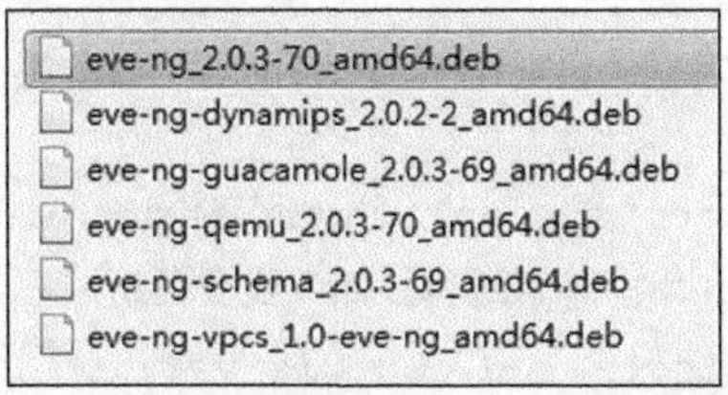

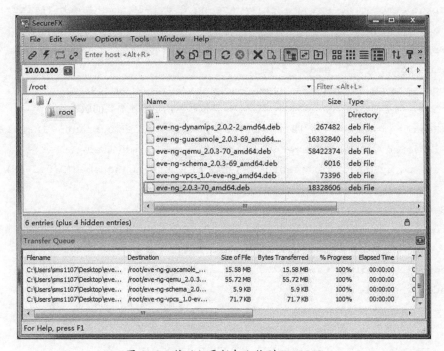

图 11-2 准备 EVE-NG 更新包

图 11-3 将 deb 更新包上传到 EVE-NG

3. 安装 deb 更新包

因为包与包之间存在依赖关系，所以手动离线更新中最大的麻烦就是处理 EVE-NG 的依赖包。我们可以先安装 EVE-NG 的主更新包。如果能安装成功，那就更新成功了。如果没安装成功，系统会提示缺少的依赖包或者需要的包版本，再将缺失的依赖包或者低版本的包升级一下，再重新安装 EVE-NG，以此反复，直到 EVE-NG 包在安装时无报错，即系统更新成功，如下所示。

```
root@eve-ng:~# dpkg -i eve-ng_2.0.3-70_amd64.deb
    //安装 EVE-NG 的主更新包
```

```
    dpkg: regarding eve-ng_2.0.3-70_amd64.deb containing eve-ng, pre-
dependency problem:
     eve-ng pre-depends on eve-ng-schema (>= 2.0.3-69)
          //提示eve-ng-schema包版本过低，需要更新到2.0.3-69
     eve-ng-schema is installed, but is version 2.0.1-60.

    dpkg: error processing archive eve-ng_2.0.3-70_amd64.deb (--install):
     pre-dependency problem - not installing eve-ng
    Errors were encountered while processing:
     eve-ng_2.0.3-70_amd64.deb
    root@eve-ng:~# dpkg -i eve-ng-schema_2.0.3-69_amd64.deb
             //更新eve-ng-schema_2.0.3-69依赖包，是刚才需要的版本
    (Reading database ... 122256 files and directories currently installed.)
    Preparing to unpack eve-ng-schema_2.0.3-69_amd64.deb ...
    Setting MySQL root password... Unpacking eve-ng-schema (2.0.3-69) over (2.0.1-60) ...
    Setting up eve-ng-schema (2.0.3-69) ...
    root@eve-ng:~# dpkg -i eve-ng_2.0.3-70_amd64.deb
             //更新完依赖包，再次安装EVE-NG主更新包
    dpkg: regarding eve-ng_2.0.3-70_amd64.deb containing eve-ng, pre-
dependency problem:
     eve-ng pre-depends on eve-ng-guacamole (>= 2.0.3-69)
            //再次提示需要eve-ng_guacamole包版本大于2.0.3-69
     eve-ng-guacamole is installed, but is version 2.0.1-60.

    dpkg: error processing archive eve-ng_2.0.3-70_amd64.deb (--install):
     pre-dependency problem - not installing eve-ng
    Errors were encountered while processing:
     eve-ng_2.0.3-70_amd64.deb
    root@eve-ng:~# dpkg -i eve-ng-guacamole_2.0.3-69_amd64.deb
            //再次更新依赖包eve-ng_guacamole_2.0.3-69
    (Reading database ... 122257 files and directories currently installed.)
    Preparing to unpack eve-ng-guacamole_2.0.3-69_amd64.deb ...
    Checking MySQL... done
```

```
    Checking if guacdb shema is up to date... mysql: [Warning] Using a password
on the command line interface can be insecure.
    Updating guacdb database... done
    Unpacking eve-ng-guacamole (2.0.3-69) over (2.0.1-60) ...
    Setting up eve-ng-guacamole (2.0.3-69) ...
    Enable services at boot... done
    Starting Tomcat... done
done
Processing triggers for systemd (229-4ubuntu17) ...
Processing triggers for ureadahead (0.100.0-19) ...
root@eve-ng:~#
root@eve-ng:~# dpkg -i eve-ng_2.0.3-70_amd64.deb
            //再次更新 EVE-NG 主更新包
(Reading database ... 122263 files and directories currently installed.)
Preparing to unpack eve-ng_2.0.3-70_amd64.deb ...
Checking MySQL... done
Unpacking eve-ng (2.0.3-70) over (2.0.3-68) ...
dpkg: dependency problems prevent configuration of eve-ng:
 eve-ng depends on eve-ng-qemu (>= 2.0.3-70); however:
         //又一次提示需要 eve-ng_qemu 包版本 2.0.3-70
  Version of eve-ng-qemu on system is 2.0.2-16.

dpkg: error processing package eve-ng (--install):
 dependency problems - leaving unconfigured
Processing triggers for ureadahead (0.100.0-19) ...
Errors were encountered while processing:
 eve-ng
root@eve-ng:~# dpkg -i eve-ng-qemu_2.0.3-70_amd64.deb
        //重新更新 eve-ng-qemu_2.0.3-70
(Reading database ... 122268 files and directories currently installed.)
Preparing to unpack eve-ng-qemu_2.0.3-70_amd64.deb ...
Unpacking eve-ng-qemu (2.0.3-70) over (2.0.2-16) ...
dpkg: warning: unable to delete old directory '/opt/qemu/libexec':
Directory not empty
dpkg: warning: unable to delete old directory '/opt/qemu/lib/pkgconfig':
```

```
Directory not empty
    dpkg: warning: unable to delete old directory '/opt/qemu/lib': Directory
not empty
    dpkg: warning: unable to delete old directory '/opt/qemu/share/qemu/keymaps':
Directory not empty
    dpkg: warning: unable to delete old directory '/opt/qemu/share/qemu':
Directory not empty
    dpkg: warning: unable to delete old directory '/opt/qemu/share/doc/qemu':
Directory not empty
    dpkg: warning: unable to delete old directory '/opt/qemu/share/doc':
Directory not empty
    dpkg: warning: unable to delete old directory '/opt/qemu/share/man/man8':
Directory not empty
    dpkg: warning: unable to delete old directory '/opt/qemu/share/man/man1':
Directory not empty
    dpkg: warning: unable to delete old directory '/opt/qemu/share/man':
Directory not empty
    dpkg: warning: unable to delete old directory '/opt/qemu/share': Directory
not empty
    dpkg: warning: unable to delete old directory '/opt/qemu/include/cacard':
Directory not empty
    dpkg: warning: unable to delete old directory '/opt/qemu/include':
Directory not empty
    dpkg: warning: unable to delete old directory '/opt/qemu/bin': Directory
not empty
    dpkg: warning: unable to delete old directory '/opt/qemu/var/run':
Directory not empty
    dpkg: warning: unable to delete old directory '/opt/qemu/var': Directory
not empty
    Setting up eve-ng-qemu (2.0.3-70) ...
    root@eve-ng:~# dpkg -i eve-ng_2.0.3-70_amd64.deb
        //再次重新更新EVE-NG主更新包
    (Reading database ... 122496 files and directories currently installed.)
    Preparing to unpack eve-ng_2.0.3-70_amd64.deb ...
    Checking MySQL... done
```

```
    Unpacking eve-ng (2.0.3-70) over (2.0.3-70) ...
    Setting up eve-ng (2.0.3-70) ...
    Processing triggers for ureadahead (0.100.0-19) ...
      //这一次更新没有任何报错
    root@eve-ng:~# dpkg -l eve-ng
      //查看一下 EVE-NG 现在的版本
    Desired=Unknown/Install/Remove/Purge/Hold
    |
Status=Not/Inst/Conf-files/Unpacked/halF-conf/Half-inst/trig-aWait/Trig
-pend
    |/ Err?=(none)/Reinst-required (Status,Err: uppercase=bad)
    ||/ Name            Version         Architecture            Description
    +++-===============-===============-=======================-===============
    ii  eve-ng          2.0.3-70        amd64        A new generation software for net
    root@eve-ng:~#
            //可以看到 EVE-NG 已经更新到 2.0.3-70 了，更新成功
```

再打开 EVE-NG 的 Web 管理界面，可以看到版本已经升级为 2.0.3-70 了，如图 11-4 所示。

图 11-4　EVE-NG 离线升级成功

11.3 结语

你可能会发现，在使用离线安装时，步骤稍显复杂，本文展示的案例跨越版本较少，相对容易处理。但实际情况中，可能会跨越大版本更新，这就涉及大量的包依赖问题，都需要手动解决，其中可能还会有非 EVE-NG 官方包的依赖问题。对于没有 Linux 功底的用户，难度较大。所以建议尽量使用在线更新，以避免包依赖问题。

如果用户在线更新时，发现更新速度较慢，尤其是 EVE-NG 的更新包的下载速度极慢，这可能是网络质量不好所导致的，而 EmulatedLab 为用户提供了国内的镜像站点，使用国内的源，在更新时速度会有明显地提升。

进阶操作篇

第 12 章　虚拟化基础
　　讲述虚拟化技术的基本知识
第 13 章　定制 Windows 镜像
　　定制 Windows 镜像的实操演示
第 14 章　定制 Linux 镜像
　　定制 Linux 镜像的实操演示
第 15 章　定制其他系统镜像
　　定制其他系统镜像的方法及实操演示
第 16 章　修改镜像
　　修改镜像的方法及实操演示

第 12 章
虚拟化基础

12.1 虚拟化简介

虚拟化技术一直都是 IT 技术的焦点，有面向个人用户的虚拟化，如 VMware Workstation、VirtualBox 等；有面向企业用户的，如 VMware vSphere、Hyper-V 等；甚至有开源的虚拟化技术，如 QEMU、KVM、Xen、Docker 等。当然，这些都是非常知名且流行的产品和技术，还有众多不被人熟知的虚拟化。

虚拟化技术是一个非常广泛的技术术语，因为本书不是讲虚拟化技术的，所以不做过多介绍和讲解，只简单介绍涉及 EVE-NG 的一些基本知识。目前虚拟化技术发展为三大演变历程，分别是软件模拟、虚拟化层翻译和容器虚拟化。其中，虚拟化层翻译又分为以下内容。

- 软件全虚拟化：软件翻译，通过软件完全模拟 CPU、芯片组、磁盘、网卡等计算机硬件，效率低，理论上可以模拟任何硬件，甚至是不存在的硬件，如 QEMU。
- 半虚拟化：改造虚拟机系统内核加虚拟化层翻译，通过改造虚拟机操作系统内核，使虚拟机自己对特殊指令进行更改，配合虚拟化层一起工作，效率很高，如 QEMU 中的 virtio 半虚拟化。
- 硬件辅助的全虚拟化：硬件支持虚拟化层翻译，对 CPU 指令改造，比如 Intel 对 CPU 指令改造的硬件虚拟化 VT-x，对 I/O 通信的硬件虚拟化 VT-d，对网络通信的硬件虚拟化 VT-c。AMD 也有硬件虚拟化方案，被称为 AMD-V。

12.1.1 KVM 与 QEMU 介绍

KVM（基于内核的虚拟机）是一个完整的虚拟化解决方案，适用于支持 Intel VT 或 AMD-V 的 x86 硬件。它由一个可加载的内核模块 kvm.ko 构成。该模块提供了虚拟化的基础设施和处理器特定的模块，kvm-intel.ko 或 kvm-amd.ko。用户空间通过 QEMU 模拟硬件提供给虚拟机使用，一台虚拟机就是一个普通的 Linux 进程。通过对进程的管理，就可以完成对虚拟机的管理。

QEMU（Quick Emulator）是对 KVM 用户空间的管理工具，同时也是一个可以独立运行的开源模拟器，可以模拟许多硬件，包括 CPU、网卡、IDE 设备、光驱、显卡、声卡、PS/2 键盘鼠标等。

EVE-NG 提供了一套管理平台，用 Web 管理平台，结合 PuTTY、VNC 等工具连接和管理 QEMU 虚拟机，将虚拟机作为虚拟设备节点，再借助 Linux Bridge 桥接技术将虚拟设备之间的网络连通。

EVE-NG 能有如此强大的功能，虚拟化技术功不可没，QEMU 当之无愧是 EVE-NG 的灵魂。

12.1.2 CPU 虚拟化

CPU 虚拟化技术可以让单个 CPU 模拟多个 CPU 并行，允许一个平台同时运行多个操作系统，并且应用程序都可以在相互独立的空间内运行且互不影响。

对于 x86 架构而言，Intel 的 CPU 将特权级别分为 4 个级别：Ring 0、Ring 1、Ring 2、Ring 3。Ring 0 的执行权限最高，可以执行 CPU 所有指令。Ring 3 权限最低，只能执行普通指令。用户所有的应用都在 Ring 3 上执行，剩下的内存管理、驱动程序等都工作在 Ring 0 上。

1. CPU 全虚拟化技术

对 x86 架构而言，即虚拟化引擎运行在最高特权级别 Ring 0 下，虚拟机运行在 Ring 1 下，用户应用运行在 Ring 3 下，因此虚拟机的核心指令无法直接下达到 Ring 0，如图 12-1 所示。指令到计算机系统硬件执行时，需要经过虚拟化引擎的捕获和模拟执行，才能操作硬件。虚拟化系统不知道自己是台虚拟机，所有硬件全部由软件虚拟，效率低下。

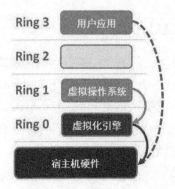

图 12-1　全虚拟化模型

2. CPU 半虚拟化技术

半虚拟化通过修改虚拟操作系统的内核，将与特权指令相关的操作转换，再发给虚拟化引擎，由虚拟化引擎继续进行处理，如图 12-2 所示。虚拟化系统知道自己是虚拟机，所以可以更好地利用硬件。一般情况下，安装驱动可以实现半虚拟化，如 QEMU 中的 virtio 驱动，让其可以接近硬件虚拟化的性能。

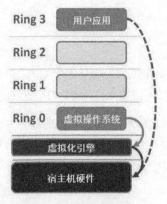

图 12-2　半虚拟化模型

3. CPU 硬件辅助虚拟化技术

目前主要有 Intel 的 VT-x 和 AMD 的 AMD-V 这两种技术。其核心思想都是通过引入新的指令和运行模式，使虚拟化引擎和虚拟操作系统分别运行在不同模式（root 模式和非 root 模式）下，且虚拟机运行在 Ring 0 下。通常情况下，虚拟系统的核心指令可以直接下达到计算机系统硬件中执行，而不需要经过虚拟化引擎。当虚拟系统执行到特殊指令时，系统会切换到虚拟化引擎处理这些特殊指令，因为有硬件直接支持虚拟化，所以效率较高、性能较好，如图 12-3 所示。

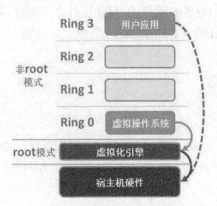

图 12-3　硬件辅助虚拟化模型

在 Windows 中，我们可以通过工具来查询 CPU 是否支持硬件虚拟化，例如 SecurAble 工具，如图 12-4 所示。其中"64 Maximum Bit Length"代表着 CPU 是 64 位的，第一个"Yes（Hardware D.E.P）"代表着 CPU 有 D.E.P 硬件，第二个"Yes（Hardware Virtualization）"代表着 VT-x/AMD-V 开启。只要返回值为"64/Yes/Yes"，那么用户硬件环境是 EVE-NG 官方比较推荐的。

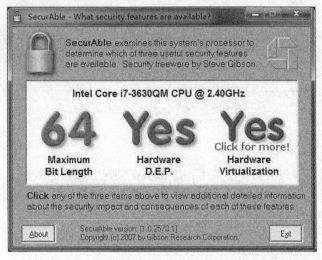

图 12-4　SecurAble 工具

在 Linux 下通过命令可以查看"egrep '(vmx|svm)' /proc/cpuinfo",如果返回值中包含 vmx 或者 svm,那么用户的环境是 EVE-NG 比较推荐的硬件环境。

在 EVE-NG 中,使用最多的就是 QEMU 软件全虚拟化以及 QEMU 中的 Virtio 半虚拟化方案,再加上 Intel 的 VT-x 的硬件辅助虚拟化技术。

12.1.3 内存虚拟化

1. 内存全虚拟化技术

通过使用影子页表（Shadow Page Table）实现虚拟化。虚拟化引擎（VMM）为每个虚拟机都维护一个影子页表,影子页表维护虚拟地址（VA）到机器地址（MA）的映射关系。而虚拟机页表维护 VA 到客户机物理地址（GPA）的映射关系。当 VMM 捕获到虚拟机页表的修改后,VMM 会查找负责 GPA 到 MA 映射的 P2M 页表或者哈希函数,找到与该 GPA 对应的 MA,再将 MA 填充到真正在硬件上起作用的影子页表,从而形成 VA 到 MA 的映射关系。而虚拟机的页表则无须变动,如图 12-5 所示。

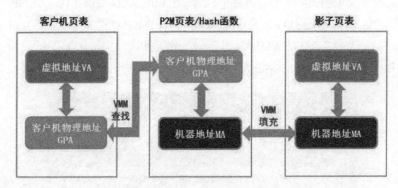

图 12-5　内存全虚拟化技术图解

2. 内存半虚拟化技术

通过使用页表写入法实现虚拟化,虚拟机在创建一个新的页表时,会向 VMM 注册该页表。在虚拟机运行时,VMM 将不断地管理和维护这个表,使虚拟机上面的程序能直接访问到合适的地址。

3. 内存硬件辅助虚拟化技术

通过扩展页表 EPT（Extended Page Table）实现虚拟化。EPT 使用硬件虚拟化技术,使其能在原有的页表的基础上，增加一个 EPT 页表，用于记录 GPA 到 MA 的映射关系，并且虚拟机预先把 EPT 页表设置到 CPU 中，如图 12-6 所示。虚拟机修改页表时，无须 VMM 干预。地址转换时，CPU 自动查找两张页表完成从虚拟机的虚拟地址到机器地址的转换，从而降低整个内存虚拟化所需的开销。

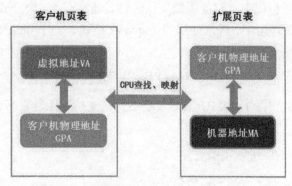

图 12-6　内存的硬件辅助虚拟化技术图解

12.1.4　硬盘虚拟化

前两节讲到 CPU 与内存的虚拟化技术，本节开始讲解设备 I/O 虚拟化。在 EVE-NG 中，不必过多关注 CPU 和内存的虚拟化，而硬盘和网卡是关注的重点，因为涉及镜像制作、如何选择网卡类型与磁盘格式。

EVE-NG 平台上使用 QEMU 类型的虚拟设备时，可以指定 IDE、SATA、Virtio 等几种磁盘类型，通过磁盘镜像的命名调用 I/O 虚拟化，比如镜像命名为 hda.qcow2，那么调用的就是 IDE 接口，比如 sataa.qcow2 就是 sata 接口，如表 12-1 所示。

表 12-1　镜像命名与磁盘控制器关系

镜像名称	磁盘控制器
hda.qcow2	IDE
sataa.qcow2	SATA
scsia.qcow2	SCSI
virtioa.qcow2	virtio 半虚拟化控制器
megasasa.qcow2	MegaSAS raid 卡控制器

用到最多的两种类型，即 hda.qcow2 与 virtioa.qcow2，分别对应着 IDE 与 Virtio 半虚拟化控制器。IDE 设备同物理机一样，一台虚拟机最多挂载 4 个 IDE 设备。这也就是在 EVE-NG 中，有些设备只能识别到 4 个硬盘的原因。Virtio 是模拟 PCI 设备给虚拟机使用，因此一个 Virtio 磁盘会占用虚拟机的一个 PCI 槽位，一般情况下，最多 30 个左右。KVM 虚拟化中，磁盘镜像文件的格式通常有 vmdk、vdi、qcow、qcow2、raw 等，在 EVE-NG 环境中，经常使用的是 qcow2 格式，平时用到的也包含 vmdk、vdi 等格式。后文会涉及这几种格式。

关于镜像格式，在 QEMU 中，经常用到以下几种镜像文件格式。

- qcow2：第二代的 QEMU 写时复制格式，支持特性非常多，如快照、精简模式等。
- raw：简单的二进制镜像文件。
- vmdk：VMware 产品的镜像格式。
- vdi：VirtualBox 的镜像格式。
- vhd：Hyper-V 的镜像格式。
- dmg：MacOS 的压缩镜像格式。
- nbd：网络块设备。

其中，qcow2 是 KVM 中常用的格式，也是 EVE-NG 中唯一使用的格式。

12.1.5　网卡虚拟化

默认情况下，网卡是由 QEMU 在 Linux 的用户空间模拟出来并提供给虚拟机的。这样做的好处是通过模拟可以提供给虚拟机多种类型的网卡，提供较大的灵活性。所以有了全虚拟化网卡和半虚拟化网卡的区别。

- 全虚拟化：即操作系统完全不需要修改就能运行在虚拟机中，客户机看不到真正的硬件设备，与设备的交互全是由纯软件虚拟的，例如 E1000。
- 半虚拟化：通过对操作系统进行修改，使其意识到自己运行在虚拟机中，例如 Virtio。因此全虚拟化与半虚拟化的根本区别在于虚拟机是否需要修改才能运行在宿主机中。

EVE-NG 中应用最多的是全虚拟化网卡，常用的网卡类型为 E1000。如果用户追求虚拟设备也要具备高性能，可以尝试使用 Virtio 类型。

12.1.6 EVE-NG 的优化技术

1．内存优化

内存优化技术的进化历程分为下面 3 个阶段：

- KSM；
- UKSM；
- PKSM。

KSM（Kernel Samepage Merging），即相同页合并，属于内存压缩技术，就是将相同的内存分页进行合并以减少页面冗余，腾出更多的内存空间给其他程序使用。KSM 被 CentOS、RHEL 之类的服务器内核广泛采用，在 CentOS 6、CentOS 7 上默认是打开的，但是其速度很慢。它主要有两个服务：ksm 服务和 ksmtuned 服务。用户可以使用"service ksm start/stop"与"service ksmtuned start/stop"命令将其开启或关闭。

UKSM（Ultra Kernel Samepage Merging）是国人在 KSM 的基础上做了极大改进，使用了更高级的算法的技术。UKSM 的新特性包括以下内容。

- 全系统扫描，用户透明。它能扫描所有应用程序（虚拟机方面，目前仅支持 KVM，其他的也在计划中）中匿名映射区域的页面，不需要开发者修改一行程序就能从中获益。
- 极大提高了工作效率，其页面合并的速度，比 KSM 最高快 20 倍以上。
- 非常节省 CPU，如果系统当中没有冗余页面，那么其 CPU 占用率可以忽略不计。一旦系统当中出现了冗余的内存时，它又能快速发现并加以消除。

EVE-NG 默认开启 UKSM，可以通过 Web 界面查看，如图 12-7 所示。

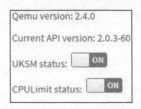

图 12-7　查看 UKSM 状态

用户可以通过查看服务是否启动"ps aux | grep uksm",如下所示。也可以进入到 UKSM 的目录/sys/kernel/mm/uksm 下,查看配置文件,比如 run 文件的内容为 1,即开启,为 0 则关闭。sleep_millisecs 规定着扫描间隔,默认值为 100,单位为 ms。关于其他文件的介绍,请查阅相关资料。

```
root@eve-ng:~# ps aux | grep uksm
root        99   0.8  0.0       0     0 ?        SN   19:18   0:00 [uksmd]
root      2989   0.0  0.0   16580  2156 pts/0    S+   19:19   0:00 grep --color=auto uksm
root@eve-ng:~#
```

2. CPU 优化

cpulimit 是一个开源的 CPU 使用率限制工具,可以针对某个进程名、pid 等来限制 CPU 使用率。EVE-NG 默认集成该工具,可以通过 Web 界面查看该功能是否开启,如图 12-7 所示。当然,也可以使用命令"ps aux | grep cpulimit"查看进程是否开启,如下所示。

```
root@eve-ng:~# ps aux | grep cpulimit
root       907   0.1  0.3  217660 19816 ?        Ss   19:18   0:00 php /opt/unetlab/scripts/cpulimit_daemon.php > /opt/unetlab/data/Logs/cpulimit.log 2>&1
root      3308   0.0  0.0   16580  2096 pts/0    S+   19:21   0:00 grep --color=auto cpulimit
root@eve-ng:~#
```

另外也可以通过编辑 CPU Limit 的配置文件,来优化 EVE-NG 的性能,打开文件"/opt/unetlab/scripts/cpulimit_daemon.php",如下所示。

```
root@eve-ng:~# cat /opt/unetlab/scripts/cpulimit_daemon.php
#!/usr/bin/env php
<?php
$MAXCPU=80;
$LIMIT=50;
$UNLIMIT=30;
$INTERVAL=5;
$LIMITKEEP=12;
```

另外也可以使用命令操作，具体命令可以通过使用"cpulimit -h"获取帮助。

12.2　QEMU 命令

QEMU 是用户操作虚拟机的主要工具，其中包含很多命令，比如：
- qemu-system；
- qemu-img；
- qemu-io；
- qemu-nbd；
- qemu-ga；

　……

在 EVE-NG 中常用的就一个命令 qemu-img，因为在使用 EVE-NG 时，大部分操作都是在 Web 界面完成的，只有在制作镜像时才会用到 qemu-img 命令，所以我们着重学习 qemu-img 命令。

12.2.1　qemu-img

我们可以执行/opt/qemu/bin/qemu-img –help 命令来查询 qemu-img 命令的使用。

1．创建镜像

镜像的创建使用 qemu-img create 命令，可使用-f 参数指定镜像格式，不指定时默认为 raw 格式。比如在 EVE-NG 环境中，创建一个大小为 50GB、名字为 test 的 qcow2 格式的镜像，命令为：

```
root@eve-ng:~# /opt/qemu/bin/qemu-img create -f qcow2 test.qcow2 50G
Formatting 'test.qcow2', fmt=qcow2 size=53687091200 encryption=off
cluster_size=65536 lazy_refcounts=off refcount_bits=16
root@eve-ng:~#
```

2. 镜像信息查看

使用 qemu-img info 命令可以查看镜像的信息。比如查看刚才创建的镜像，可以使用如下命令：

```
root@eve-ng:~# /opt/qemu/bin/qemu-img info test.qcow2
image: test.qcow2
file format: qcow2
virtual size: 50G (53687091200 bytes)    //虚拟磁盘大小为50GB
disk size: 196K
cluster_size: 65536
Format specific information:
    compat: 1.1
    lazy refcounts: false
    refcount bits: 16
    corrupt: false
root@eve-ng:~#
```

3. 镜像格式转换

使用 qemu-img convert 命令可以转换镜像格式。比如将刚才创建的 test.qcow2 转换为 test.vmdk 格式。命令如下：

```
root@eve-ng:~# /opt/qemu/bin/qemu-img convert -p -f qcow2 -O vmdk test.qcow2 test.vmdk
    (100.00/100%)      //转换进度条
root@eve-ng:~#
```

-p 显示转换进度，-f 指定原有的镜像格式，-O 指定输出的镜像格式，接着是输入文件和输出文件。

查看转换后的 test.vmdk 信息，如下所示。

```
root@eve-ng:~# /opt/qemu/bin/qemu-img info test.vmdk
image: test.vmdk
file format: vmdk
virtual size: 50G (53687091200 bytes)    //虚拟磁盘大小为50GB
disk size: 24K   //实际占用的磁盘空间
```

```
    cluster_size: 65536
Format specific information:
    cid: 2364772066
    parent cid: 4294967295
    create type: monolithicSparse
    extents:
        [0]:
            virtual size: 53687091200
            filename: test.vmdk
            cluster size: 65536
            format:
root@eve-ng:~#
```

可以看到格式已变为 vmdk。在转换时，可以加上-c 参数，意思是在镜像转换的同时压缩镜像。如果在镜像转换时忘记增加-c 参数，那么再执行一次命令，将输入镜像格式和输出镜像格式设置为一样，这就相当于只做压缩，没转换格式。命令如下：

```
root@eve-ng:~# /opt/qemu/bin/qemu-img convert -c -p -f qcow2 -O qcow2 test.qcow2 test.qcow2
    (100.00/100%)        //转换进度条
root@eve-ng:~#
```

4．镜像大小修改

使用 qemu-img resize 命令修改镜像的大小。如下所示，查看刚才创建的 test.qcow2 信息。

```
root@eve-ng:~# /opt/qemu/bin/qemu-img info test.qcow2
image: test.qcow2
file format: qcow2
virtual size: 50G (53687091200 bytes)
disk size: 196K
cluster_size: 65536
Format specific information:
    compat: 1.1
    lazy refcounts: false
```

```
        refcount bits: 16
        corrupt: false
root@eve-ng:~#
```

假如该镜像在创建时容量太小，那么也可以通过命令增大容量。下面就将刚才创建的镜像增大 10GB，命令如下：

```
root@eve-ng:~# /opt/qemu/bin/qemu-img resize test.qcow2 +10G
Image resized.
root@eve-ng:~# /opt/qemu/bin/qemu-img info test.qcow2
image: test.qcow2
file format: qcow2
virtual size: 60G (64424509440 bytes)
disk size: 200K
cluster_size: 65536
Format specific information:
    compat: 1.1
    lazy refcounts: false
    refcount bits: 16
    corrupt: false
root@eve-ng:~#
```

这样镜像容量就增大到 60GB。当然，也可以直接指定镜像修改后的大小。将刚才 60GB 大小的 test.qcow2 增加到 100GB，命令如下：

```
root@eve-ng:~# /opt/qemu/bin/qemu-img resize test.qcow2 100G
Image resized.          //提示磁盘大小已修改完毕
root@eve-ng:~# /opt/qemu/bin/qemu-img info test.qcow2
image: test.qcow2
file format: qcow2
virtual size: 100G (107374182400 bytes)    //磁盘大小已变为 100GB
disk size: 200K
cluster_size: 65536
Format specific information:
    compat: 1.1
    lazy refcounts: false
    refcount bits: 16
```

```
    corrupt: false
root@eve-ng:~#
```

但是，请注意 qcow2 的镜像不支持缩小。如果缩小会报错，如下所示。

```
root@eve-ng:~# /opt/qemu/bin/qemu-img resize test.qcow2 50G
qemu-img: qcow2 doesn't support shrinking images yet    //提示 qcow2 格式
                                                        //不支持缩小空间
qemu-img: This image does not support resize
root@eve-ng:~#
```

那么缩小镜像该如何操作呢？raw 支持缩小，我们可以先将 qcow2 格式转换为 raw，缩小后再转换为 qcow2。具体操作如下所示。

```
root@eve-ng:~# /opt/qemu/bin/qemu-img convert -p -f qcow2 -O raw test.qcow2 test.raw    //将镜像文件转换为 raw 格式
    (100.00/100%)
root@eve-ng:~# /opt/qemu/bin/qemu-img resize test.raw 50G
WARNING: Image format was not specified for 'test.raw' and probing guessed raw.
         Automatically detecting the format is dangerous for raw images, write operations on block 0 will be restricted.
         Specify the 'raw' format explicitly to remove the restrictions.
Image resized.
root@eve-ng:~# /opt/qemu/bin/qemu-img info test.raw
image: test.raw
file format: raw
virtual size: 50G (53687091200 bytes)      //大小已缩小为 50GB
disk size: 0
root@eve-ng:~# /opt/qemu/bin/qemu-img convert -p -f raw -O qcow2 test.raw test.qcow2    //将镜像文件再转换为 qcow2 格式
    (100.00/100%)
root@eve-ng:~#
```

在缩小硬盘容量时需要注意，如果 test.qcow2 的硬盘使用量已经超过 50GB 时，这么转换会导致数据丢失。所以缩小镜像时，缩小的那部分空间不能有数据写入，请谨慎使用。

12.2.2 qemu-system

其实，平时操作 EVE-NG 平台不会用到 qemu-system 命令，但因为 EVE-NG 在运行 QEMU 虚拟机时，调用的就是 qemu-system 命令，所以有必要说明一下该命令的结构，并非一定要掌握 qemu-system 命令。

手动开启虚拟机的类似命令如下。

```
~# /opt/qemu/bin/qemu-system-x86_64 -m 4096 -smp 2 --enable-kvm -boot d -hda /root/test.qcow2 -cdrom /root/CentOS-7-x86_64-Minimal-1611.iso -vnc :1
```

其中包含了 qemu-system-x86_64 的一些参数，主要参数如下。

- -cpu：指定 CPU 模型，默认为 qemu64，可以通过"-cpu ？"查询当前支持的 CPU 模型。
- -smp：设置虚拟机的 vcpu 个数，后面还可以指定 cores、thread、socket 参数。
- -m：设置虚拟机内存大小，默认单位为 MB。
- -hda、-hdb 和 cdrom 等：设置虚拟机的 IDE 磁盘和光盘设置。
- -boot：设置虚拟机的启动选项。
- c：从 hda 硬盘启动。
- d：代表 cdrom。
- -net nic：为虚拟机创建网络适配器。
- -net none：不配置任何网络设备。
- -vnc：使用 VNC 方式显示客户机。后面的":1"代表将视频流输出到 VNC 管道，远端使用 VNC Viewer 软件指定 IP 地址和 VNC 端口来连接虚拟机。

除了示例中包含的参数之外，还有更多参数，比如下面这些。

- -vga：设置虚拟机中的 vga 显卡类型。
- -nographic：关闭 QEMU 的图形化界面输出。
- -cdrom：指定 cdrom 加载的文件。

12.3 结语

本章介绍了 EVE-NG 用到的虚拟化技术，KVM 和 QEMU。有了虚拟化该如何运行虚拟机呢？后续几章会有详细介绍。

我们需要通过一个虚拟化平台安装并运行 Windows 系统，而可选择的平台有 VMware Workstation、VMware vSphere、VirtualBox、KVM 等，包括 EVE-NG 平台本身也可以安装。方法类似，本书选择其中几种方法举例说明如何操作。

第 13 章 定制 Windows 镜像

在使用 EVE-NG 时,Windows 系统是经常使用到的。本章通过 EVE-NG 平台,介绍如何定制个性化的 Windows 镜像。

13.1 Windows 系统安装

13.1.1 上传 ISO 光盘镜像

使用 SFTP 协议登录 EVE-NG,进入到/opt/unetlab/addons/qemu/目录下,创建目录 win-7-ultimate,如图 13-1 所示。

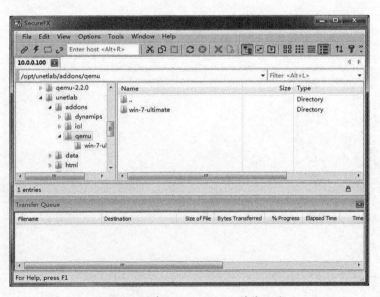

图 13-1 创建 win-7-ultimate 镜像目录

将 Windows 7 的 ISO 文件上传到/opt/unetlab/addons/qemu/win-7-ultimate 目录下，并命名为 cdrom.iso，原因是 EVE-NG 底层已经预设了这个名字，如图 13-2 和图 13-3 所示。

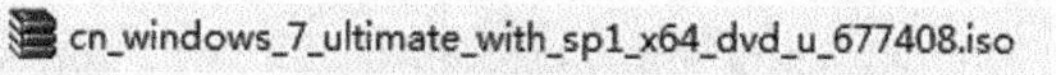

cn_windows_7_ultimate_with_sp1_x64_dvd_u_677408.iso

图 13-2　Windows 7 的光盘镜像

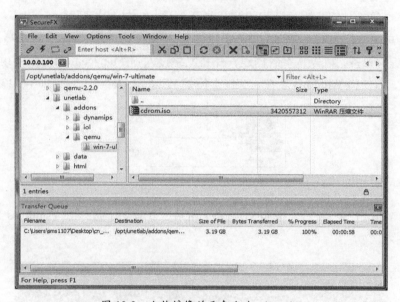

图 13-3　上传镜像并重命名为 cdrom.iso

13.1.2　安装 Windows 系统

登录到 EVE-NG 终端，使用 qemu-img 命令创建虚拟磁盘，如下所示。

root@eve-ng:~# cd **/opt/unetlab/addons/qemu/win-7-ultimate/**
　//进入到镜像目录

root@eve-ng:**/opt/unetlab/addons/qemu/win-7-ultimate# /opt/qemu/bin/qemu-img create -f qcow2 hda.qcow2 60G**
　//创建虚拟磁盘文件，格式为 qcow2 且名称以 qcow2 结尾，名字为 hda.qcow2，大小为 60GB
Formatting 'hda.qcow2', fmt=qcow2 size=64424509440 encryption=off cluster_size=65536 lazy_refcounts=off refcount_bits=16

root@eve-ng:/opt/unetlab/addons/qemu/win-7-ultimate# ll （查看当前目录的文件详情）

```
total 3340596
drwxr-xr-x 2 root root          4096 Oct 14 15:43 ./
drwxr-xr-x 3 root root          4096 Oct 14 15:27 ../
-rw-r--r-- 1 root root    3420557312 Dec 23  2014 cdrom.iso
-rw-r--r-- 1 root root        197632 Oct 14 15:43 hda.qcow2
root@eve-ng:/opt/unetlab/addons/qemu/win-7-ultimate#
```

登录 EVE-NG 的 Web 管理界面，此时新建 Node 时，Windows 已被点亮，新建一个 win7 虚拟设备，以默认参数创建，并将网络接入到 Management(Cloud0)或其他桥接网络中，方便将 Windows 软件、文件上传到 Windows 系统中，拓扑图如 13-4 所示。

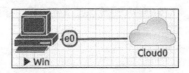

图 13-4　定制镜像拓扑图

启动 Win 虚拟设备后，按照 Windows 常规方式安装，进入到 Windows 桌面，如图 13-5 所示。

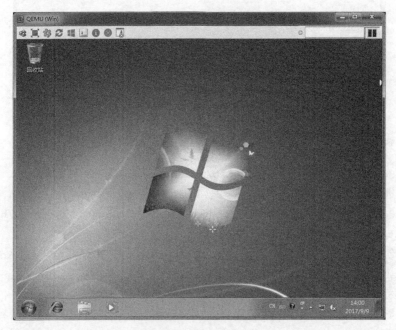

图 13-5　系统成功安装后进入 Windows 桌面

13.1.3 优化 Windows 系统

此时,这个安装完成的 Windows 系统,已经可以直接放到 EVE-NG 中运行了。系统镜像只是一个模板,在 EVE-NG 平台上所有运行该镜像的虚拟设备,初始时与模板完全一样。所以在制作镜像时,提前将 Windows 7 优化,比如设置下用户名、开启 RDP 服务、免密码登录、增加一些工具等。本节只介绍几个关键点,用户可以根据自己的需求、喜好来优化系统。

1. 启用 Administrator 用户登录 Windows

(1)启动 Administrator 超级管理员

打开计算机管理,进入到"本地用户和组"中的"用户",如图 13-6 所示。

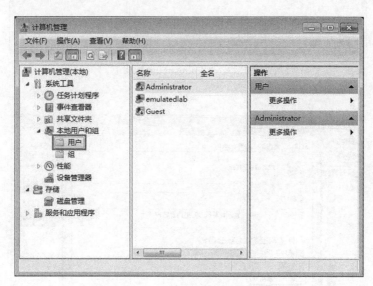

图 13-6 计算机管理界面

右键 Administrator 用户,单击"属性",如图 13-7 所示。

取消"账户已禁用",并单击"确定",如图 13-8 所示。

(2)设置 Administrator 的密码

右键 Administrator 账户,单击"设置密码",将密码设置为"eve@123",如图 13-9 和图 13-10 所示。

第 13 章
定制 Windows 镜像

图 13-7　Administrator 属性 1

图 13-8　Administrator 属性 2

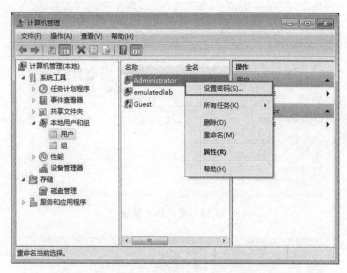

图 13-9 设置 Administrator 密码 1

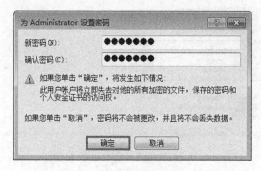

图 13-10 设置 Administrator 密码 2

（3）删除 emulatedlab 用户

首先注销系统并用 administrator 用户登录到 Windows 桌面。打开"控制面板—>用户账户和家庭安全—>用户账户"，单击"管理其他账户"，如图 13-11 所示。

单击 emulatedlab 账户，并删除账户，如图 13-12 和图 13-13 所示。

这里有两个重要选项选项，"删除文件"代表着删除与 emulatedlab 有关的所有文件；"保留文件"即只删除用户账户，不删除用户数据。对于 EVE-NG 来说，启用了 administrator 用户后，emulatedlab 用户已经没用了，所以选择"删除文件"，如图 13-14 所示。

第 13 章
定制 Windows 镜像

图 13-11 用户账户管理 1

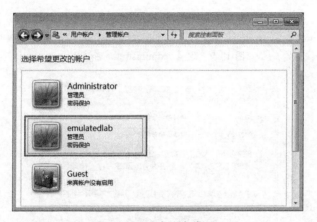

图 13-12 用户账户管理 2

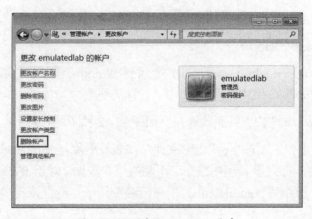

图 13-13 删除 emulatedlab 账户

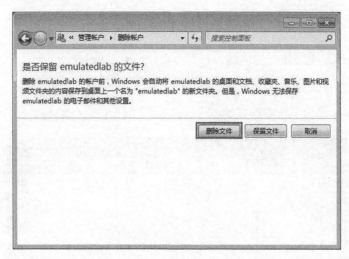

图 13-14　删除 emulatedlab 用户文件

2．下载工具

（1）配置 IP 地址

Windows 系统在默认情况下使用 DHCP 获取 IP 地址，所以如果 EVE-NG 的 Cloud0 管理网络中存在 DHCP 服务器，那么此时 Windows 可以正常获取到一个 IP 地址，如图 13-15 所示，本环境获取到的 IP 地址为 10.0.0.101。这么做的目的只有一个，可以将软件工具上传到 Windows 镜像中。

如果没有 DHCP 服务器，可以手动设置 IP 地址，但是别忘了优化完系统后，再改成通过 DHCP 方式获取 IP 地址。

图 13-15　Windows 获取到的 IP 地址

（2）开启 FTP 服务器

在宿主机上或者 Windows 镜像能访问到的主机上开启 FTP 服务，借助一些小工具，能简化操作，更方便、更快捷，推荐 babyftp.exe、ftpserver.exe。

（3）下载软件工具

在 Windows 镜像系统中连接 FTP 服务，并下载所需要的软件，如图 13-16 所示。

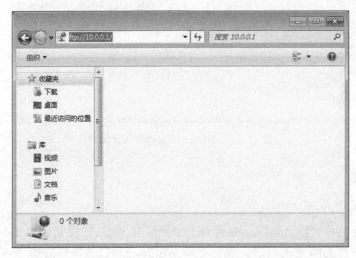

图 13-16　Windows 获取到的 IP 地址

当然，也可以通过其他方法，将工具或文件传输到 Windows 虚拟设备中，比如直接在因特网上下载。

3. 设置开机自动登录

在系统开机时，每次都需要输入管理员密码才能登录到 Windows 桌面，这属于没有必要的操作，所以手动关闭它。

打开 Windows 的"运行"，快捷键为"Win+R"，输入"control userpasswords2"，如图 13-17 所示。

取消"要使用本机，用户必须输入用户名和密码"，单击"确定"，如图 13-18 所示。

这个操作要求输入密码，填写并单击"确定"后 Windows 自动登录就已完成，如图 13-19 所示。

图 13-17　Windows 的"运行"界面

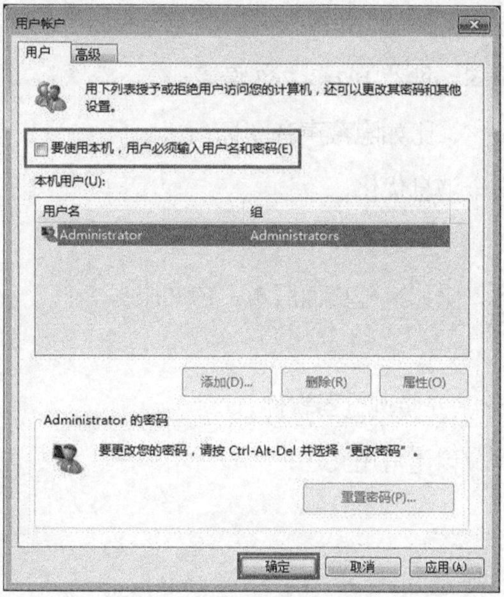

图 13-18　用户账户设置

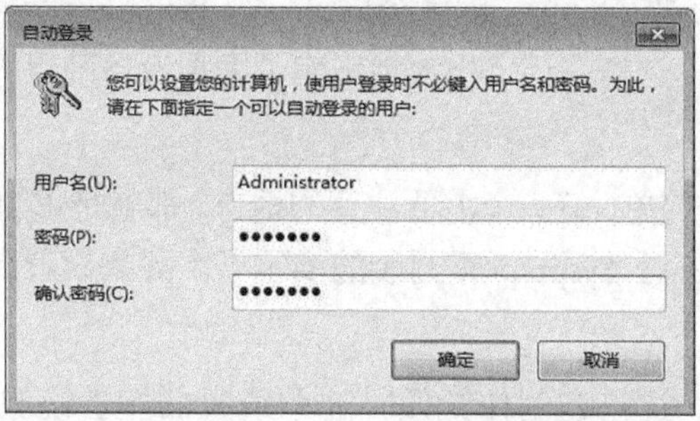

图 13-19　使用管理员账户自动登录

4. 常规设置

非常建议大家优化前面几点，剩下的可根据个人需求和喜好适当调整（包括但不限于以下几点）。

- 激活 Windows；
- 修改计算机名称；
- 显示"计算机图标/我的电脑"图标；
- 关闭防火墙；
- 关闭自动更新；
- 设置屏幕分辨率，推荐 1024×768 像素；
- 右下角图标优化，比如隐藏声音图标；
- 操作中心的安全消息优化；
- 电源优化；
- 开启某些服务，比如远程桌面服务，FTP 服务等；
- 安装输入法；
- 更新 IE 浏览器，安装浏览器软件；
- 安装常用软件，创建常用文件；
- ……

5. Sysprep 重封装（可选）

当你制作的 Windows 镜像需要加入到域中，建议做一下 Sysprep 重封装。如果没有这方面需求，那么不推荐你做。因为今后每一个 Windows 节点在系统启动时，都会自动初始化一次系统。这样的话，极大地影响了虚拟设备节点的开机速度，也影响了用户体验。

Sysprep 操作比较简单，就一个需要注意的地方，那就是重封装完成后，选择关机，而不是重启。本文就不做 Sysprep 重封装的演示了。如果读者有这方面的需求，请查阅相关资料。

如图 13-20 所示，这是在制作镜像时的系统桌面。当镜像制作完成后，新创建 Windows 虚拟设备的系统与此时一样，系统、文件完全一样。

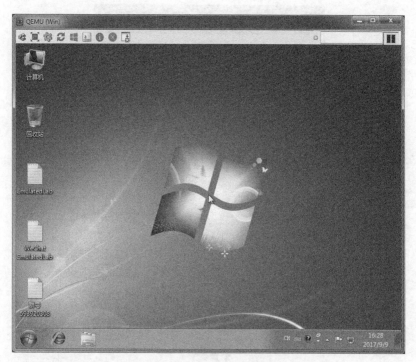

图 13-20　优化后的 Windows 桌面

将上述的优化操作完成后,确保网卡 IP 地址设置改为 "DHCP 自动获取" 后,将 Windows 虚拟设备关机。

13.2　镜像重建

在 EVE-NG 中,每次新建一个 QEMU 虚拟设备,都会对镜像做一次快照,而新增的数据是保存到 EVE-NG 的临时目录中的,所以需要将快照与原始镜像做一次融合,同时做一次镜像压缩,以减少镜像所占的磁盘空间。具体操作如下。

1. 查看 Lab 拓扑 ID 和 Windows 虚拟设备的 ID,如图 13-21 和图 13-22 所示。

请注意,虚拟设备的节点 ID 为 "1",Lab 文件 ID 为 "f5d558a8-15c2-4ea4-9ace-6e1ae5c228e6"。

第 13 章
定制 Windows 镜像

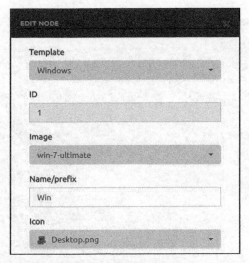

图 13-21　虚拟设备节点的 ID

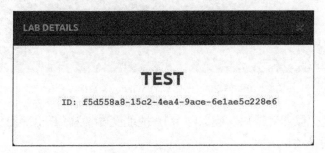

图 13-22　Lab 文件 ID

2. 登录到 EVE-NG 终端。

root@eve-ng:~# **cd /opt/unetlab/tmp/0/f5d558a8-15c2-4ea4-9ace-6e1ae5c228e6/1/**
　　//进入到 EVE-NG 临时目录，其中"f5d558a8-15c2-4ea4-9ace-6e1ae5c228e6"为 Lab 拓扑 ID，"1"为虚拟节点 ID
root@eve-ng:/opt/unetlab/tmp/0/f5d558a8-15c2-4ea4-9ace-6e1ae5c228e6/1# ll
　　//查看当前目录下的所有文件详情
total 7975572
drwxrwsr-x 2 root unl   4096 Sep 9 16:35 ./
drwxrwsr-x 3 root unl   4096 Sep 9 16:35 ../
-rw-r--r-- 1 root unl 8167030784 Sep 9 19:29 hda.qcow2

```
-rw-rw-r-- 1 root unl          0 Sep 9 19:21 .prepared
-rw-rw-r-- 1 root unl        120 Sep 9 19:30 wrapper.txt
root@eve-ng:/opt/unetlab/tmp/0/f5d558a8-15c2-4ea4-9ace-6e1ae5c228e6/1#
```
/opt/qemu/bin/qemu-img convert -c -O qcow2 hda.qcow2 /tmp/hda.qcow2

　　　　//将镜像压缩并重建，保存到/tmp/hda.qcow2 文件

```
root@eve-ng:/opt/unetlab/tmp/0/f5d558a8-15c2-4ea4-9ace-6e1ae5c228e6/1#
```
mv /tmp/hda.qcow2 /opt/unetlab/addons/qemu/win-7-ultimate/hda.qcow2

　　　　//将重建后的 hda.qcow2 移动到 Win7 的镜像目录中，会自动覆盖以前创建的无数据的 hda.qcow2 虚拟磁盘文件

```
root@eve-ng:/opt/unetlab/tmp/0/f5d558a8-15c2-4ea4-9ace-6e1ae5c228e6/1#
```
rm -f /opt/unetlab/addons/qemu/win-7-ultimate/cdrom.iso

　　　　//删除 cdrom.iso 光盘镜像文件

```
root@eve-ng:/opt/unetlab/tmp/0/f5d558a8-15c2-4ea4-9ace-6e1ae5c228e6/1#
```

如上操作中涉及的路径为"/opt/unetlab/tmp/0/f5d558a8-15c2-4ea4-9ace-6e1ae5c228e6/1/"，其含义如下。

- 0：Web 的 admin 用户 ID。
- f5d558a8-15c2-4ea4-9ace-6e1ae5c228e6：Lab 文件的 ID。
- 1：Lab 中设备节点的 ID。

3. 删除 Lab 中的设备。

当镜像制作完成后，Lab 中的设备节点已无任何作用，可将其删掉，以免在 EVE-NG 的系统中存留垃圾文件。通常情况下，使用 Web 界面删除是比较好的选择，系统会自动将与该设备有关的信息全部清理掉。手动清理也是可以的，但是不建议。原因是不仅需要删除/tmp 目录下的临时文件，还要修改 unl 拓扑文件，步骤较为复杂。

13.3　镜像压缩

该步骤为可选项，在 Windows 系统安装完后，我们使用 system-img convert –c 参数将镜像压缩，但镜像占用空间依旧过大，因此可以用更高级的工具将镜像再一次压缩。

到相应目录执行"virt-sparsify –compress hda.qcow2 compressedhda.qcow2"命令将

第 13 章
定制 Windows 镜像

镜像压缩，然后替换原有的 hda.qcow2，如下所示。

```
root@eve-ng:~# cd /opt/unetlab/addons/qemu/win-7-ultimate/
    //进入到 win7 镜像目录
root@eve-ng:/opt/unetlab/addons/qemu/win-7-ultimate# virt-sparsify --compress hda.qcow2 compressedhda.qcow2
    //压缩镜像并命名为 compressedhda.qcow2
 [   0.8] Create overlay file in /tmp to protect source disk
 [   0.9] Examine source disk
- 25% [###############--------------------------------------] --:--
 100% [######################################################]
00:00
 [  80.6] Fill free space in /dev/sda1 with zero
 100% [######################################################]
--:--
 [  83.3] Fill free space in /dev/sda2 with zero
 100% [######################################################]
00:00
 [4438.2] Copy to destination and make sparse
 [6749.0] Sparsify operation completed with no errors.
virt-sparsify: Before deleting the old disk, carefully check that the
target disk boots and works correctly.
root@eve-ng:/opt/unetlab/addons/qemu/win-7-ultimate# ll
    //查看压缩前与压缩后的镜像大小
total 7095380
drwxr-xr-x 2 root root       4096 Oct 14 22:03 ./
drwxr-xr-x 3 root root       4096 Oct 14 20:48 ../
-rw-r--r-- 1 root root 3612606464 Oct 14 22:41 compressedhda.qcow2
-rw-r--r-- 1 root root 3658612736 Oct 14 19:56 hda.qcow2
root@eve-ng:/opt/unetlab/addons/qemu/win-7-ultimate# rm hda.qcow2
    //删除未使用 virt-sparsify 压缩的镜像文件
root@eve-ng:/opt/unetlab/addons/qemu/win-7-ultimate# mv compressedhda.qcow2 hda.qcow2
    //将压缩后的镜像文件重命名为 hda.qcow2
root@eve-ng:/opt/unetlab/addons/qemu/win-7-ultimate# ll
```

```
total 7095380
drwxr-xr-x 2 root root          4096 Oct 15 08:05 ./
drwxr-xr-x 3 root root          4096 Oct 14 20:48 ../
-rw-r--r-- 1 root root    3612606464 Oct 14 22:41 hda.qcow2
root@eve-ng:/opt/unetlab/addons/qemu/win-7-ultimate#
```

13.4 镜像测试

在 Web 界面上，重新创建 Windows 虚拟设备并开机，如图 13-23 所示。

图 13-23 新创建 Windows 设备

打开 Windows 终端界面，系统会自动进入桌面，并能看到桌面上的文件，与镜像重建之前的系统完全一致，如图 13-24 所示。

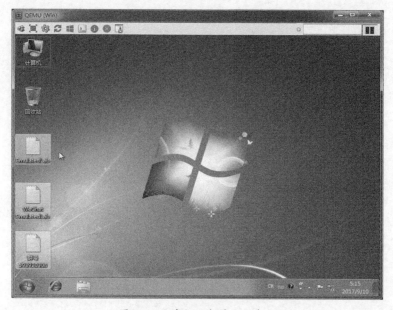

图 13-24 虚拟设备节点的桌面

因为未将设备连入 Cloud0 等桥接网络中，所以虚拟机未获得 IP 地址。

13.5　结语

其实制作镜像的最终目的就是制作一个虚拟机的虚拟硬盘文件，让 EVE-NG 能够使用相应的驱动进入到系统，识别相应的硬件。

如果读者熟悉 QEMU 虚拟化的话，可以在制作镜像时加载硬盘的 virtio 半虚拟化驱动，并将 hda.qcow2 改为 virtioa.qcow2，这样虚拟设备的性能会更好。

第 14 章 定制 Linux 镜像

在使用 EVE-NG 时,Linux 系统是经常使用到的。本章通过 EVE-NG 平台,介绍如何定制个性化的 Linux 镜像。因为 Linux 的桌面版系统制作起来较为复杂,需要注意的点比较多,所以本文就以 Ubuntu Desktop 版为例。

14.1 Linux 系统安装

14.1.1 上传 ISO 光盘镜像

使用 SFTP 协议登录 EVE-NG,进入/opt/unetlab/addons/qemu/目录下,创建目录 linux-ubuntu-desktop-16.04.02,如图 14-1 所示。

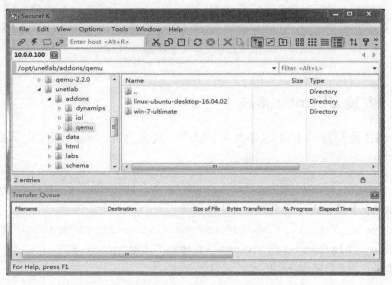

图 14-1 创建 linux-ubuntu-desktop-16.04.02 镜像目录

将 Ubuntu 的 ISO 文件上传到 /opt/unetlab/addons/qemu/linux-ubuntu-desktop-16.04.02 目录下，并命名为 cdrom.iso，如图 14-2 和图 14-3 所示。

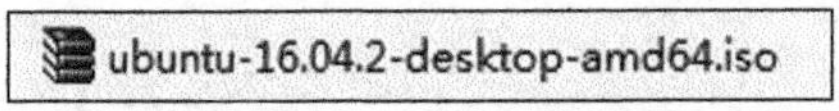

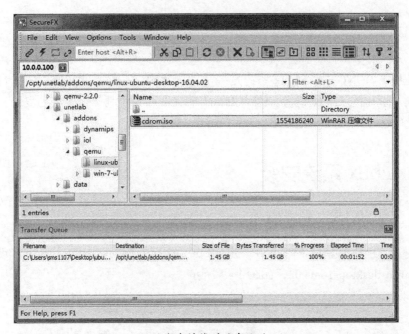

图 14-2　Ubuntu 光盘镜像

图 14-3　上传光盘镜像并重命名为 cdrom.iso

14.1.2　安装 Ubuntu 系统

使用 SSH 协议登录 EVE-NG 终端，创建一块名为 hda.qcow2 的虚拟磁盘，如下所示。

root@eve-ng:~# **cd /opt/unetlab/addons/qemu/linux-ubuntu-desktop-16.04.02/**
　　//进入到镜像目录
root@eve-ng:/opt/unetlab/addons/qemu/linux-ubuntu-desktop-16.04.02#
/opt/qemu/bin/qemu-img create -f qcow2 hda.qcow2 60G
　　//创建一块虚拟硬盘，名为 hda.qcow2，大小为 60GB
Formatting 'hda.qcow2', fmt=qcow2 size=64424509440 encryption=off

```
cluster_size=65536 lazy_refcounts=off refcount_bits=16
    root@eve-ng:/opt/unetlab/addons/qemu/linux-ubuntu-desktop-16.04.02# ll
        //查看当前目录所有文件的详细信息,其中包含 cdrom.iso 与 hda.qcow2
    total 1517968
    drwxr-xr-x 2 root root          4096 Sep 10 08:45 ./
    drwxr-xr-x 4 root root          4096 Sep 10 08:34 ../
    -rw-r--r-- 1 root root    1554186240 Jun 19 22:27 cdrom.iso
    -rw-r--r-- 1 root root      197632 Sep 10 08:45 hda.qcow2
    root@eve-ng:/opt/unetlab/addons/qemu/linux-ubuntu-desktop-16.04.02#
```

登录 EVE-NG 的 Web 管理界面,此时新建 Node 时,Linux 的选项已被点亮。新建一个 Linux 虚拟设备,以默认参数创建,并将网络接入到 Management(Cloud0)或者其他的桥接网络,确保该网络能连接到因特网,方便后期安装 Linux 工具,如图 14-4 所示。

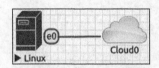

图 14-4　用于 Linux 镜像制作的拓扑

启动后,使用 VNC 连接到设备,并按照 Linux 常规方式安装 Ubuntu 系统。安装完成后,登录 EVE-NG 终端,将 cdrom.iso 删除后,再次启动 Ubuntu。如果不删除的话,Linux 虚拟设备还会再次进入 Ubuntu 的安装界面,因为 cdrom.iso 还处于挂载的状态。这里与 Windows 不同的是,从 Windows 的 cdrom.iso 启动时,提示用户 "Press any key to continue…",要求用户按任意键开始安装 Windows 系统,如果键盘无任何输入,则不会进入到 Windows 安装界面。而从 Linux 的 cdrom.iso 启动时,无这样的提示,直接从光盘系统。

```
    root@eve-ng:~# cd /opt/unetlab/addons/qemu/linux-ubuntu-desktop-16.04.02/
        //进入到镜像目录
    root@eve-ng:/opt/unetlab/addons/qemu/linux-ubuntu-desktop-16.04.02# rm
cdrom.iso
        //删除 cdrom.iso 文件
    root@eve-ng:/opt/unetlab/addons/qemu/linux-ubuntu-desktop-16.04.02# ll
        //查看当前目录所有文件的详细信息
    total 204
```

```
drwxr-xr-x 2 root root    4096 Sep 10 10:21 ./
drwxr-xr-x 4 root root    4096 Sep 10 08:56 ../
-rw-r--r-- 1 root root  197632 Sep 10 08:57 hda.qcow2
root@eve-ng:/opt/unetlab/addons/qemu/linux-ubuntu-desktop-16.04.02#
```

Linux 虚拟设备重启后，正常进入 Ubuntu 系统界面，如图 14-5 所示。

图 14-5　Ubuntu 系统界面

14.1.3　优化 Ubuntu 系统

此时，这个安装完成的 Ubuntu 系统，已经可以直接放到 EVE-NG 中运行了。与 Windows 一样，镜像只是一个模板，在 EVE-NG 平台上所有运行该镜像的虚拟设备，初始时与这个模板完全一样。所以在制作镜像时，提前优化一下 Ubuntu，比如设置主机名、允许 root 登录、开机自动登录系统、增加一些工具等。本节只介绍几个关键点，用户可以根据自己的需求、喜好来优化系统。

登录 Ubuntu 界面，右键桌面，打开终端，对 Ubuntu 系统进行一系列优化。

1. 安装 vim 文本编辑器

首先先将用户切换到 root，这样做的目的是避免执行命令前面加 sudo。这是因为

Ubuntu 系统安全问题，默认不允许 root 用户直接登录系统，所以普通用户想要执行命令时需要在命令前面添加 sudo，让普通用户临时获取 root 权限去执行命令。在切换 root 用户之前，必须要设置 root 密码，我们将 root 密码设置为 eve@123，并切换到 root 用户，如图 14-6 所示。

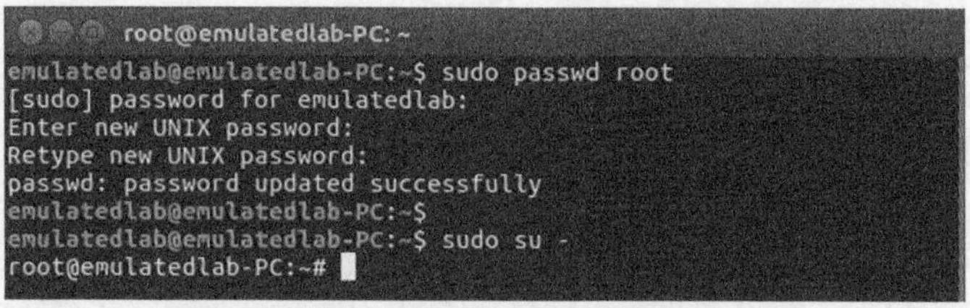

图 14-6　设置 root 密码并切换 root 用户

安装 vim 文本编辑器，能让我们编辑配置文件更加容易。执行命令"apt-get update && apt-get install vim -y"以安装 vim，如果安装成功的话，再次执行该命令，可以看到"vim is already the newest version"，即 vim 已经是最新版并且没有更新也没有包被安装，如图 14-7 所示。

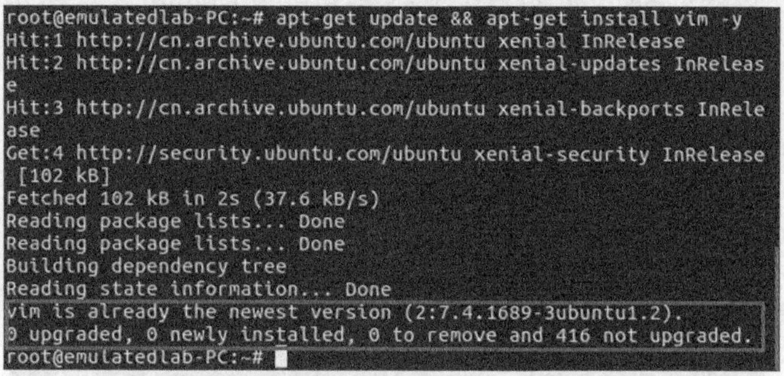

图 14-7　安装 vim 文本编辑器

2. 安装 openssh-server

默认情况下，Ubuntu 系统不允许 SSH 登录，所以需要安装 openssh-server（SSH 服务端），并允许客户端使用 root 用户登录 Ubuntu。在终端中执行"apt-get install openssh-server –y"命令，如图 14-8 所示。

图 14-8　安装 openssh 服务器

修改 SSH 配置文件，执行"vim /etc/ssh/sshd_config"命令，进入到 sshd_config 配置文件，将第 28 行的"PermitRootLogin prohibit-password"修改为"PermitRootLogin yes"，如图 14-9 所示。按 i 键进入编辑模式，编辑完文件后按 Esc 键退出编辑模式，按":wq"保存退出。

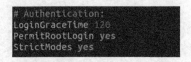

图 14-9 修改 openssh 配置文件

在修改完配置文件后，需要重启 sshd 服务，配置才能生效。在终端执行"service sshd restart"命令，如图 14-10 所示，openssh 的服务名为 sshd。

图 14-10 重启 openssh 服务

此时，就可以通过 SecureCRT 等终端工具连接到 Ubuntu 了，用 ifconfig 命令查看一下 Ubuntu 的 IP 地址，如图 14-11 所示。

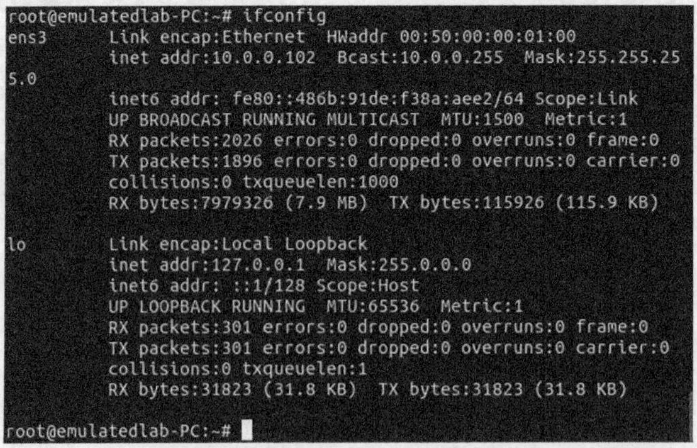

图 14-11 查看 Ubuntu 的 IP 地址

可以看到 Ubuntu 的 IP 地址为 10.0.0.102，使用 SecureCRT 连接，协议为 SSH，如图 14-12 所示。

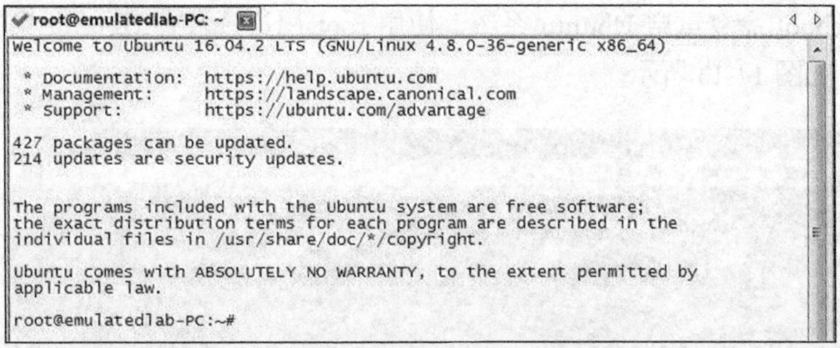

```
✓ root@emulatedlab-PC: ~
Welcome to Ubuntu 16.04.2 LTS (GNU/Linux 4.8.0-36-generic x86_64)

 * Documentation:  https://help.ubuntu.com
 * Management:     https://landscape.canonical.com
 * Support:        https://ubuntu.com/advantage

427 packages can be updated.
214 updates are security updates.

The programs included with the ubuntu system are free software;
the exact distribution terms for each program are described in the
individual files in /usr/share/doc/*/copyright.

Ubuntu comes with ABSOLUTELY NO WARRANTY, to the extent permitted by
applicable law.
root@emulatedlab-PC:~#
```

图 14-12　SecureCRT 连接 Ubuntu

3. 启用 root 用户登录 GUI 并自动登录桌面

输入命令 vim /usr/share/lightdm/lightdm.conf.d/50-ubuntu.conf 编辑配置文件，如下所示。

```
root@emulatedlab-PC:~# vim /usr/share/lightdm/lightdm.conf.d/50-ubuntu.conf
[Seat:*]
user-session=ubuntu
greeter-show-manual-login=true   //允许手动输入登录系统的用户名和密码
allow-guest=false    //不允许 guest 用户登录系统
autologin-user=root
autologin-user-timeout=0
autologin-session=lightdm-autologin~
```

输入命令 "vim /root/.profile"，将最后一行 "mesg n || true" 更改为 "tty -s && mesg n || true"，如下所示。

```
root@emulatedlab-PC:~# vim /root/.profile      //编辑 .profile 文件
# ~/.profile: executed by Bourne-compatible login shells.

if [ "$BASH" ]; then
 if [ -f ~/.bashrc ]; then
   . ~/.bashrc
 fi
fi

tty -s && mesg n || true      //增加 tty -s &&
~                                      ~
```

输入 reboot 命令重启 Ubuntu 系统，使用 root 用户登录到 Ubuntu 桌面，并再次打开终端，如图 14-13 所示。

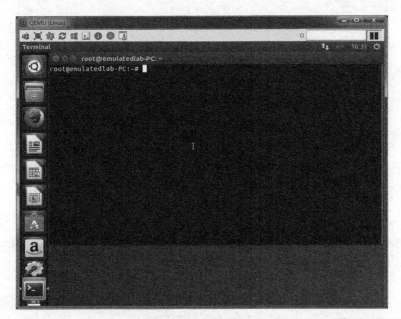

图 14-13　重启 Ubuntu 并使用 root 用户登录

删除 emulatedlab 账户，执行"userdel –r emulatedlab"命令，删除 emulatedlab 账户及家目录。其中-r 参数表示删除用户的家目录，如下所示。

```
root@emulatedlab-PC:~# userdel -r emulatedlab
userdel: emulatedlab mail spool (/var/mail/emulatedlab) not found
root@emulatedlab-PC:~# ~                                          ~
```

4. 修改 GRUB

执行命令 "sed -i 's/GRUB_CMDLINE_LINUX=.*/GRUB_CMDLINE_LINUX="console=ttyS0,115200 console=tty0"/' /etc/default/grub" 修改 GRUB 文件，并执行 update-grub 命令更新 GRUB。目的是让 Ubuntu 支持在 EVE-NG 上用 console 连接，如下所示。

```
root@emulatedlab-PC:~# sed -i 's/GRUB_CMDLINE_LINUX=.*/GRUB_CMDLINE_LINUX=
"console=ttyS0,115200 console=tty0"/' /etc/default/grub
        //将 /etc/default/grub 文件中的 " GRUB_CMDLINE_LINUX=.* "字段替换为
"GRUB_CMDLINE_LINUX="console=ttyS0,115200 console=tty0""
```

```
root@emulatedlab-PC:~# update-grub    //更新 GRUB
Generating grub configuration file ...
Warning: Setting GRUB_TIMEOUT to a non-zero value when GRUB_HIDDEN_
TIMEOUT is set is no longer supported.
Found linux image: /boot/vmlinuz-4.8.0-36-generic
Found initrd image: /boot/initrd.img-4.8.0-36-generic
Found memtest86+ image: /boot/memtest86+.elf
Found memtest86+ image: /boot/memtest86+.bin
Done     //更新完成
root@emulatedlab-PC:~#                        ~
```

5. Ubuntu 个性化常规设置

接下来根据你的需求和习惯修改系统，比如：

- 修改分辨率，建议默认；
- 修改主机；
- 关闭 iptables、selinux；
- 修改 GRUB 使其网口名称为 eth0；
- 关闭自动更新；
- 开启服务、安装工具，比如 apache、nginx 等。

该部分常规操作不限于以上几点，可根据你的需求调整。

6. 重封装系统

在 EVE-NG 创建新设备时，设备的网卡信息是随机生成的，所以系统中的文件不能包含 UUID 和 mac 等信息，该类信息保存在 70-persistent-net.rules 文件中。如果不删除，系统还是会加载上一次的网卡信息，网卡就不能正常使用。/etc/ssh/ 保存着 Ubuntu 的 SSH 公钥，也需要删除，如下所示。

```
root@emulatedlab-PC:~# rm -rf /etc/udev/rules.d/70-persistent-net.rules
//删除网卡
root@emulatedlab-PC:~# rm -rf /etc/ssh/ssh_host_*
    //删除 SSH 的公钥
root@emulatedlab-PC:~# touch /.unconfigured
```

```
                                //当登录系统时，该文件是系统重新配置的标志
root@emulatedlab-PC:~# rm -rf /var/log/*
                                //删除系统的日志文件
root@emulatedlab-PC:~#
```

在 Ubuntu 系统中，网卡配置文件不存在网卡 UUID 信息，所以不需要删除，网卡配置文件是/etc/network/interfaces。但是在 CentOS 系统中，网卡配置文件是包含 UUID 的，将其删除，保留 5 行即可，如下所示。

```
# vim /etc/sysconfig/network-scripts/ifcfg-eno16777728
    //编辑网卡配置文件
TYPE="Ethernet"              //类型为以太网卡
BOOTPROTO="dhcp"             //使用 DHCP 获取地址
NAME="eno16777728"           //网卡名字
DEVICE="eno16777728"         //设备名字
ONBOOT="yes"                 //系统开机时，启动网卡
```

做完以上几个操作后，Ubuntu 就可以关机了，在关机前的系统桌面如图 14-14 所示。

图 14-14　关机前的系统桌面

14.2 镜像压缩

同 Windows 制作步骤一样，该步骤为可选项，进一步压缩镜像占用空间，到相应目录执行 virt-sparsify –compress hda.qcow2 compressedhda.qcow2 命令将镜像压缩，然后替换原有的 hda.qcow2，如下所示。

```
root@eve-ng:~# cd /opt/unetlab/addons/qemu/linux-ubuntu-desktop-16.04.02/
    //进入 Ubuntu 镜像保存目录
root@eve-ng:/opt/unetlab/addons/qemu/linux-ubuntu-desktop-16.04.02#
virt-sparsify --compress hda.qcow2 compressedhda.qcow2
    //使用 virt-sparsify 命令压缩镜像，并命名为 compressedhda.qcow2
 [   0.5] Create overlay file in /tmp to protect source disk
 [   0.6] Examine source disk
 100% [#############################################################]
00:00
 [  11.9] Fill free space in /dev/sda1 with zero
 100% [#############################################################]
--:--
 [3061.1] Clearing Linux swap on /dev/sda5
 100% [#############################################################]
00:00
 [3084.8] Copy to destination and make sparse

 [5094.5] Sparsify operation completed with no errors.
virt-sparsify: Before deleting the old disk, carefully check that the
target disk boots and works correctly.
    //提示：在删除旧的 hda.qcow2 前，确保压缩的 qcow2 磁盘文件可用
root@eve-ng:/opt/unetlab/addons/qemu/linux-ubuntu-desktop-16.04.02# ll
    //查看当前目录所有文件的详细信息
total 3531404
drwxr-xr-x 2 root root       4096 Oct 15 13:28 ./
drwxr-xr-x 4 root root       4096 Oct 15 08:34 ../
-rw-r--r-- 1 root root 1627127808 Oct 15 14:01 compressedhda.qcow2
```

```
-rw-r--r-- 1 root root 1991747584 Oct 15 12:23 hda.qcow2
root@eve-ng:/opt/unetlab/addons/qemu/linux-ubuntu-desktop-16.04.02# rm hda.qcow2    //删除旧的 hda.qcow2 文件
root@eve-ng:/opt/unetlab/addons/qemu/linux-ubuntu-desktop-16.04.02# mv compressedhda.qcow2 hda.qcow2
    //将压缩后的磁盘镜像重命名为 hda.qcow2
root@eve-ng:/opt/unetlab/addons/qemu/linux-ubuntu-desktop-16.04.02# ll
total 1586332
drwxr-xr-x 2 root root       4096 Oct 15 16:36 ./
drwxr-xr-x 4 root root       4096 Oct 15 08:34 ../
-rw-r--r-- 1 root root 1627127808 Oct 15 14:01 hda.qcow2
root@eve-ng:/opt/unetlab/addons/qemu/linux-ubuntu-desktop-16.04.02#
```

14.3 镜像重建

1. 与 Windows 系统类似，查看 Lab 拓扑的 ID 和 Windows 虚拟设备节点的 ID，如图 14-15 和图 14-16 所示。

图 14-15　Lab 拓扑 ID

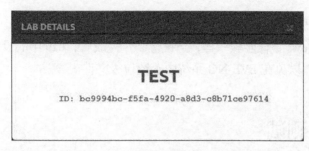

图 14-16　Ubuntu 设备节点的 ID

2. 使用 SSH 协议登录到 EVE-NG 终端，重建 Ubuntu 镜像，如下所示。

root@eve-ng:~# **cd /opt/unetlab/tmp/0/bc9994bc-f5fa-4920-a8d3-c8b71ce97614/1/**
　　//进入到设备运行的临时目录
root@eve-ng:/opt/unetlab/tmp/0/bc9994bc-f5fa-4920-a8d3-c8b71ce97614/1# **ll**
　　//查看当前目录所有文件的详细信息
total 5839636
drwxrwsr-x 2 root unl   4096 Oct 15 09:01 ./
drwxrwsr-x 3 root unl   4096 Oct 15 09:01 ../
-rw-r--r-- 1 root unl 5979832320 Oct 15 12:14 **hda.qcow2**
-rw-rw-r-- 1 root unl   0 Oct 15 10:22 .prepared
-rw-rw-r-- 1 root unl   118 Oct 15 12:14 wrapper.txt
root@eve-ng:/opt/unetlab/tmp/0/bc9994bc-f5fa-4920-a8d3-c8b71ce97614/1#
/opt/qemu/bin/qemu-img convert -c -O qcow2 hda.qcow2 /tmp/hda.qcow2
　　//重建镜像，并命名为 hda.qcow2，"-c" 参数标识压缩镜像，虽然是可选项，但建议使用
root@eve-ng:/opt/unetlab/tmp/0/bc9994bc-f5fa-4920-a8d3-c8b71ce97614/1# mv /tmp/hda.qcow2 /opt/unetlab/addons/qemu/linux-ubuntu-desktop-16.04.02/hda.qcow2
　　//将重建后的镜像移动到镜像目录，会自动替换掉原有的 hda.qcow2 空的磁盘文件
root@eve-ng:/opt/unetlab/tmp/0/bc9994bc-f5fa-4920-a8d3-c8b71ce97614/1#

其中路径"/opt/unetlab/tmp/0/ bc9994bc-f5fa-4920-a8d3-c8b71ce97614/1/"的含义与制作 Windows 镜像一样，具体如下所示。

- 0：Web 的 admin 用户 ID。
- bc9994bc-f5fa-4920-a8d3-c8b71ce97614：Lab 拓扑的 ID。
- 1：Ubuntu 虚拟设备的 ID。

3. 删除 Ubuntu 设备节点。

与制作 Windows 镜像步骤一样，当镜像制作完成后，Lab 中的设备节点已无任何作用，将其删掉，以免在 EVE-NG 系统中存留垃圾文件。

14.4　镜像测试

在 Lab 拓扑画布上，新建一个 Linux 虚拟设备节点，开启设备，如图 14-17 所示。使用 VNC 软件连接设备，系统会自动进入桌面，并能看到桌面上的文件，与镜像重建之前的系统完全一致，如图 14-18 所示。

图 14-17　Ubuntu 镜像测试拓扑

图 14-18　Ubuntu 设备节点桌面

14.5 结语

制作 Linux 系统镜像与 Windows 镜像步骤差不多，但在系统优化的地方有较大差别，在其他地方基本无差别。其中 Linux 中还分非常多的版本，每种操作系统的优化手段还各不相同，但思路基本一致。

同样，如果你熟悉 KVM 虚拟化的话，可以在制作镜像时加载硬盘的 virtio 半虚拟化驱动，并将 hda.qcow2 改为 virtioa.qcow2，这样虚拟设备的性能会更好。

第 15 章
定制其他系统镜像

前文也提到过，EVE-NG 最大的魅力是可以运行众多的操作系统，即使官方不支持的镜像，也有办法运行。本章为读者举例介绍如何制作并运行官方不支持的系统镜像。

一般情况，不管哪个厂商都会提供一种或几种安装包，如下所示。

- qcow2：KVM 或 openstack 平台上的虚拟磁盘文件。
- img：软盘镜像。
- OVA：VMware 平台/VirtualBox 的模板。
- ISO：光盘镜像。

以如上常用的 4 种镜像为例，分别介绍如何把它们放到 EVE-NG 中运行。其中 qcow2 以 Cisco 的 Firepower NGFW 镜像为例；OVA 以 Cisco 的 XRv 为例；img 与 ISO 以时下比较流行的并且 EVE-NG 官方不支持的 iKuai 软路由为例。

15.1 qcow2

在选择 EVE-NG 上运行的镜像时，优选 qcow2 格式，因为这是 QEMU 本身支持的，也是 EVE-NG 支持的。如果你能找到 qcow2 格式的镜像，直接上传到 EVE-NG 相应目录下，改名为 virtioa.qcow2 或 hda.qcow2，基本上都能成功运行。

随着 KVM 与云技术越来越盛行，厂商可能会提供 qcow2 镜像的下载。本节以 Cisco 的 Firepower NGFW 为例。

1. 下载 qcow2 的镜像

Cisco 官方提供 qcow2 的镜像，从官网下载下来，如图 15-1 所示。

图 15-1　Cisco Firepower NGFW 的 qcow2 镜像

2. 上传到 EVE-NG

将下载的镜像上传到 EVE-NG 中，Firepower 的目录名以"firepower6-"开头。在 /opt/unetlab/addons/qemu/目录下创建名为 firepower6-FTD-6.2.0-363 的目录，如图 15-2 所示。

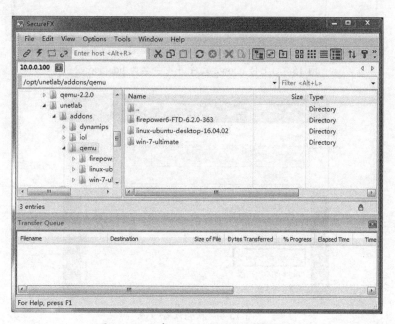

图 15-2　创建 Cisco NGFW 的镜像目录

将 qcow2 文件上传到/opt/unetlab/addons/qemu/firepower6-FTD-6.2.0-363/目录下，并重命名为 hda.qcow2，如图 15-3 所示。

3. 测试 Firepower 设备

如果目录名命名正确的话，Cisco Firepower6 设备会被点亮，如图 15-4 所示。

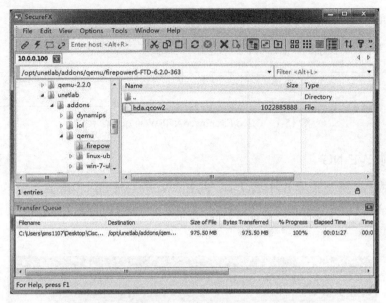

图 15-3　上传 qcow2 文件并重命名为 hda.qcow2

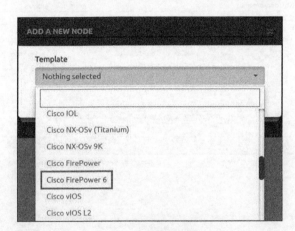

图 15-4　点亮设备节点

新建一个 FirePower 设备节点，以默认参数创建，并启动虚拟设备，如图 15-5 所示。

图 15-5　创建 FirePower 节点

使用 VNC 连接 FirePower 设备，我们能看到启动界面。因为是第一次启动，设备需要识别硬件并初始化设备配置，所以启动速度非常慢，可能需要 10 分钟或者更久，如图 15-6 所示。

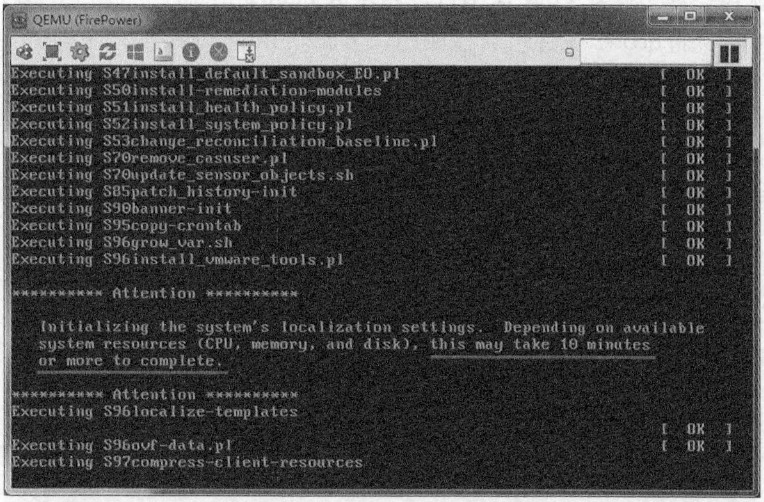

图 15-6　FirePower 启动过程

耐心等待片刻，便会进入 FirePower 的登录界面，如图 15-7 所示。Cisco FirePower 的初始用户名为 admin，密码为 Admin123。

图 15-7　FirePower 登录界面

15.2 IMG

IMG 软盘镜像可以在 QEMU 中直接转换成 qcow2 格式。上传到 EVE-NG 的镜像目录中的转换后的 qcow2 文件可直接使用。下面以 iKuai 软路由系统为例。因为 iKuai 镜像不是官方支持的，所以暂且先归类到 Linux 系统。

iKuai 官方提供 4 种系统包，如图 15-8 所示。

- Patch 升级包：补丁包。
- GHOST 安装包：使用 Ghost 工具将镜像恢复到硬盘中。
- ISO 安装包：光盘镜像。
- IMG 安装包：软盘镜像文件。

图 15-8　iKuai 官方系统包

首先将 iKuai 的 IMG 安装包下载下来，并上传到 root 目录下，如图 15-9 所示。

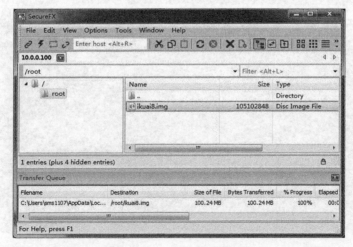

图 15-9　上传 IMG 软盘镜像

转换虚拟磁盘文件的格式,将 IMG 格式的镜像转换为 qcow2,如下所示。

root@eve-ng:~# **ls**   //查看当前目录文件,ikuai8.img 文件在此目录下
ikuai8.img
root@eve-ng:~# **/opt/qemu/bin/qemu-img convert -f raw -O qcow2 ikuai8.img hda.qcow2**
//将 img 格式转换为 qcow2 格式,img 后缀的文件在 QEMU 中被认为是 raw 文件
root@eve-ng:~# **ls**
  //查看当前目录文件
ikuai8.img   hda.qcow2

将转换好的 hda.qcow2 移动到/opt/unetlab/addons/qemu/linux-ikuai8 目录下,如下所示。

root@eve-ng:~# **mkdir /opt/unetlab/addons/qemu/linux-ikuai8**
  //创建 linux-ikuai8 目录,用于存放 iKuai 镜像
root@eve-ng:~# **mv hda.qcow2 /opt/unetlab/addons/qemu/linux-ikuai8/**
  //将转换好的 hda.qcow2 移动到镜像目录中
root@eve-ng:~# **rm ikuai8.img**
  //删除 ikuai8.img 软盘镜像,此时该镜像已经没有价值了
root@eve-ng:~#

新建一个 iKuai 设备,模板选 Linux,镜像选 linux-ikuai8,名字改为 iKuai8,图标选路由器图标,网卡设置为 4 个,如图 15-10 和图 15-11 所示。

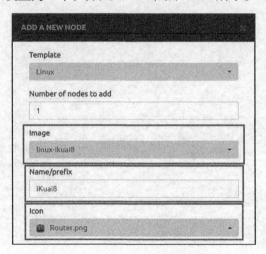

图 15-10 iKuai 设备信息

第 15 章
定制其他系统镜像

图 15-11　iKuai 设备参数

创建好后，启动设备，如图 15-12 所示。图标变为路由器图标，并且名称为 iKuai8，系统也为 iKuai 系统，一个完整的 iKuai8 设备创建成功。

图 15-12　iKuai 设备图标

图标显示正常，但即使这样也不能确定系统可以正常启动，需要连入终端判断。单击设备，调用 VNC 连接到 iKuai8 上，能看到启动界面，但有个提示，"磁盘容量小于 200MB，系统无法正常启动！"，如图 15-13 所示。这个提示很容易理解，说明镜像的磁盘空间太小。

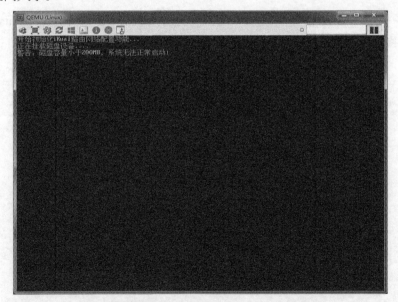

图 15-13　iKuai 设备提示磁盘空间小于 200MB

查看 iKuai 的虚拟磁盘的容量，并增大空间，操作如下。

```
root@eve-ng:~# cd /opt/unetlab/addons/qemu/linux-ikuai8/
    //进入到 iKuai 镜像目录
root@eve-ng:/opt/unetlab/addons/qemu/linux-ikuai8# /opt/qemu/bin/qemu-img info hda.qcow2
    //查看镜像的详细信息
image: hda.qcow2
file format: qcow2
virtual size: 100M (105102848 bytes) //镜像容量是 100MB，小于 200MB，所以
//系统启动会报错
disk size: 37M
cluster_size: 65536
Format specific information:
    compat: 1.1
    lazy refcounts: false
    refcount bits: 16
    corrupt: false
root@eve-ng:/opt/unetlab/addons/qemu/linux-ikuai8# /opt/qemu/bin/qemu-img resize hda.qcow2 1G
    //将镜像容量扩大到 1GB
Image resized.
root@eve-ng:/opt/unetlab/addons/qemu/linux-ikuai8# /opt/qemu/bin/qemu-img info hda.qcow2
    //再次查看镜像大小
image: hda.qcow2
file format: qcow2
virtual size: 1.0G (1073741824 bytes)    //已扩充到 1GB
disk size: 37M
cluster_size: 65536
Format specific information:
    compat: 1.1
    lazy refcounts: false
    refcount bits: 16
    corrupt: false
root@eve-ng:/opt/unetlab/addons/qemu/linux-ikuai8#
```

将刚才的 iKuai8 设备删掉，再重新创建一个 iKuai 设备，再次启动系统，可以看到正常的 iKuai 控制台界面，如图 15-14 所示。

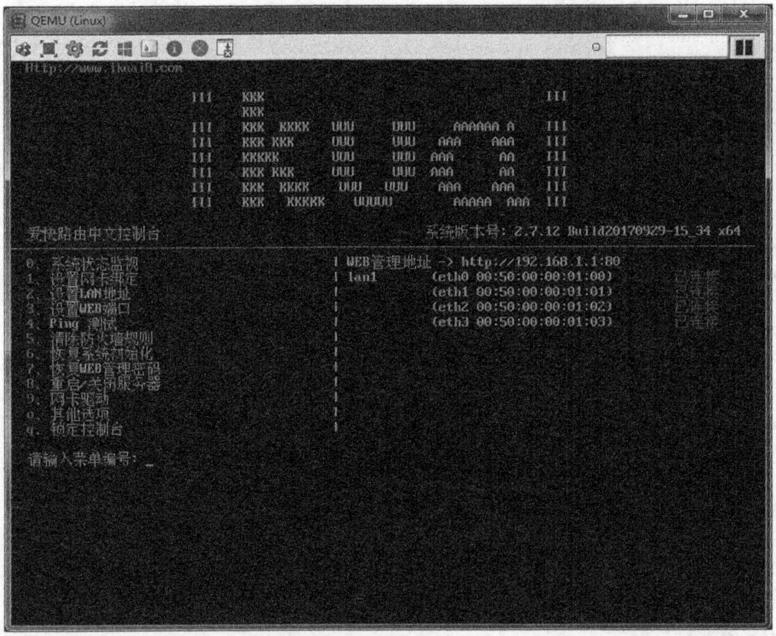

图 15-14　iKuai 系统中文控制台

看终端提示，Web 管理地址为 http://192.168.1.1:80，所以把 eth0 网卡设置为 192.168.1.1 地址，并将该设备的 eth0 口桥接到外部网络中。其他系统用浏览器就可以访问到 iKuai 的 Web 管理界面了。

15.3　OVA

如果某些系统没有 qcow2 与 IMG 的镜像，那可以选择 OVA 模板文件。将其导入到 VMware 平台或者 VirtualBox 平台，或者将它上传到 EVE-NG 中，获取到 vmdk 虚拟磁盘文件，再把格式转换成 qcow2。

如何用 OVA 文件获取到 vmdk 呢？大致有 3 种方法。下面以 Cisco 的 IOS XR 为例进行介绍。

1. 使用压缩软件

在 Windows 系统中，使用 WinRAR 软件直接打开 OVA 文件，便能看到 iosxrv-demo.vmdk，如图 15-15 所示。

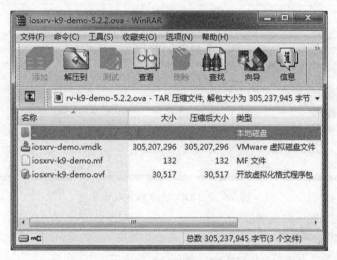

图 15-15 WinRAR 软件解压

2. 使用 VMware Workstation/vSphere 环境

将 OVA 文件导入到 VMware Workstation 或者 vSphere 环境中，如图 15-16 所示。

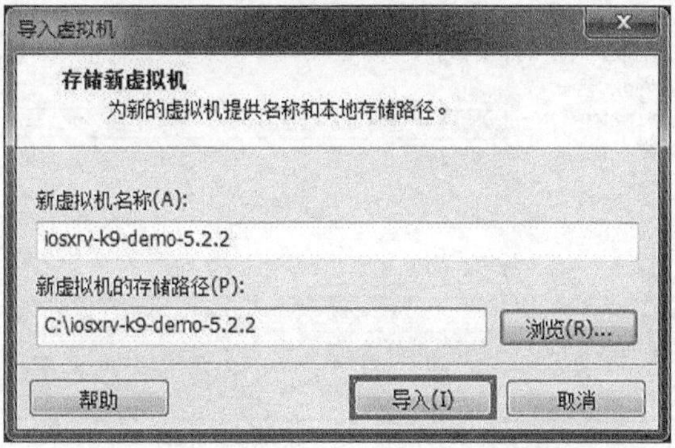

图 15-16 VMware Workstation 导入 OVA 文件

再打开导入虚拟机的文件夹，便能找到 iosxrv-k9-demo-5.2.2-disk1.vmdk 文件，如图 15-17 所示。

第 15 章
定制其他系统镜像

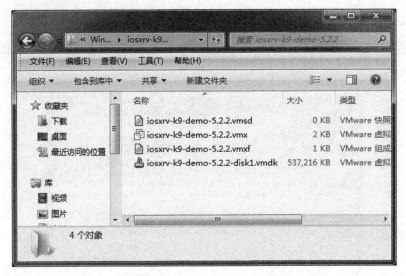

图 15-17　XRv 虚拟机导入目录

3. 使用 EVE-NG 解压

将 OVA 文件上传到 EVE-NG 中，如图 15-18 所示。

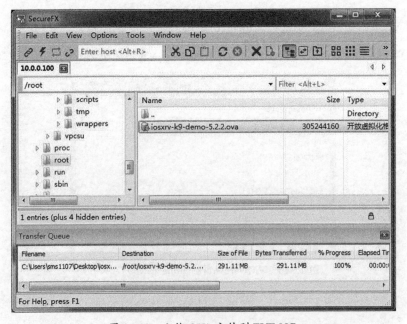

图 15-18　上传 OVA 文件到 EVE-NG

通过 EVE-NG 解压 OVA 文件，也能获取到 vmdk 文件，如下所示。

```
root@eve-ng:~# ls
    //查看 ova 文件
iosxrv-k9-demo-5.2.2.ova
root@eve-ng:~# tar xvf iosxrv-k9-demo-5.2.2.ova
    //解压 ova 文件
iosxrv-k9-demo.ovf
iosxrv-k9-demo.mf
iosxrv-demo.vmdk   //得到 vmdk 文件
root@eve-ng:~#
```

15.3.1 转换镜像

获取 vmdk 文件后，在 EVE-NG 中转换磁盘格式，如下所示。

```
root@eve-ng:~# /opt/qemu/bin/qemu-img convert -f vmdk -O qcow2 iosxrv-demo.vmdk hda.qcow2
    //将 vmdk 磁盘文件转换为 qcow2 磁盘文件
root@eve-ng:~# rm iosxrv-demo.vmdk iosxrv-k9-demo.mf iosxrv-k9-demo.ovf
    //删除 vmdk 与其他用不到的文件
root@eve-ng:~# rm iosxrv-k9-demo-5.2.2.ova
    //删除 ova 文件
root@eve-ng:~#
```

15.3.2 测试镜像

在/opt/unetlab/addons/qemu/目录创建 xrv-k9-5.2.2，将刚才转换好的 hda.qcow2 移动到"/opt/unetlab/addons/qemu/xrv-k9-5.2.2/"目录下。

```
root@eve-ng:~# cd /opt/unetlab/addons/qemu/
    //进入到 qemu 设备镜像目录
root@eve-ng:/opt/unetlab/addons/qemu# mkdir xrv-k9-5.2.2
    //创建 xrv 的镜像目录
root@eve-ng:/opt/unetlab/addons/qemu# mv ~/hda.qcow2 xrv-k9-5.2.2/
    //移动 had.qcow2 文件到 xrv 的镜像目录下，其中"~"代表 root 目录
```

```
root@eve-ng:/opt/unetlab/addons/qemu# ls xrv-k9-5.2.2/
   //查看xrv-k9-5.2.2目录下的文件
hda.qcow2
root@eve-ng:/opt/unetlab/addons/qemu#
```

在 Lab 拓扑画布上，新建一个 XRv 虚拟设备，如图 15-19 所示，设备图标如图 15-20 所示。

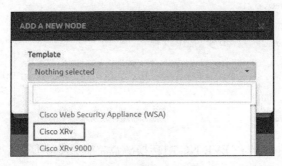

图 15-19　Cisco XRv 模板

图 15-20　XRv 设备的图标

Cisco XRv 设备默认使用 PuTTY 或 SecureCRT 连接，如图 15-21 所示。默认用户名为 admin，密码为空。

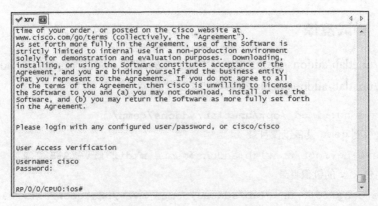

图 15-21　SecureCRT 连接 XRv

15.4 ISO

使用 ISO 镜像安装与使用 OVA 差不多，OVA 可以通过解压等多种方法获取到 vmdk，那 ISO 同样也可以。前文讲过的定制 Windows 和 Linux 镜像是在 EVE-NG 平台上做的，那么接下来演示如何在 VMware 平台和 Virtualbox 上得到 vmdk 文件。本节就以 iKuai 为例，使用 VMware 平台安装系统，并获取到 vmdk 文件。

首先需要创建一个虚拟机，版本选择"其他 Linux 3.x 内核 64 位"，如图 15-22 所示。如果用户安装的是其他系统，选择对应版本即可。

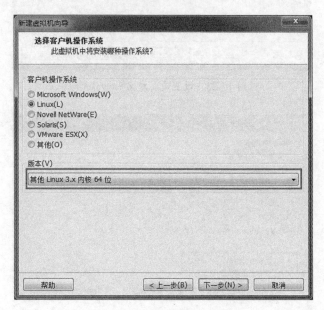

图 15-22 选择操作系统版本

设置虚拟机名称和位置。特别注意这个虚拟机的存储位置，因为装完系统以后，需要在这个目录找 vmdk 文件，如图 15-23 所示。

这里非常重要，必须选择"将虚拟磁盘存储为单个文件"。如果选择"将虚拟磁盘拆分成多个文件"，那 vmdk 就会分成多个文件，这样就不能在 EVE-NG 平台上直接转换了，如图 15-24 所示。

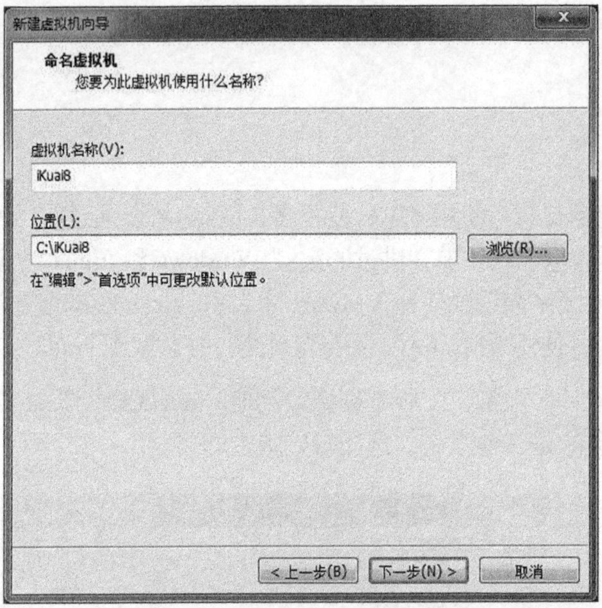

第 15 章
定制其他系统镜像

图 15-23 设置虚拟机名称和位置

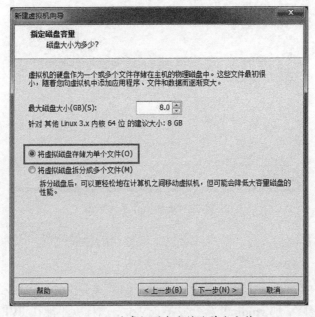

图 15-24 将虚拟磁盘存储为单个文件

将 CD/DVD 设备加载 iKuai 的 ISO。这里不必选择网卡数量，将来新建的 iKuai 设备中有多少个网卡是由 EVE-NG 决定的，所以我们需要的只是一个虚拟磁盘文件，如图 15-25 所示。

设置完成后，该虚拟机的配置如图 15-26 所示。开启虚拟机，并将 iKuai 安装到硬盘中。请注意，内存大小必须大于 3GB，建议 4GB。如果小于 3GB，系统在启动时会提示，如图 15-27 所示。

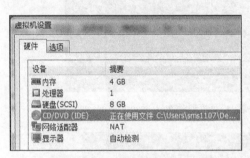

图 15-25　加载 iKuai 的 ISO 文件

图 15-26　iKuai8 虚拟机配置

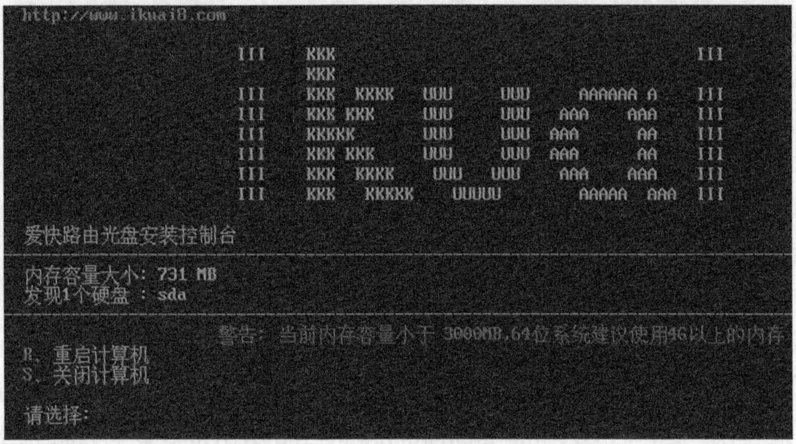

图 15-27　iKuai8 开机警告

把内存调整到 4GB 以后，再次启动 iKuai，便能看到 3 个选项。选择"1、将系统安装到硬盘 1 sda"，如图 15-28 所示。

等待片刻，安装完以后，系统会自动重启，进入到 iKuai 控制台。确认控制台一切正常后，此时可以关闭 VMware 虚拟机了，然后进入虚拟机目录，能找到 vmdk 文件，如图 15-29 所示。

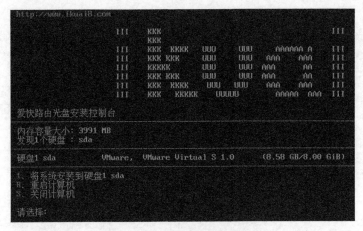

图 15-28　安装 iKuai8 到硬盘

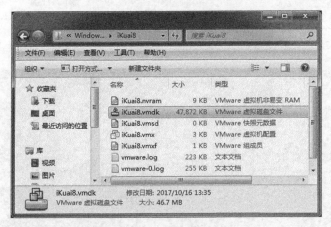

图 15-29　iKuai8.vmdk 文件

接下来的步骤与前文基本一致，我们再来复习一下，将 vmdk 上传到 EVE-NG 并做镜像转换，然后将文件移至 /opt/unetlab/addons/linux-ikuai/ 目录下，如下所示。

```
root@eve-ng:~# ls  //查看当前目录文件
iKuai8.vmdk
root@eve-ng:~# /opt/qemu/bin/qemu-img convert -f vmdk -O qcow2 iKuai8.vmdk hda.qcow2        //转换磁盘格式为 qcow2，名字为 hda.qcow2
```

```
root@eve-ng:~# /opt/qemu/bin/qemu-img info hda.qcow2
    //查看镜像详细信息
image: hda.qcow2
file format: qcow2
virtual size: 8.0G (8589934592 bytes)   //大小为8GB，即VMware虚拟机中硬盘大小
disk size: 43M
cluster_size: 65536
Format specific information:
    compat: 1.1
    lazy refcounts: false
    refcount bits: 16
    corrupt: false
root@eve-ng:~# rm iKuai8.vmdk    //删除iKuai8.vmdk
root@eve-ng:~# mv hda.qcow2 /opt/unetlab/addons/qemu/linux-ikuai8/
    //把转换后的hda.qcow2移动到iKuai设备的镜像目录
root@eve-ng:~#
```

再用EVE-NG做一下镜像测试，如图15-30所示。该镜像在EVE-NG平台上可以正常启动。

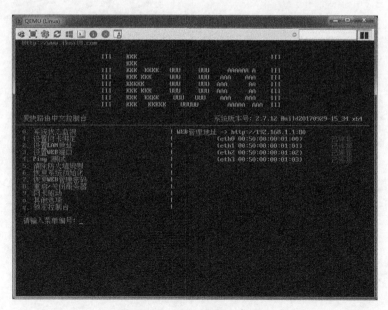

图15-30　iKuai设备正常启动

15.5 结语

iKuai 虚拟设备的硬件资源大小，取决于新建虚拟设备节点时所使用的参数。如果你有兴趣可以用 VirtualBox 尝试做一下其他的系统镜像，原理一样。需要注意的是，在镜像转换时，命令的"-f"参数要设置为 vdi。每个平台的虚拟系统所使用的虚拟磁盘格式不一样，根据具体情况使用对应的参数即可。

另外，在镜像转换时，可能会涉及驱动问题。驱动是保存到虚拟磁盘中的，所以在 EVE-NG 上启动需要选择相对应的虚拟硬件。这可能导致你自己定制的系统不能正常启动，需要有 Linux 及 KVM/QEMU 的技术功底才能解决问题。如果碰到问题，请深入学习一下这方面内容。

第 16 章 修改镜像

修改镜像与定制镜像差不多,本文以 Cisco ASAv 为例,给大家简单介绍如何修改镜像。修改镜像最主要的用途是,对 QEMU 类型的虚拟设备做一些预配置。整个过程类似于给镜像做个快照,用快照再重新生成一个可运行的镜像。

16.1 加载镜像

新建一个 ASAv 设备,开机,如图 16-1 所示。该 ASAv 是一个纯净的 ASAv,空配置。

图 16-1 新建的 ASAv 虚拟设备节点

用 SecureCRT 连接到 ASAv 设备终端,如图 16-2 所示。

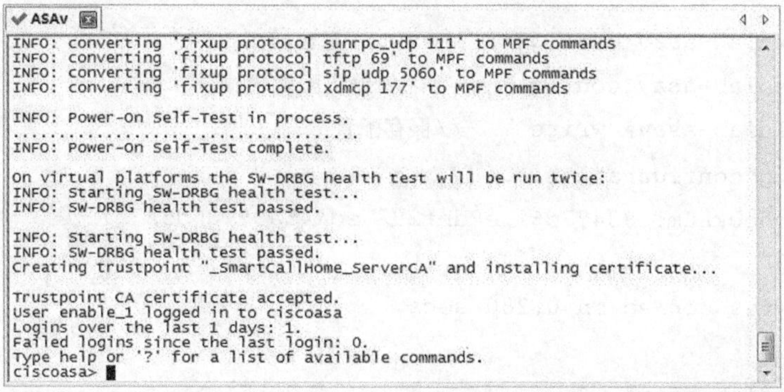

图 16-2 SecureCRT 连接 ASAv

16.2 修改镜像

在 ASAv 设备上,将个人需要的预配置写上去,今后新创建的设备均会包含这些配置,如下所示。

```
ciscoasa> en    //进入特权模式,无密码
Password:
ciscoasa# conf t    //进入配置模式
ciscoasa(config)# hostname emulatedlab-asav    //设置主机名
emulatedlab-asav(config)# interface g0/0    //进入到 g0/0 接口
emulatedlab-asav(config-if)# nameif Inside    //设置为 Inside 接口
INFO: Security level for "Inside" set to 100 by default. //安全级别自
//动设置为 100
emulatedlab-asav(config-if)# ip add 192.168.1.254 255.255.255.0 //配置
//IP 地址
emulatedlab-asav(config-if)# exit//退出接口
emulatedlab-asav(config)# interface g0/1    //进入到 g0/1 接口
emulatedlab-asav(config-if)# nameif Outside    //设置为 Outside 接口
INFO: Security level for "Outside" set to 0 by default.  //安全级别自
//动设置为 0
emulatedlab-asav(config-if)# ip add 202.121.241.8 255.255.255.0 //设置
//IP 地址
emulatedlab-asav(config-if)# exit//退出接口
emulatedlab-asav(config)# end    //退出配置模式
emulatedlab-asav# write    //保存配置
Building configuration...
Cryptochecksum: 83477d62 e8dbf292 ed445a99 00d527ff

7302 bytes copied in 0.280 secs
[OK]
emulatedlab-asav#
```

修改完成后，在 Lab 拓扑中将设备强制关机。

16.3 镜像重建

登录到 EVE-NG 终端，将镜像重建，如下所示。

```
root@eve-ng:~# cd /opt/unetlab/tmp/0/47bbdb11-6524-4015-8631-5104fafdf6a6/1/
       //进入到 ASAv 的临时目录
root@eve-ng:/opt/unetlab/tmp/0/47bbdb11-6524-4015-8631-5104fafdf6a6/1# ll
       //查看当前目录所有文件，确认有 virtioa.qcow2
total 210128
drwxrwsr-x 2 root unl      4096 Oct 16 18:01 ./
drwxrwsr-x 3 root unl      4096 Oct 16 18:01 ../
-rw-rw-r-- 1 root unl         0 Oct 16 18:03 .prepared
-rw-r--r-- 1 root unl 215154688 Oct 16 18:08 virtioa.qcow2
-rw-rw-r-- 1 root unl       369 Oct 16 18:08 wrapper.txt
root@eve-ng:/opt/unetlab/tmp/0/47bbdb11-6524-4015-8631-5104fafdf6a6/1#
/opt/qemu/bin/qemu-img convert -c -O qcow2 virtioa.qcow2 changedvirtioa.qcow2
       //将镜像重建，命名为 changedvirtioa.qcow2
root@eve-ng:/opt/unetlab/tmp/0/47bbdb11-6524-4015-8631-5104fafdf6a6/1# ll
total 417804
drwxrwsr-x 2 root unl      4096 Oct 16 18:13 ./
drwxrwsr-x 3 root unl      4096 Oct 16 18:01 ../
-rw-r--r-- 1 root unl 213215232 Oct 16 18:13 changedvirtioa.qcow2
-rw-rw-r-- 1 root unl         0 Oct 16 18:03 .prepared
-rw-r--r-- 1 root unl 215154688 Oct 16 18:08 virtioa.qcow2
-rw-rw-r-- 1 root unl       369 Oct 16 18:08 wrapper.txt
root@eve-ng:/opt/unetlab/tmp/0/47bbdb11-6524-4015-8631-5104fafdf6a6/1# mkdir /opt/unetlab/addons/qemu/asav-981-changed
       //新创建一个 ASAv 的镜像目录
root@eve-ng:/opt/unetlab/tmp/0/47bbdb11-6524-4015-8631-5104fafdf6a6/1#
```

```
mv changedvirtioa.qcow2 /opt/unetlab/addons/qemu/asav-981-changed/virtioa.qcow2
    //将刚才重建的镜像移动到新的镜像目录中
root@eve-ng:/opt/unetlab/tmp/0/47bbdb11-6524-4015-8631-5104fafdf6a6/1#
```

16.4 测试镜像

此时，把刚才创建的 ASAv 删除掉，再重新创建一台 ASAv。因为 ASAv 的镜像目录是以 "asav-" 为前缀，所以在模板中可以识别出刚才修改过的镜像，如图 16-3 和图 16-4 所示，将镜像改为 asav-981-changed，名字改为 ASAv-changed。

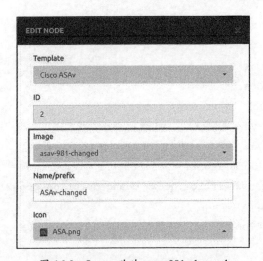
图 16-3　Image 改为 asav-981-changed

图 16-4　ASAv-changed 设备的图标

启动设备并使用 SecureCRT 连接到终端，可以看到原来做的预配置还存在，证明镜像修改成功，如下所示。

```
emulatedlab-asav# show running-config    //查看当前配置
: Saved
:
:
: Serial Number: XXXXXXXXXX
: Hardware:   ASAv, 2048 MB RAM, CPU Pentium II 2394 MHz
:
```

```
ASA Version 9.8(1)
!
hostname emulatedlab-asav
enable password
!
……

interface GigabitEthernet0/0
 shutdown
 nameif Inside
 security-level 100
 ip address 192.168.1.254 255.255.255.0
!
interface GigabitEthernet0/1
 shutdown
 nameif Outside
 security-level 0
 ip address 202.121.241.8 255.255.255.0
!
……

emulatedlab-asav#
```

16.5 结语

  细心的你能发现，本章讲解的内容就是根据已有的镜像做一些定制化设置后，再重新生成一个新的镜像。操作非常简单，与制作镜像的原理一样，相比之下，缺少了手动安装的步骤。当然，制作与修改镜像只适用在 QEMU 类型的设备节点中。

  当读者掌握方法后，可以根据已有镜像，灵活自如地定制属于自己的镜像。朋友们，快去尝试吧。

底层原理篇

第 17 章　EVE-NG 大杂烩

　　讲述 EVE-NG 中用到的技术及相关原理

第 18 章　EVE-NG 目录及代码分析

　　介绍 EVE-NG 的关键目录、剖析相关代码

第 19 章　量身打造专属设备

　　定制独一无二的专属设备

第 20 章　新奇玩法

　　与 EVE-NG 有关的趣味玩法

第 17 章
EVE-NG 大杂烩

EVE-NG 是一个技术大杂烩的产物，是将大量的技术融合在一起的平台，实现了仿真各种设备的功能。我们甚至可以把它看作一个实现特殊功能的虚拟化系统。我们来看看它融合了哪些技术。

1. 设备节点虚拟化

前文已经介绍过了，EVE-NG 的 3 大组件包含 Dynamips、IOL、QEMU。这 3 个组件完成了 EVE-NG 平台上所有设备类型的虚拟化，是支撑 EVE-NG 平台的核心。

2. 网络虚拟化

在 Linux 网络虚拟化中，有两种最为出色并且广为人知的技术：Linux Bridge 与 Open vSwitch。EVE-NG 系统默认安装了这两种软件包。从个人经验来看，目前 EVE-NG 主要使用的是 Linux bridge，而 Open vSwitch 并没有起到实际作用。当然，不排除今后可能会改用 Open vSwitch 的可能。

3. Web 管理

（1）Apache2。

Apache 是开源的 Web 服务器，如今已经成为较流行的 Web 服务器软件了。在所有的 Web 服务器软件中，Apache 占据着相对优势，尤其是在 Linux 环境下。EVE-NG 2.0.3-68 版本中，使用了 Apache 2.4.18 版本为 EVE-NG 提供 Web 服务。

（2）HTML5。

HTML5 是继 HTML 超文本标记语言的下一代版本，新特性基于 HTML、CSS、DOM、JavaScript，减少了对外部插件的需求，比如 Flash。它有非常多的功能，EVE-NG 中用 Web 界面操作设备的功能就是通过 HTML5 实现的。它的界面非常友好。

（3）PHP。

PHP，即超文本预处理器，是一种通用开源脚本语言。它吸收了 C 语言、Java、Perl 的特点，特别适用于 Web 开发，尤其是动态交互性的特点，可以与 Apache 紧密结合。它为 EVE-NG 的 Web 界面与用户交互的信息提供了后台处理。

（4）JavaScript。

JavaScript 是一种属于网络的脚本语言，已经被广泛用于 Web 应用开发，嵌套在 Web 界面中，能为用户提供更加流畅、美观的浏览效果。

（5）CSS。

CSS 是 HTML 语言的一个子集，也是 Web 前端的重要组成部分，提供了一种样式描述、可定义 Web 元素的显示方式。利用它可以让 Web 页面变得更加美观。

4．数据库

MySQL

在数据库方面，EVE-NG 后台数据库使用的是 MySQL，这也是 Linux 系统中较流行的开源关系型数据库系统。在 Web 应用方面，MySQL 是较好的选择，为 EVE-NG 提供了后台用户数据提供保障。

5．编程语言

Python 是一种面向对象的解释型计算机程序设计语言，也被称为胶水语言，语法简洁、清晰，具有丰富和强大的库，能够轻松使用其他语言编写的模块，比如 C/C++。EVE-NG 中使用 Python 的部分主要是针对设备节点的配置保存、导入、导出，为用户提供了对设备节点更方便的操作体验，也实现了传统模拟器实现不了的功能。

第 17 章
EVE-NG 大杂烩

17.1　EVE-NG 的设备连通原理

可能用户很好奇虚拟设备节点之间为什么能够连通网络？其实原理很简单，假如在 Lab 中，两个设备之间连入虚拟的线缆后，当设备启动时，在 EVE-NG 底层会自动生成两个虚拟接口，并且每个虚拟设备都会生成一个虚拟接口，而这两个接口在 Linux Bridge 中会被桥接到一个 bridge 中，这样这两个接口就像连接到同一个交换机了。

为方便理解，我们来做个小小的实验。先来查看一下 EVE-NG 的网卡配置文件，如下所示。

```
root@eve-ng:~# vi /etc/network/interfaces       //打开 EVE-NG 的网卡配置文件
# This file describes the network interfaces available on your system
# and how to activate them. For more information, see interfaces(5).

# The loopback network interface    //loopback 环回口
auto lo
iface lo inet loopback

# The primary network interface     //主要的网络接口
iface eth0 inet manual       //eth0 接口，即 EVE-NG 的管理网口，也是第一个网卡
auto pnet0
iface pnet0 inet dhcp        //pnet0，即 EVE-NG 的 cloud0 对应的网桥，使用 DHCP
获取地址
    bridge_ports eth0        //桥接的网口有 eth0
    bridge_stp off           //关闭 STP

# Cloud devices              //Cloud 设备，即 Lab 操作界面上的 Cloud 节点
iface eth1 inet manual       //eth1 接口，即 EVE-NG 的第二个网卡
auto pnet1
iface pnet1 inet manual      //pnet1 接口，即 cloud1 对应的网桥
    bridge_ports eth1        //桥接的网口有 eth1
    bridge_stp off           //关闭 STP
```

```
iface eth9 inet manual      //eth9 接口,即 EVE-NG 的第十个网卡
auto pnet9
iface pnet9 inet manual     //pnet9 接口,即 cloud9 对应的网桥
    bridge_ports eth9       //桥接的网口有 eth9
    bridge_stp off          //关闭 STP
```

从网卡配置文件能够看出,这个文件定义着 EVE-NG 网卡与 Cloud 设备的对应关系。比如 cloud0 对应 pnet0,eth0 被桥接到 pnet0 上,那么 cloud0 对应的就是 EVE-NG 的第一块网卡 eth0。

接下来看一下底层的 Linux Bridge 是如何桥接的。用 SecureCRT 连接到 EVE-NG,执行命令"brctl show"查看当前网桥,可以看到 pnet0 是一个网桥,在该网桥下只有一个接口,如下所示。

```
root@eve-ng:~# brctl show //查看网桥状态
bridge name     bridge id               STP enabled     interfaces
pnet0           8000.0050563170a5       no              eth0
pnet1           8000.000000000000       no
pnet2           8000.000000000000       no
pnet3           8000.000000000000       no
pnet4           8000.000000000000       no
pnet5           8000.000000000000       no
pnet6           8000.000000000000       no
pnet7           8000.000000000000       no
pnet8           8000.000000000000       no
pnet9           8000.000000000000       no
root@eve-ng:~#
```

这只是在默认情况下,没有虚拟设备节点运行时的桥接状态,那么我们来做一个测试,新建两台设备和一个 Cloud0,vIOS 的 Gi0/0 接口连接到 ASAv 的 Gi0/0 接口,ASAv 的 Gi0/1 接口连接到 Cloud0 上,如图 17-1 所示。

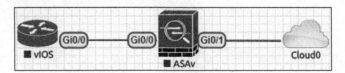

图 17-1 测试环境拓扑

然后，将 ASAv 节点开机，再查看网桥状态，如下所示。EVE-NG 底层会自动生成两个接口 vunl0_1_2 与 vunl0_1_1，其中 vunl0_1_2 接口被桥接到了 pnet0 上，也就是桥接到了 Cloud0 上。很显然，vunl0_1_2 对应的是 ASAv 的 Gi0/1 接口，这样 ASAv 的 Gi0/1 接口与 EVE-NG 的第一块网卡便连通了。

```
root@eve-ng:~# brctl show
bridge name     bridge id              STP enabled    interfaces
pnet0           8000.0050563170a5      no             eth0
                                                      vunl0_1_2
                                                      //ASAv 的 Gi0/1 接口
pnet1           8000.000000000000      no
pnet2           8000.000000000000      no
pnet3           8000.000000000000      no
pnet4           8000.000000000000      no
pnet5           8000.000000000000      no
pnet6           8000.000000000000      no
pnet7           8000.000000000000      no
pnet8           8000.000000000000      no
pnet9           8000.000000000000      no
vnet0_1         8000.6ebbea0fbf20      no             vunl0_1_1
                                                      //ASAv 的 Gi0/0 接口
root@eve-ng:~#
```

但是 ASAv 的 Gi0/0 接口被桥接到一个 vnet0_1 上，那怎么与 IOSv 通信呢？这是因为 IOSv 还没有开机，设备节点只有在开机时才会触发 EVE-NG 的底层代码，并创建虚拟接口以及网桥，这是通过 EVE-NG 的底层代码实现的。下面把 IOSv 开机，再次查看网桥的桥接状态，如下所示。

```
root@eve-ng:~# brctl show
bridge name     bridge id              STP enabled    interfaces
pnet0           8000.0050563170a5      no             eth0
                                                      vunl0_1_2
pnet1           8000.000000000000      no
pnet2           8000.000000000000      no
pnet3           8000.000000000000      no
pnet4           8000.000000000000      no
```

```
pnet5              8000.000000000000      no
pnet6              8000.000000000000      no
pnet7              8000.000000000000      no
pnet8              8000.000000000000      no
pnet9              8000.000000000000      no
vnet0_1            8000.229f9234ede3      no           vun10_1_1
                                                       vun10_2_0
root@eve-ng:~#
```

能看到 vnet0_1 网桥中又多桥接了一个接口 vunl0_2_0，这个虚拟接口连接的就是 IOSv 的 Gi0/0 接口，这样 IOSv 的 Gi0/0 与 ASAv 的 Gi0/1 接口就被连接起来了。这些虚拟接口的含义如下。

- vnet0_1 的含义是 admin 用户的第一个网桥。
  - vnet：虚拟网桥的固定前缀。
  - 0：Web 用户 ID，0 代表 admin 管理员。
  - 1：网桥 ID。
- vunl0_2_0 的含义是 admin 用户下第二个设备节点的 0 号口。
  - vunl：虚拟接口的固定前缀。
  - 0：Web 用户 ID，0 代表 admin 管理员。
  - 2：设备节点 ID。
  - 0：接口 ID，与虚拟设备中的 Gi0/0、Gi0/1 无对应关系。设备每增加一个口，号码就加 1。

17.2　EVE-NG 修改固定管理 IP 地址

编辑网卡配置文件，配置 pnet0 接口，如下所示。

```
root@eve-ng:~# vim /etc/network/interfaces
# The primary network interface
```

```
iface eth0 inet manual
auto pnet0
iface pnet0 inet static          //改成静态 IP 地址
bridge_ports eth0                //将 eth0 桥接到 pnet0
bridge_stp off                   //关闭 STP（建议关闭 STP）
bridge_ageing 0                  //设置老化时间，0 为无限时间
address 10.0.0.100               //设置 IP 地址
netmask 255.255.255.0            //设置子网掩码
gateway 10.0.0.1                 //设置网关
dns-domain emulatedlab.com       //设置 DNS 域
dns-nameservers 114.114.114.114  //设置 DNS 服务器

# Cloud devices
iface eth1 inet manual
auto pnet1
iface pnet1 inet manual
    bridge_ports eth1
    bridge_stp off
```

如上配置也适用在 pnet1 ~ pnet9 上，相当于给 cloud 设置了固定 IP 地址，这对于网络桥接问题的排错非常有帮助。

设置完 IP 地址，一定要重启 EVE-NG 的网络服务，或者重启系统。

```
root@eve-ng:~# service networking restart
root@eve-ng:~#
```

17.3　EVE-NG 的数据库

　　EVE-NG 的 MySQL 数据库，主要保存用户的账户信息。因为在写作本书其间 EVE-NG 只有社区版，本书讲解以 EVE-NG Community 2.0.3-68 为例，所以目前数据库中的数据非常少，今后在 EVE-NG 的新版本或者更高级的版本中可能会增加更多的数据库、表。看一下当前版本 EVE-NG 的数据库内容吧。

首先使用命令进入到 MySQL。用户名为 root，密码为 eve-ng，如下所示。

```
root@eve-ng:~# mysql -ueve-ng -peve-ng
       //登录到 MySQL，-u 代表用户名，-p 代表密码
mysql: [Warning] Using a password on the command line interface can be insecure.
Welcome to the MySQL monitor.  Commands end with ; or \g.
Your MySQL connection id is 2317
Server version: 5.7.20-0ubuntu0.16.04.1 (Ubuntu)

Copyright (c) 2000, 2017, Oracle and/or its affiliates. All rights reserved.

Oracle is a registered trademark of Oracle Corporation and/or its
affiliates. Other names may be trademarks of their respective
owners.

Type 'help;' or '\h' for help. Type '\c' to clear the current input statement.

mysql>      //MySQL 控制台
```

登录成功后，输入 MySQL 的命令"show databases;"，显示所有数据库，如下所示。

```
mysql> show databases;
+--------------------+
| Database           |
+--------------------+
| information_schema |
| eve_ng_db          |
+--------------------+
2 rows in set (0.01 sec)

mysql>
```

这时能看到 eve_ng_db，这个就是 EVE-NG 的数据库，使用 MySQL 命令查看有哪些表，如下所示。

```
mysql> use eve_ng_db;      //使用 eve_ng_db 数据库
```

```
Reading table information for completion of table and column names
You can turn off this feature to get a quicker startup with -A

Database changed
mysql> show tables;              //查看 eve_ng_db 数据库中的所有表
+---------------------+
| Tables_in_eve_ng_db |
+---------------------+
| html5               |
| pods                |
| users               |
+---------------------+
3 rows in set (0.00 sec)

mysql>
```

可以看到 3 个表，分别是 html5、pods、users，我们可以查看表中都有什么内容，如下所示。

```
mysql> select * from html5;
+----------+-----+------------------------------------------------------------------+
| username | pod | token                                                            |
+----------+-----+------------------------------------------------------------------+
| admin    |   0 | 84200896c6429e857ad2d6517cdfa245960e330179fdaf70d272c62f7501aae8 |
+----------+-----+------------------------------------------------------------------+
1 row in set (0.00 sec)

mysql> select * from pods;
+----+------------+----------+--------------------------------+
| id | expiration | username | lab_id                         |
+----+------------+----------+--------------------------------+
|  0 |         -1 | admin    | /emulatedlab/emulatedlab.unl   |
+----+------------+----------+--------------------------------+
1 row in set (0.00 sec)

mysql> select * from users;
```

```
         +----------+--------------------------------------+------------------+
---------------+-----------------------+--------------------------------
-----------------------------+------------+----------+--------+--------
------+--------+
         | username | cookie                               | email            
| name                  | password                       
session    | ip       | role   | folder       | html5  |
         +----------+--------------------------------------+------------------+
---------------+-----------------------+--------------------------------
-----------------------------+------------+----------+--------+--------
------+--------+
         | admin    | 3f814e51-9f29-4922-9e09-a6a45670bc70 | root@localhost  
|            -1 | Eve-NG Administrator  | 85262adf74518bbb70c7cb94cd6159d
91669e5a81edf1efebd543eadbda9fa2b | 1509211933 | 10.0.0.1 | admin  | /emulatedlab
|      0 |
         +----------+--------------------------------------+------------------+
---------------+-----------------------+--------------------------------
-----------------------------+------------+----------+--------+--------
------+--------+
         1 row in set (0.00 sec)

         mysql>
```

html5：保存着用户使用 html5 时用到的 token。

pods：保存着用户上一次打开的拓扑文件。

users：保存着 Web 所有用户。

17.4 EVE-NG 重置 Web 管理员密码

刚才看过 EVE-NG 数据库的内容了，那么细心的你可能会想到，EVE-NG Web 界面的账户保存在数据库中，我们可以重置 Web 管理员密码，如下所示。

```
root@eve-ng:~# mysql -ueve-ng -peve-ng   //使用 eve-ng 用户连接数据库
```

```
mysql: [Warning] Using a password on the command line interface can be insecure.
Welcome to the MySQL monitor.  Commands end with ; or \g.
Your MySQL connection id is 3491
Server version: 5.7.20-0ubuntu0.16.04.1 (Ubuntu)

Copyright (c) 2000, 2017, Oracle and/or its affiliates. All rights reserved.

Oracle is a registered trademark of Oracle Corporation and/or its
affiliates. Other names may be trademarks of their respective owners.

Type 'help;' or '\h' for help. Type '\c' to clear the current input statement.

mysql> use eve_ng_db;    //进入 eve_ng_db 数据库
Reading table information for completion of table and column names
You can turn off this feature to get a quicker startup with -A

Database changed
mysql> update users set password='85262adf74518bbb70c7cb94cd6159d91669
e5a81edf1efebd543eadbda9fa2b' where username='admin';
      //修改表中 admin 用户的密码，重置为 eve
Query OK, 0 rows affected (0.00 sec)
Rows matched: 1  Changed: 0  Warnings: 0


mysql>
```

在 MySQL 查看的密码是经过 SHA256 加密过的，所以在修改数据库值时，要填入加密后的值，可以使用工具计算，比如因特网上的在线加密工具，如图 17-2 所示。

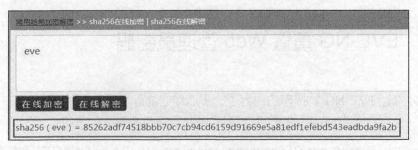

图 17-2　SHA256 加密

17.5 结语

本章介绍了 EVE-NG 所使用的一些技术，针对这些技术讲解了一些基本原理和常见需求的处理方法。EVE-NG 涉及的技术较多，每块内容都值得深入学习和研究。本章引出了很多知识和技术点，希望读者能够深入学习，并将自己在使用过程中碰到的问题一一解决。同时也希望各位读者深入研究 EVE-NG，发掘潜能，创造新玩法。

第18章
EVE-NG 目录及代码分析

EVE-NG 是一个高度融合的实验系统，其中包含了多个虚拟实验平台，如 Dynamips、IOU/IOL、QEMU。每个平台可以模拟不同的设备，实现不同的特性。为了将不同的实验平台融合到一起，开发者也开发了强大的后台代码。本章我们了解一下 EVE-NG 的各个关键目录。

EVE-NG 所有文件均在 /opt 目录下，使用 tree 命令可查看该目录的结构。EVE-NG 默认没有 tree 命令，需要手动安装，如下所示。

```
root@eve-ng:~# apt-get update && apt-get install tree -y
Get:1 http://security.ubuntu.com/ubuntu xenial-security InRelease [102 kB]
Hit:2 http://us.archive.ubuntu.com/ubuntu xenial InRelease
Hit:3 http://www.eve-ng.net/repo xenial InRelease
Get:4 http://us.archive.ubuntu.com/ubuntu xenial-updates InRelease [102 kB]
Fetched 204 kB in 3s (67.5 kB/s)
Reading package lists... Done
Reading package lists... Done
Building dependency tree
Reading state information... Done
The following packages were automatically installed and are no longer required:
  gconf-service gconf-service-backend gconf2 gconf2-common libavahi-glib1
  libbonobo2-0 libbonobo2-common libcanberra0 libgconf-2-4 libgnome-2-0
  libgnome2-common libgnomevfs2-0 libgnomevfs2-common liborbit-2-0 libtdb1
  linux-headers-4.4.0-62 linux-headers-4.4.0-62-generic
  linux-image-4.4.0-62-generic sound-theme-freedesktop
Use 'apt autoremove' to remove them.
The following NEW packages will be installed:
  tree
```

```
0 upgraded, 1 newly installed, 0 to remove and 195 not upgraded.
Need to get 40.6 kB of archives.
After this operation, 138 kB of additional disk space will be used.
Get:1 http://us.archive.ubuntu.com/ubuntu xenial/universe amd64 tree amd64 1.7.0-3 [40.6 kB]
Fetched 40.6 kB in 2s (14.2 kB/s)
Selecting previously unselected package tree.
(Reading database ... 123976 files and directories currently installed.)
Preparing to unpack .../tree_1.7.0-3_amd64.deb ...
Unpacking tree (1.7.0-3) ...
Setting up tree (1.7.0-3) ...
root@eve-ng:~#
```

接着，使用命令"tree /opt –L 1"查看/opt 目录的一级目录结构，"-L 1"参数代表一级目录，得到的目录结构如下。

```
root@eve-ng:~# tree /opt/ -L 1
/opt/
|-- ovf/    /存放 EVE-NG 初始化时使用的脚本
|-- qemu/   /QEMU 运行目录
|-- qemu-1.3.1/   /QEMU 1.3.1 版本的运行目录
|-- qemu-2.0.2/   /QEMU 2.0.2 版本的运行目录
|-- qemu-2.2.0/   /QEMU 2.2.0 版本的运行目录
|-- unetlab/   /EVE-NG 的主目录，也是旧版本 unetlab 的主目录
`-- vpcsu/   /vpcs 的运行目录

7 directories, 0 files
root@eve-ng:~#
```

在 OVF 目录中有两个脚本文件：ovfconfig.sh 与 ovfstartup.sh，如下所示。

```
root@eve-ng:~# tree /opt/ovf/
/opt/ovf/
|-- ovfconfig.sh
|-- ovfstartup.sh
`-- ovf.xsl
```

其中我们可以利用 ovfconfig.sh 脚本做系统初始化操作。首先要把 /opt/ovf 目录中的 .configured 文件删掉，该文件是 EVE-NG 是否初始化的标记文件，如果它存在，代表着 EVE-NG 已经初始化过；如果它不存在，即 EVE-NG 需要初始化，操作如下。

```
root@eve-ng:~# cd /opt/ovf/         //进入目录
root@eve-ng:/opt/ovf# ll            //查看 .configured 文件是否存在
total 28
drwxr-xr-x 2 root root 4096 Oct 29 17:53 ./
drwxr-xr-x 9 root root 4096 Apr 11  2017 ../
-rw-r--r-- 1 root root    0 Oct  7 18:43 .configured
-rwxr-xr-x 1 root root 8699 Jun  9 02:51 ovfconfig.sh*
-rwxr-xr-x 1 root root 2251 Jun  9 02:51 ovfstartup.sh*
-rw-r--r-- 1 root root  578 Jun  9 02:51 ovf.xsl
root@eve-ng:/opt/ovf# rm .configured      //删除 .configured 文件
root@eve-ng:/opt/ovf# ./ovfconfig.sh      //执行初始化脚本
```

紧接着会出现 EVE-NG 的初始化界面，如图 18-1 所示。

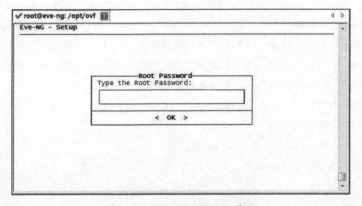

图 18-1　EVE-NG 初始化界面

下面我们看一下 EVE-NG 的 UNetLab 主目录的结构，如下所示。

```
root@eve-ng:~# tree /opt/unetlab -L 1
/opt/unetlab
|-- addons//存放 EVE-NG 镜像的目录
|-- data//存放 EVE-NG 的日志与拓扑导出的目录
```

```
|-- html//存放 EVE-NG 管理界面的目录
|-- labs//存放 EVE-NG 拓扑文件的目录
|-- schema//存放 EVE-NG 数据库初始化脚本的目录
|-- scripts//存放 EVE-NG 脚本的目录
|-- tmp//存放 EVE-NG 设备运行的临时目录
`-- wrappers//存放 EVE-NG 修复文件权限的脚本目录

8 directories, 0 files
root@eve-ng:~#
```

18.1 镜像目录

镜像目录位于/opt/unetlab/addons/，是用来存放 EVE-NG 模拟设备的镜像文件的。按照模拟器类别一共分为 3 个子目录，分别是 dynamips、iol 和 qemu。

镜像目录的完整目录结构如下。

```
root@eve-ng:~# tree /opt/unetlab/addons/
/opt/unetlab/addons/
|-- dynamips
|   `-- c3725-adventerprisek9-mz.124-25d.image
|-- iol
|   |-- bin
|   |   |-- CiscoIOUKeygen.py
|   |   |-- i86bi-linux-l2-adventerprisek9-15.1a.bin
|   |   |-- i86bi-linux-l3-adventerprisek9-15.4.1T.bin
|   |   `-- iourc
|   `-- lib
|       `-- libcrypto.so.4
`-- qemu
    |-- ikuai-8
    |   `-- hda.qcow2
    |-- linux-centos7.2
```

```
    |   `-- hda.qcow2
    |-- mikrotik-6.39
    |   `-- hda.qcow2
    |-- pfsense-2.3.3
    |   `-- hda.qcow2
    |-- vios-15.5.3M
    |   `-- virtioa.qcow2
    |-- viosl2-15.2.4.55e
    |   `-- virtioa.qcow2
    `-- win-7-ultimate
        `-- hda.qcow2

12 directories, 13 files
root@eve-ng:~#
```

每个目录的作用如表 18-1 所示。

表 18-1　/opt/unetlab/addons 目录描述

目录	描述
/opt/unetlab/addons/	镜像文件根目录，包含 3 个子目录，分别为 dynamips、iol 和 qemu
/opt/unetlab/addons/dynamips/	用于存放 Dynamips 镜像，镜像必须以 image 为后缀
/opt/unetlab/addons/iol/	用于存放 IOL 镜像、License 文件及 openssl 的一个共享库文件；包含两个子目录，分别为 bin/ 和 lib/
/opt/unetlab/addons/iol/bin/	用于存放 IOL 镜像及 License 文件，镜像文件名必须以 bin 为后缀，License 文件可以通过 CiscoIOUKeyGen.py 计算
/opt/unetlab/addons/iol/lib/	用于存放 IOL 启动所需要的共享库文件，不要删除
/opt/unetlab/addons/qemu/	用于存放 Qemu 虚拟机的目录 目录内每个镜像按照特定名称单独存放在一个文件夹内。前台页面会通过文件名激活特定设备

1. **/opt/unetlab/addons/dynamips/c3725-adventerprisek9-mz.124-25d.image 文件**

    Dynamips 目录下存放的都是 Dynamips 设备类型的镜像，必须以 image 为后缀命名，才能被 EVE-NG 平台识别到。

2. /opt/unetlab/addons/iol/bin/iourc 文件

IOL 的 license 文件，可以使用 CiscoIOUKeygen.py 生成，格式为：

```
[license]
eve-ng = 972f30267ef51616;
```

其中，eve-ng 为 EVE-NG 的主机名，"972f30267ef51616" 是由算法生成的。

3. /opt/unetlab/addons/iol/bin/CiscoIOUKeygen.py 文件

用于给 IOL 设备计算 iourc 文件的 Python 脚本，生成 iourc 后，该文件就没有价值了，可以手动删除。

4. /opt/unetlab/addons/iol/lib/libcrypto.so.4 文件

IOL 设备启动所必需的 lib 库文件，如果没有该文件，IOL 不能成功运行，千万不要删除。

5. /opt/unetlab/addons/qemu/ vios-15.5.3M/virtioa.qcow2 文件

vios-15.5.3M 是 QEMU 设备镜像的目录，该目录必须以某些前缀开头，如 "vios-"。这些前缀是在后台代码中预先设置的，设置正确才可以被 EVE-NG 平台识别为一个模板的镜像。virtioa.qcow2 是一个设备的镜像，即虚拟磁盘文件，该名称关系到 EVE-NG 后台运行虚拟设备时所调用的磁盘控制器，virtio 前缀代表着使用 virtio 半虚拟化磁盘控制器，hd 前缀代表着使用 IDE 磁盘控制器。

18.2 脚本文件目录

脚本文件目录比较简单（见表 18-2），其结构如下所示。

```
/opt/unetlab/scripts/
|-- build_apt.sh
|-- build_deb_addons_netem.sh
|-- build_deb_addons_ostnato-drone.sh
|-- build_deb_addons_
```

```
vyos.sh
|-- build_deb_dynamips.sh
|-- build_deb_eve-ng-pre.sh
|-- build_deb_eve-ng.sh
|-- build_deb_gitunetlab.sh
|-- build_deb_guacamole.sh
|-- build_deb_qemu.sh
|-- build_deb_schema.sh
|-- build_deb_unetlab.sh
|-- build_deb_vpcs.sh
|-- build_installer_iso.sh
|-- build_ova.sh
|-- clean.sh
|-- config_asa.py
|-- config_asav.py
|-- config_csr1000v.py
|-- config_docker.py
|-- config_mikrotik.py
|-- config_nxosv9k.py
|-- config_pfsense.py
|-- config_timos.py
|-- config_titanium.py
|-- config_veos.py
|-- config_viosl2.py
|-- config_vios.py
|-- config_vmx.py
|-- config_vmxvcp.py
|-- config_vqfxre.py
|-- config_vsrxng.py
|-- config_vsrx.py
|-- config_xrv9k.py
|-- config_xrv.py
|-- cpulimit_daemon.php
```

```
|-- createdosdisk.sh
|-- createjundisk.sh
|-- doc_api.sh
|-- fix_iol_nvram.sh
|-- fix_metadata.sh
|-- guac_install_v1.5.sh
|-- iou_export
|-- Kernel-4.11.doc
|-- Kernel-Xenial.txt
|-- migrate2html5.sh
|-- migrate.sh
|-- minidisk.bz2
|-- OVMF-20160813.fd
|-- OVMF.fd
|-- proxy.conf
|-- remove_uuid.sh
|-- ssl.conf
|-- syncunl
|-- theme_switcher
|   |-- adminlte.txt
|   `-- default.txt
|-- theme_switcher.sh
|-- unetlab.sql
|-- unl_wrapper.php
|-- update_ova.sh
|-- veos_diskmod.sh
|-- virtio-win-drivers.img
|-- wrconf_dyn.py
`-- wrconf_iol.py
```

表 18-2 /opt/unetlab/scripts 目录描述

目录	描述
/opt/unetlab/html/scripts/	用于存放 EVE-NG 所使用的脚本

该目录存放的大部分都是脚本文件,包含 Shell、Python,还有一个 unetlab.sql 文件,都是 EVE-NG 后台运行时所使用的脚本,我们以其中一个为例。

/opt/unetlab/scripts/config_mikrotik.py 文件，该脚本是 Mikrotik 设备的配置文件导出导入脚本，该脚本的使用方法如下所示。

```
root@eve-ng:~# cd /opt/unetlab/scripts/
root@eve-ng:/opt/unetlab/scripts# ./config_mikrotik.py
Usage: ./config_mikrotik.py <standard options>
Standard Options:
-a <s>     *Action can be:
           - get: get the startup-configuration and push it to a file
           - put: put the file as startup-configuration
-f <s>     *File
-p <n>     *Console port
-t <n>     Timeout (default = 60)
-i <ip>    Router's ip (default = 127.0.0.1)
* Mandatory option
ERROR: missing mandatory parameters.
root@eve-ng:/opt/unetlab/scripts#
```

当我们在 Mikrotik 设备节点上，使用右键的 Export CFG 功能时，EVE-NG 会在后台执行/opt/unetlab/scripts/config_mikrotik.py -a get -p 32769 -f /tmp/unl_cfg_1_ G3E0Bz -t 45 命令，其中部分参数的含义如下。

- -a：指定动作为 get。
- -p：指定设备的 console 端口为 32769。
- -f：指定设备配置文件导出位置。
- -t：指定连接的超时时长，单位为 s。

将配置保存成临时文件，再把内容附加到 unl 拓扑文件中，并且显示在 Lab 操作界面中 startup-config 一栏。

当 Mikrotik 设备节点上已经导出过配置，再将设备 wipe 到 Exported 配置时，会将现有配置重新加载到设备中，设备重新启动时后台执行命令/opt/unetlab/scripts/config_mikrotik.py -a put -p 32769 –f /opt/unetlab/tmp/0/d2a98723-1e47-461a-946f-b88e033eca16/1/startup-config -t 300，其中部分参数的含义如下。

- -a：指定动作为 put。

- -p：指定设备的 console 端口为 32769。
- -f：指定需要导入的设备配置文件位置。
- -t：指定连接的超时时长，单位为 s。

将之前导出的配置恢复到设备节点的临时运行目录中，当节点重新启动时，会自动加载临时目录中的 startup-config，这就实现了配置的导入或导出。

18.3 网页文件目录

网页文件目录比较复杂，包含了前端和后端的所有文件，具体见表 18-3，其结构如下所示。

```
root@eve-ng:/# tree /opt/unetlab/html/ -L 1
/opt/unetlab/html/
|-- api.php
|-- configs
|-- favicon
|-- favicon.ico
|-- files
|-- images
|-- includes
|-- rdp
|-- templates
`-- themes
```

表 18-3 /opt/unetlab/html 目录描述

目录	描述
/opt/unetlab/html/	存放 EVE-NG 管理页面所用到的网页及配置文件
/opt/unetlab/html/files	存放第三方 client 工具集
/opt/unetlab/html/images/	存放虚拟设备的图标文件
/opt/unetlab/html/includes/	存放 API 文件及后端配置文件
/opt/unetlab/html/templates/	设备的模板文件。用于配置设备启动时的默认配置情况
/opt/unetlab/html/rdp/	生成远程连接 Windows 服务器 RDP 服务的默认配置文件
/opt/unetlab/html/themes/	EVE-NG 的前端页面主题文件

1. /opt/unetlab/html/files/文件

该目录在 EVE-NG 2.0.3-68 版本中，只存放了一个 windows.zip，这个文件就是第 7 章中所使用的客户端软件包。也可以通过 Web 的方式直接获取到，在浏览器中输入 http://10.0.0.100/files/windows.zip，会自动下载这个压缩包。

```
root@eve-ng:~# tree /opt/unetlab/html/files/ -L 1
/opt/unetlab/html/files/
`-- windows.zip
```

2. /opt/unetlab/html/images/文件

这个目录是存放设备的图标文件，在 Lab 中添加设备节点的所有模板里调用的设备图标就是在这个目录下的 png 图片，其结构如下所示。

```
root@eve-ng:~# tree /opt/unetlab/html/images/ -L 2
/opt/unetlab/html/images/
|-- cloud.png
|-- icons
|   |-- AristaSW.png
|   |-- ASA.png
|   |-- Cisco\ ACS.png
|   |-- Cisco\ WAAS.png
|   |-- Cloud.png
|   |-- CSRv1000.png
|   |-- CUCM.png
|   |-- CustomShape.png
|   |-- Desktop.png
|   |-- Firewall.png
|   |-- Frame\ Relay.png
|   |-- HUB.png
|   |-- IPphone.png
|   |-- IPS.png
|   |-- ISE.png
|   |-- JuniperMX.png
|   |-- JuniperSRX.png
|   |-- JunipervQFXpfe.png
```

```
|   |-- JunipervQFXre.png
|   |-- JunosSpace.png
|   |-- Laptop.png
|   |-- Load\ Balancer.png
|   |-- MPLS.png
|   |-- Network\ Analyzer.png
|   |-- Nexus7K.png
|   |-- NexusK5.png
|   |-- PaloAlto.png
|   |-- Router.png
|   |-- Server.png
|   |-- SROS\ linecard.png
|   |-- SROS.png
|   |-- Switch\ L3.png
|   |-- Switch.png
|   |-- vWLC.png
|   |-- WAN\ Optimizer.png
|   |-- WSA.png
|   `-- XR.png
|-- lan.png
|-- lan-segment.png
`-- link_selector.png
```

3. /opt/unetlab/html/includes/文件

用于存放 EVE-NG 所有的 API 文件及后端配置文件,具体描述如表 18-4 所示,其结构如下所示。

```
root@eve-ng:~# tree /opt/unetlab/html/includes/ -L 2
/opt/unetlab/html/includes/
|-- api_authentication.php
|-- api_configs.php
|-- api_folders.php
|-- api_labs.php
|-- api_networks.php
|-- api_nodes.php
```

```
|-- api_pictures.php
|-- api_status.php
|-- api_textobjects.php
|-- api_topology.php
|-- api_uusers.php
|-- cli.php
|-- functions.php
|-- init.php
|-- __interfc.php
|-- __lab.php
|-- messages_en.php
|-- messages_zh.php
|-- __network.php
|-- __node.php
|-- Parsedown.php
|-- __picture.php
|-- Slim
|   |-- Environment.php
|   |-- Exception
|   |-- Helper
|   |-- Http
|   |-- LICENSE
|   |-- Log.php
|   |-- LogWriter.php
|   |-- Middleware
|   |-- Middleware.php
|   |-- Route.php
|   |-- Router.php
|   |-- Slim.php
|   `-- View.php
|-- Slim-Extras
|   `-- DateTimeFileWriter.php
`-- __textobject.php
```

表 18-4 /opt/unetlab/html 目录描述

目录	描述
/opt/unetlab/html/includes/	存放 Lab 操作界面中虚拟设备节点的 API 后端配置文件
/opt/unetlab/html/includes/Slim	存放 Web 主界面上 API 后端配置文件，比如 Log 部分、标题栏等
/opt/unetlab/html/includes/Slim-Extras	

我们主要关注的就是 /opt/unetlab/html/includes/ 目录下的文件，它能帮助我们定制自己想要的 EVE-NG。

4．/opt/unetlab/html/includes/init.php 文件

init.php 是在 Lab 操作界面中创建设备节点时，识别设备模板的文件，包含 EVE-NG 模拟设备的目录名称与设备显示名称的映射及目录名称与配置导入/导出脚本的映射。

目录名称与设备名称映射举例如下。

```
if (!isset($node_templates)) {
        $node_templates = Array(
……
            'c3725'           =>     'Cisco IOS 3725 (Dynamips)',
// Dynamips c3725 设备
            'c7200'           =>     'Cisco IOS 7206VXR (Dynamips)',
// Dynamips c7200 设备
……
            'iol'             =>     'Cisco IOL',
// IOL 设备
……
            'vios'            =>     'Cisco vIOS',
// vIOS 设备
            'viosl2'          =>     'Cisco vIOS L2',
// vIOS-L2 设备
……
            'huaweiusg6kv' =>  'Huawei USG6000v',
// 华为 USG6000v 设备
```

第 18 章
EVE-NG 目录及代码分析

```
        ……
                'mikrotik'          =>      'MikroTik RouterOS',
// Mikrotik RouterOS 设备
        ……
                'vpcs'              =>      'Virtual PC (VPCS)'
// vpcs 设备
            );
    );
```

其中 huaweiusg6kv 为华为 USG6000v 设备文件夹的前缀,Huawei USG6000v 为该设备在 Template 页面中显示的名称。

目录名称与配置导入/导出脚本的映射举例如下。

```
if (!isset($node_config)) {
    $node_config = Array(
            'iol'               =>      'embedded',
    ……
            'c3725'             =>      'embedded',
            'c7200'             =>      'embedded',
            'vpcs'              =>      'embedded',
    ……
            'viosl2'            =>      'config_viosl2.py',
    ……
            'mikrotik'          =>      'config_mikrotik.py'
        );
}
```

其中 mikrotik 为 Mikrotik RouterOS 设备文件夹的前缀,config_mikrotik.py 为该设备在 /opt/unetlab/scripts/ 中对应的脚本的名称。

5. /opt/unetlab/html/templates/文件

该目录存储着所有虚拟设备类型的模板文件,它规定着设备节点的资源配置情况以及启动参数,为新建设备提供默认配置参数。以 Mikrotik 模板与 Dynamips 的 Cisco IOS 7206VXR 模板为例,如下所示。

/opt/unetlab/html/templates/mikrotik.php

```
$p['type'] = 'qemu';
$p['name'] = 'Mikrotik';
$p['icon'] = 'Router.png';
$p['cpu'] = 1;
$p['ram'] = 256;
$p['ethernet'] = 4;
$p['console'] = 'telnet';
$p['qemu_arch'] = 'x86_64';
$p['qemu_options'] = '-machine type=pc-1.0,accel=kvm -serial mon:stdio -nographic -nodefconfig -nodefaults -display none -vga std -rtc base=utc';
```

其中参数的意义如下。

- $p['type']：指定模拟器类型，可以根据不同类型选择 qemu、dynamips、iol 等类型。

- $p['name']：指定新建设备的默认名称，如果同时新建多个设备，将在名称后面添加序号。

- $p['icon']：指定图标文件名称，图标文件存放位置为 /opt/unetlab/html/images/icons/。

- $p['cpu']：指定默认 CPU 的个数。

- $p['ram']：指定默认内存大小，单位为 M。

- $p['ethernet']：指定默认以太网口数量。

- $p['console']：指定 console 连接方式，可以根据不同类型设备选择 Telnet、VNC、rdp。

- $p['qemu_arch']：指定设备运行的平台构架。

- $p['qemu_options']：指定 QEMU 选项。

可选参数如下所示。

- $p['qemu_nic']：指定设备默认的网卡类型，可选参数为 virtio-net-pci。

- $p['qemu_version']：指定设备运行所使用的 QEMU 版本，可选参数为 2.2.0。

```
/opt/unetlab/html/templates/c7200.php
$p['type'] = 'dynamips';
$p['name'] = '7206VXR';
$p['icon'] = 'Router.png';
$p['idlepc'] = '0x62f21000';
$p['nvram'] = 128;
$p['ram'] = 512;
$p['slot1'] = '';
$p['slot2'] = '';
$p['slot3'] = '';
$p['slot4'] = '';
$p['slot5'] = '';
$p['slot6'] = '';
$p['modules'] = Array(
    '' => 'Empty',
'PA-FE-TX' => 'PA-FE-TX',
'PA-4E' => 'PA-4E',
'PA-8E' => 'PA-8E'
);
$p['dynamips_options'] = '-P 7200 -t npe-400 -o 4 -c 0x2102 -X --disk0 128 --disk1 128';
```

其中大部分参数与 Mikrotik 类似，不同的参数意义如下。

- $p['nvram']：指定网络设备的 NVRAM 大小，单位为 M。
- $p['idlepc']：指定 idle 值，将第 4 章中计算的有效 idle 值填到此处。
- $p['slot1']：指定槽位 1 插入的模块，可以填写$p['modules']后面包含的模块类型，比如 PA-FE-TX、PA-4E、PA-8E。
- $p['modules']：显示支持的模块，不需要手动修改。

最重要的就是 idle 值，在设置完以后，Lab 画布中新添加的 Cisco IOS 7206VXR(Dynamips)设备节点，都会以这个 idle 值运行。

6. /opt/unetlab/html/rdp/文件

用于生成连接 Windows 系统 RDP 服务的默认配置文件。

7. /opt/unetlab/html/themes/文件

EVE-NG 的前端页面所有文件，包含 Web 页面、JavaScript 脚本、CSS 框架等。

18.4 实验拓扑目录

该目录的具体描述如表 18-5 所示，主要用于存放 EVE-NG 的 Lab 文件，其结构如下所示。导出或者备份拓扑就是将该目录下的文件打包。

```
/opt/unetlab/labs/
`-- emulatedlab.unl
```

表 18-5 /opt/unetlab/labs 目录描述

目录	描述
/opt/unetlab/labs/	用于 Lab 拓扑文件

18.5 数据库初始化目录

数据库初始化目录的具体描述如表 18-6 所示，其结构如下所示。

```
/opt/unetlab/schema/
|-- guacamole-001-create-schema.sql
|-- guacamole-002-create-admin-user.sql
|-- guacamole-update.sql
`-- unetlab-001-create-schema.sql
```

表 18-6 /opt/unetlab/schema 目录描述

目录	描述
/opt/unetlab/schema/	用于数据库初始化的文件

18.6 临时文件目录

该目录是设备节点运行时的临时目录，其描述如表 18-7 所示。每个用户、拓扑的目录均不一样，具体如下。

```
/opt/unetlab/tmp/
`-- 0
    `-- d2a98723-1e47-461a-946f-b88e033eca16
        `-- 1
            |-- hda.qcow2
            `-- wrapper.txt
```

表 18-7 /opt/unetlab/schema 目录描述

目录	描述
/opt/unetlab/tmp/	用于存放拓扑中已经创建的设备的镜像文件、配置等文件

目录含义如下所示。

- 0：用户 POD。
- d2a98723-1e47-461a-946f-b88e033eca16：拓扑 ID。
- 1：Lab 中的设备 ID。

18.7 wrappers 目录

该目录的具体描述如表 18-8 所示，主要用于存放一些可执行文件，用户可以启动虚拟设备节点、权限修复等功能，其结构如下所示。

```
/opt/unetlab/wrappers/
|-- dynamips_wrapper
|-- iol_wrapper
```

```
|-- nsenter
|-- qemu_wrapper
|-- unl_profile
`-- unl_wrapper
```

表 18-8　/opt/unetlab/tmp 目录描述

目录	描述
/opt/unetlab/tmp/	用于存放 dynamips、iol 及 eve 的可执行文件及配置等

18.8　日志目录

日志目录的具体描述如表 18-9 所示，其结构如下所示。

```
/opt/unetlab/data/
|-- Exports
|    `-- unetlab_export-20170901-110443.zip
`-- Logs
     |-- access.txt
     |-- api.txt
     |-- cpulimit.log
     |-- error.txt
     |-- php_errors.txt
     `-- unl_wrapper.txt
```

表 18-9　/opt/unetlab/data 目录描述

目录	描述
/opt/unetlab/data/	Labs 导出及 Log 存放根目录
/opt/unetlab/data/Exports/	用于存放导出 Lab 拓扑时生成的压缩包文件
/opt/unetlab/data/Logs/	设备运行时产生的 Log 文件，包括 Apache2 日志、API 日志、wrapper 日志及其他错误日志

18.9 结语

本章旨在介绍 EVE-NG 的所有目录、文件及相关代码,你会发现,任何文件都是可以自定义的,我们在实践中涉及的代码不多,有代码基本的常识后就可以自定义了。但是涉及 EVE-NG 功能等方面,那对代码的要求就非常高,比如 Python、JS、PHP 等。

所以 EVE-NG 二次开发还是非常有潜力的,笔者也希望将来能有越来越多的开发人员,能够加入,让 EVE-NG 更强大。

第 19 章
量身打造专属设备

第 15 章中介绍过 iKuai 设备镜像的制作，但当时用的是 Linux 设备类型，并且每新建一个 iKuai 设备都需要手动选择设备图标，非常不利于操作。其实，可以将 iKuai 设备单独做一个模板，让它成为 iKuai 设备类型。本章讲解如何打造专属设备。

19.1 修改底层代码

19.1.1 添加模板

在 EVE-NG 中，想要支持一种新设备类型，需要配置设备的模板，这样在创建设备时会根据模板来确定设备默认的资源分配，比如使用多少内存、CPU、网卡数量以及 QEMU 版本等信息。

可以从其他模板复制，命名为 ikuai.php，并编辑如下内容。

```php
<?php
/**
 * html/templates/ikuai.php
 */

$p['type'] = 'qemu';
$p['name'] = 'iKuai';//定义了设备默认名称
$p['icon'] = 'iKuai.png';//定义了设备图标
$p['cpu'] = 1;//
```

```
$p['ram'] = 1024;
$p['ethernet'] = 5;
$p['console'] = 'vnc';
$p['qemu_arch'] = 'x86_64';
$p['qemu_options'] = '-machine type=pc-1.0,accel=kvm -cpu qemu64,+fsgsbase -vga std -usbdevice tablet -boot order=dc';
?>
```

19.1.2 开启新设备支持

仅仅创建了设备的模板文件，这样设备还不能出现在设备节点的模板中，需要在后台文件中添加设备配置文件和设备名称的对应关系，让 Web 可以在添加新添加的设备时调用模板文件。

在/opt/unetlab/html/includes/init.php 文件中定义了名为$node_templates 的数组，数组内容格式如下：

'ikuai'   => 'iKuai RouterOS',

前面'ikuai'为模板 php 文件的文件名称，同时也是镜像目录的前缀名称。后面'iKuai RouterOS'为设备在 Lab 设备模板的显示名称。不同数组之间必须用英文逗号分割开。

下面讲解如何添加图标。

在设备模板文件中有一个'icon'字段定义的图标文件，可以使用现有的图标进行添加，也可以新建一个图标文件，方便新建的设备在 Web 页面中被识别。当设备图标放入 icons 文件夹后，并在模板文件中进行了调用，在 Web 界面添加设备后就可以显示出来了。

EVE-NG 的所有图标文件位于/opt/unetlab/html/images/icons/文件夹下，图标文件应为 png 格式，分辨率为 50×50 像素左右。准备一个设备图标，如图 19-1 所示。

图 19-1　iKuai 图标

将图标上传到/opt/unetlab/html/images/icons/目录下，如图 19-2 所示。

图 19-2 上传 iKuai 图标

19.1.3 优化接口显示

默认情况下新添加的设备类型网卡名称会被标识为 e0，但是在设备内部网卡名称可能并不是这样显示，这需要我们对现有代码进行优化。

在文件/opt/unetlab/html/includes/__node.php 中定义了 setEthernets()函数，作用就是判断设备类型然后根据设备类型返回不同的接口名称，如果没有找到相关的设备类型，就以 e0、e1 格式返回。

如果新建设备接口显示需要进行格式化，那么在这个函数下添加相应的选项即可。因为 iKuai 设备在系统中的接口名被识别为 eth0、eth1 等，所以我们需要在配置文件中把接口名调整正确，代码示例如下所示。

```
case 'ikuai':
for ($i = 0; $i < $this -> ethernet; $i++) {
    if (isset($old_ethernets[$i])) {
        // Previous interface found, copy from old one
        $this -> ethernets[$i] = $old_ethernets[$i];
    } else {
```

```php
                    $n = 'eth'.($i);        // 接口名称
                    try {
                            $this -> ethernets[$i] = new Interfc(Array('name'
=> $n, 'type' => 'ethernet'), $i);
                    } catch (Exception $e) {
                            error_log(date('M d H:i:s ').'ERROR:
'.$GLOBALS['messages'][40020]);
                            error_log(date('M d H:i:s ').(string) $e);
                            return 40020;
                    }
                }
                // Setting CMD flags (virtual device and map to TAP device)
                $this -> flags_eth .= ' -device %NICDRIVER%, netdev=net'.$i.',
mac=50:'.sprintf('%02x', $this -> tenant).':'.sprintf('%02x', $this ->
id/512).':'.sprintf('%02x', $this -> id % 512).':00:'.sprintf('%02x', $i);
                $this -> flags_eth .= ' -netdev tap,id=net'.$i.', ifname=vunl'.
$this -> tenant.'_'.$this -> id.'_'.$i.',script=no';
            }
            break;
```

其中$i 为接口编号，$n 为接口名称。

修改$i 可以修改接口起始编号，修改$n 即可修改接口显示的名称。

19.1.4 编写配置导入/导出代码

在/opt/unetlab/html/includes/init.php 文件中定义了$node_config 数组，数组中定义了设备的配置导入/导出脚本文件。

示例如下：

```
'ikuai'      => 'config_ikuai.py',
```

其中'ikuai'表示设备类型，'config_ikuai.py'表示配置导入导出脚本文件的名称。

config_ikuai.py 的大概原理是：

在页面执行导出操作时才会执行脚本文件，该脚本通过 telnet 方式登录到设备上，然后执行查看所有配置操作，并将返回结果写入到文本文件中。

配置导入/导出需要脚本支持，这种脚本存放在/opt/unetlab/scripts/目录下。因为 iKuai 设备的配置导入/导出操作是在 Web 界面上完成的，所以还没有对应的设备导入/导出脚本，暂时不支持导入/导出功能。

19.2 上传系统镜像

将制作好的系统镜像上传到 EVE-NG 的镜像目录中，因为前面已经添加过 iKuai 的设备模板，所以可以以"ikuai-"为前缀，新创建一个镜像目录，如下所示。

root@eve-ng:~# **mkdir /opt/unetlab/addons/qemu/ikuai-8**
root@eve-ng:~#

将镜像 hda.qcow2 上传到该目录下，如图 19-3 所示。

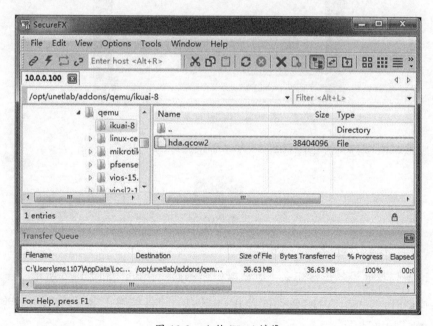

图 19-3　上传 iKuai 镜像

19.3 测试镜像

在 Lab 操作界面中新创建一个 iKuai 设备，在设备模板中能看到 iKuai RouterOS 设备，如图 19-4 所示。

图 19-4　iKuai 设备模板

以默认参数创建，设备图标如图 19-5 所示。

图 19-5　iKuai 设备图标

将设备与其他设备连接起来，确认接口名称显示正确，如图 19-6 所示。

将设备开启，使用 VNC 软件连接 iKuai 设备。设备能够正常启动，并且能够识别网卡，如图 19-7 所示。

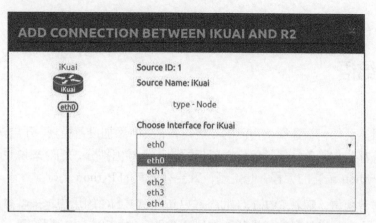

图 19-6　iKuai 接口显示正确

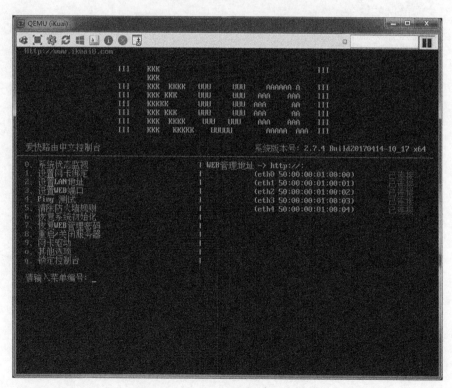

图 19-7　iKuai 设备成功进入控制台

19.4 结语

本章讲述了如何新建属于自己的专属设备，其中添加设备模板、开启新设备支持、添加图标等都非常简单，但是优化接口与配置导入导出部分，相对来说更难一些。因为这涉及 Python 语言的编程，想定制，就要有一定的 Python 基础。

不过作者相信，随着 EVE-NG 的版本更新，EVE-NG 的用户越来越多，文档库越来越全面，会有越来越多的新设备增加到这个平台中。我们一起期待吧，这个圈子可能会有史无前例的繁荣。

第20章 新奇玩法

20.1 变废为宝

相信有不少人家里都有一些淘汰的旧电脑、旧笔记本，卖掉又不值钱，放在那儿就只能吃灰。可能有不少人会利用它安装 FreeNAS、黑群晖、iKuai 等系统。那我们现在有了 EVE-NG，这样又多了一种选择。

在废旧主机上安装 Ubuntu 的服务器系统，再安装 EVE-NG，一举两得。既有了 Ubuntu 系统做一些 FTP 等简单的服务，又有了 EVE-NG 这套实验系统。更好玩的玩法是，将 ASA、Router、Switch 等桥接到物理网卡上，这样的话这台主机就是路由器、交换机、防火墙的集合，甚至可以运行多种设备，将它放到家里面又能有这些企业级设备运行，实属不错的选择。

当然，主机上最好有两块以上的网卡，给虚拟设备分别桥接到两个端口上，这样可以把流量引入到虚拟设备中，可以借助虚拟设备实现更高级的功能。如果只有一个端口的话，那只能在虚拟设备上的一个端口上做子接口，这个方案也可以实现。像这样的玩法非常多，就看用户能否想到并做到。

20.2 浅谈 Home Lab 的实现

Home Lab，即家庭实验室。相信有不少同行在工作中会碰到各种各样的问题，需要不停地尝试新功能、测试技术可行性。物理环境受制于物理硬件、网络架构等环境的影响，搭建时费时费力，这时候用户可能需要一个测试任何技术都非常方便的环境。那么 Home Lab 可能是用户比较好的选择。

笔者早先时间使用 Windows、GNS3、VMware 等环境制作了一个属于自己的 Home Lab，但有些时候也并不是很方便，因为旧版 GNS3 总会涉及桥接的各种问题，更新起来也并不方便。有了 EVE-NG，用户可以节省很多在环境搭建上浪费的时间，但前提是得有一台配置相对来说较高的主机，不管是台式机还是服务器都可以。如果用户的需求更多，需要运行的 IT 架构更大、更复杂，那非常建议准备一台服务器来承载 Home Lab 环境。

那么在做 Home Lab 时，无非就是利用当前较流行的几种软件和系统结合起来使用，推荐以下几种架构。

1. 裸机安装 EVE-NG

裸机安装 EVE-NG 的优点是 EVE-NG 的效率非常高，缺点是仅 EVE-NG 一个环境。

本书在开篇时，就已经明确了一个观点，我们可以把 EVE-NG 当作一套虚拟化系统，它是实现虚拟仿真环境这种特殊需求的虚拟化系统。所以将 EVE-NG 直接安装到物理机上，在资源利用率以及性能上实属最佳。但由于在物理机上只有一种系统，非常局限，不能结合其他软件一同使用。

对技术面不太广的用户来说，这种架构非常合适。仅仅做一些 EVE-NG 支持的系统实验，是非常好的选择。

2. VMware ESXi + EVE-NG

VMware ESXi+EVE-NG 架构的优点是增加了 ESXi 环境，缺点是多了一层虚拟化。

物理机上安装 VMware ESXi 环境，在 ESXi 中安装 EVE-NG。这种架构也是非常不错的选择，既可以用 ESXi 做 Server 服务，也可以用 EVE-NG 做仿真虚拟环境。

这种架构不仅适用在公司，也适合在家里搭建，在原有的 VMware ESXi & VMware vCenter 环境上部署 EVE-NG，既不会影响现有环境，又能使用 EVE-NG。

3. Windows + VMware Workstation + EVE-NG

Windows + VMware Workstation + EVE-NG 架构的优点是全能，兼具各种模拟器，缺点是多了一层虚拟化，桥接操作复杂。

宿主机使用 Windows 系统，在 Windows 系统中安装 VMware Workstation，在 Workstation 中安装 EVE-NG，这是比较推荐的架构。可以说该架构全能，什么都能做到。因为大部分的模拟器都是在 Windows 系统上开发的，如果宿主机是 Windows，那所有的模拟器都可以运行。通过 Windows 上的多个虚拟网卡，将 VMware、VirtualBox、GNS3、eNSP、HCL 等虚拟机或模拟器都桥接起来，那么多种平台上的路由器、交换机都可以使用，并且可以做到互连。

20.3 结语

其实关于 EVE-NG 的新奇玩法远不止这些，目前 EVE-NG 还未在国内全面铺开，仅有一小部分用户在使用。它的功能也不只是本书所介绍的这些，有些功能还在开发或者在完善中。通过后续对 QEMU 的镜像的添加完善，EVE-NG 完全可以实现一个完整的实验环境，做一个全能的 Home Lab 的平台。目前官方也在不停地增强功能、优化平台，相信今后的 EVE-NG 将会变得更加强大。不久的将来，不只是网络模拟，EVE-NG 会扩展到各个领域，比如服务器、存储、云计算等方向。作者也非常期待更多的小伙伴们一起学习它，研究它，完善它，让它带给我们无穷的乐趣！

附录 各种系统的特性列表

下面给出的特性列表仅供参考。每种系统的版本众多,且版本之间有差异,另外系统版本会持续更新,所以不能保证信息十分准确。

IOL 不支持的特性列表

IOL 最多支持 64 个接口,即 16 个端口组(一组 4 个接口)。

Layer 3 IOL:

- 有 BSR 的组播。

NTP 认证:

- PPPoE(12.4 与 15.2(2.3)T 版本可以工作)。
- 路由有环路时,IOL 会崩溃。

Layer 2 IOL:

- 802.1q 隧道(Q-in-Q)。
- 思科的 ISL Trunk。
- DHCP Snooping。
- HSRP 的地址不可 ping。
- 二层的 Port Channel(12.2 版本不支持,15.0 版本支持)。
- 三层的 Port Channel。
- 使用 NVI 功能的 NAT。
- PVLAN。
- 路由有环路时,IOL 会崩溃。

- SPAN/RSPAN/ERSPAN
- VTP 版本 2

IOSv 支持和不支持的特性列表

单个 IOSv 最大支持 16 个接口，其中 IOSv 的接口命名顺序为 Gi0/0 ~ Gi0/15，IOSvL2 的接口命名顺序为 Gi0/0 ~ Gi0/3、Gi1/0 ~ Gi1/3、Gi2/0 ~ Gi2/3、Gi3/0 ~ Gi3/3。

IOSv 提供三层的全部功能，不支持二层交换，但支持 EoMPLS 与 L2TPv3。IOSv 支持的特性列表和不支持的特性列表如表 1 所示。

IOSvL2 主要提供二层交换功能，也能提供三层功能。IOSvL2 支持的特性列表和不支持的特性列表如表 2 所示。

表 1　IOSv 支持/不支持的特性列表

支持的特性列表			
AAA	ACLs	BFD	BGP
DHCP	DNS	EEM	EIGRP
EZVPN	GLBP	GRE	HSRP
IGMP	IP SLA	IPSec	IPv4/IPv6
ISIS	L2TPv3	MPLS	Multicast
NAT	NBAR2	NTP	OSPF
PfR	PIM	PPPoE	QoS
RADIUS	RIP	SNMP	SSH
SYSLOG	TACACS	VRF-LITE	VRRP
WCCPv2	ZBFW		
不支持的特性列表			
VPLS	Voice	二层功能	

表 2　IOSvL2 支持/不支持的特性列表

支持的特性列表			
VLAN	SVI	802.1q Trunk	动态 Trunk
PortChannel(PAGP&LACP)	802.1x Passthrough	STP	PVST
Port-ACLs	VACLs	DHCP Snooping	Tracking
VTP v1-3	QoS	动态 ARP 检测	路由协议（ISIS 不支持）
端口保护	三层转发		
不支持的特性列表			
SPAN/RSPAN/ERSPAN	PVLAN		

（续表）

支持的特性列表			
IPv4	IPv6	BGP	MP-BGP
EIGRP	ICMP	OSPF	NTP
TFTP	MPLS	MPLS L3VPN	MPLS TE
ISIS	mVPN GRE/mLDP/P2MP TE	AAA	Radius
TACACS	SNMP	FLEX CLI	Multicast
SYSLOG	VLAN	QinQ	RPL
ACL	SSH	VRF-LITE	
不支持的特性列表			
二层功能	QoS	Bundle	BFD
依赖硬件的特性			

NX-OSv 支持与不支持的特性列表如表 3 所示。

表 3　NX-OSv 支持/不支持的特性列表

支持的特性列表			
802.1x	AAA	AMT	BGP
CDP/LLDP	EIGRP	FHRP-HSRP、GLBP、VRRP	ICMP
IGMP	IPv4/IPv6	ISIS	LDAP
LISP	MLD	MSDP	NTP
OSPF	PIM	Radius	RIP
SNMP	SYSLOG	TACACS+	VRF
XML/Netconf	NX-API		
不支持的特性列表			
OTV	QinQ	ACLs	vPC
BFD	CoPP	UDLD	TCAM
TrustSec	Port Security	HA-ISSU	

NX-OSv 最大支持 28 个吉比特（千兆）网口，提供部分三层功能，不支持二层功能。

后记

虚拟仿真平台/模拟器的展望

在如今 IT 技术快速迭代的大环境下，工程师在个人技能的学习、提高和工作中的测试演练等方面，需求日益增多，模拟器/虚拟仿真平台慢慢会成为必不可少的一部分。因为传统的 Dynamips、iou-web 等平台的单一性，已经难以满足用户的需求。随着 IT 设备日益增多，工程师无法避免面对多厂商、多设备、多系统、多环境等复杂的行业结构，必须具备快速学习能力，那如何能满足这种复杂的学习需求呢？这就需要统一的仿真平台，这必定是未来的趋势。

目前，云、容器技术火热，有 OpenStack、Docker 等现有的底层技术作支撑，已足以满足仿真平台的任何需求，后续的开发方向可能会逐渐向 Cloud 靠拢，所以集群、多节点、多用户等功能，哪种都少不了。

无论是类 OpenStack 形式，还是类 Docker 形式的平台，都是笔者非常期待的产品，两者各有优势。从目前 EVE-NG 的发展情况来看，EVE-NG 很可能属于类 OpenStack 的形式。如果 EVE-NG 能够朝这个方向发展，再增加一点特色，比如独特的拓扑显示功能、拓扑实时更新，再创造点名词，比如"软件定义拓扑"，这样的话，EVE-NG 甚至可以走向商业化，在全球市场打出一番天地。如果不选择这个方向，将来很可能被潮涌般袭来的产品快速替代掉。

那么，目前类 Docker 形式的平台有哪些苗头呢？请看下面 UNetLabv2 的故事。

UNetLabv2 的故事

从 UNetLab 发布到 EVE-NG 发布之前的这段时间里，原作者 Andrea Dainese 的重心转移到网络自动化上，无暇顾及 UNetLab，可是他仍然需要一个统一的虚拟仿真平台。不过相比 UNetLab 时代，需求发生变化。所以 Andrea Dainese 构思 UNetLabv2 一定要有几个功能：

后记

- 运行分布式实验室（在本地或异地的分布式节点之间）；
- 运行无限数量节点的实验室；
- 允许每个用户定制实验室，而不影响原始副本；
- 支持 IOL 和 Dynamips 之间的串行接口连接；
- 通过 Ansible/NAPALM 等自动化工具部署节点主机。

那么如何轻松地在专用命名空间中运行节点呢？曾经，Andrea Dainese 一直被这个问题困扰。他差点忘记了一个技术，如今他已经得到了答案：使用 Docker。他知道如何制作分布式网络模拟器了，这很可能是下一代模拟器 vrnetlab，也可能是比 EVE-NG 更强的产品。

由于 UNetLab 限制，他更喜欢再一次重写 UNetLab。请注意，由于 EVE-NG 是基于 UNetLab 框架的，大多数限制也适用于 EVE-NG，除非 EVE-NG 团队更改大量的后台代码。

如图 1 所示，这个架构看起来有一点复杂，其实一点也不复杂，实际上 Andrea Dainese 有能力在较短的时间内独自开发出来。

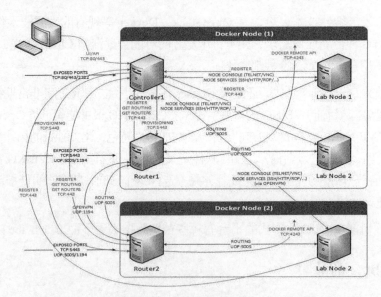

图 1　UNetLabv2 架构图

UnetLabv2 用到如下技术。

- Docker：在 Docker 容器中运行控制器、路由器和 Lab 节点。

- Python：仅仅使用 Python3，不再使用 C、PHP、Bash 等。
- Python-Flask 与 NGINX 共同使用，显示 API。
- Memcached 缓存认证给用户更好的体验。
- 在后台使用 Celery 与 Redis 管理同步长期任务。
- 使用 MariaDB 数据库储存所有数据/用户和运行的 Lab。
- Git 存储带有版本控制的 Lab。
- jQuery 和 Bootstrap 实现 UI 作为单独的用户界面。
- 使用 iptables 与 Linux Bridge，并允许使用 SSH 连接已经开启的虚拟设备。
- 支持使用 Dynamips、IOL 与 QEMU 运行虚拟设备。

UNetLabv2 集群要求至少一个节点，物理系统或虚拟系统均可。每一个 UNetLabv2 节点都运行 Docker：第一个 UNetLabv2 节点是主节点，包含控制器容器和路由器容器，其他附加 UNetLabv2 节点只运行路由器容器。每一个 UNetLabv2 节点都可以运行很多个实验室容器。

控制器容器

- 给用户展示 Web UI 和 API，路由器和实验室。
- 从路由器和实验室接受注册请求。
- 通过路由器提供和管理实验室。
- 通过路由器使用 Ansible/NAPALM 与实验室交互。
- 给路由器提供路由表。
- 通过 SSH 的 2222 端口管理。

路由器容器

- 注册到控制器。
- 提供 Docker 远程 API。
- 提供实验室的 API。

- 从控制器获取路由器和路由表。
- 在实验室和路由器之间路由 Lab 数据包。
- 在控制器与远端实验室之间,允许通过 OpenVPN 管理。

实验室容器

- 注册到控制器。
- 运行虚拟设备,使用 IOL、Dynamips、QEMU。
- 绑定虚拟设备的管理接口到本地桥。
- 路由数据包并做源/目的 NAT 到虚拟设备的管理接口。
- 在本地路由器和虚拟设备的非管理接口之间路由数据包。
- 管理虚拟设备的接口,up/down。

由于控制器和路由器知道内部和外部的 IP 地址,用户可以在不同环境下部署 UNetLabv2 节点,比如在同一内网、在 AWS 上、在 Azure 上、在 Google 的计算引擎上或在防火墙后端部署。如图 1 的架构图显示,每一个 UNetLabv2 集群需要以下端口,如表 1 所示。

表 1 端口规划及作用

协议	端口	作用
TCP	2222	通过 SSH 管理控制器
TCP	80/443	通过 HTTP/HTTPS,用 Web 的方式管理控制器
TCP	5443	向路由器发起 HTTPS 请求
UDP	5005	在不同的 UNetLabv2 节点之间,路由数据包
UDP	1194	在控制器与远端 Lab 节点之间,实现网络可达性

目前 UNetLabv2 基本准备完成,除了 Web UI 和 OpenVPN。但它不会被公布于众,因为它并非商用,也不想成为 GNS3、VIRL 和 EVE-NG 的竞争对手。它仅仅是作者自己开发的一个工具,有选择地给用户和朋友使用。作者认为,即使 UNetLabv2 版本被无意地泄露出来,它也会广受好评。所以,作者很期待它能带给广大用户更多的惊喜!